Arnold Pracht
Betriebswirtschaftslehre für das Sozialwesen

Grundlagentexte Soziale Berufe

Arnold Pracht

Betriebswirtschaftslehre für das Sozialwesen
Eine Einführung in betriebswirtschaftliches Denken im Sozial- und Gesundheitsbereich

3., aktualisierte Auflage

Der Autor

Arnold Pracht, Jg. 1954, Dipl.-Wirtschaftsingenieur (FH), Dipl. Betriebspädagoge, Dr. rer. pol., ist Professor für Betriebswirtschaftslehre an der Hochschule Esslingen, Fachbereich Soziale Arbeit, Gesundheit und Pflege. Er vertritt dort, zusammen mit anderen Kolleginnen und Kollegen, das Lehrgebiet Betriebswirtschaftslehre für Soziales, Pflege und Gesundheit. Zudem ist er im Lehrgebiet Berufspädagogik (Studiengang Pflegepädagogik) und Behindertenhilfe, insbesondere Werkstätten für Menschen mit Behinderung, tätig.

Bibliografische Information der Deutschen Nationalbibliothek

Die Deutsche Nationalbibliothek verzeichnet diese Publikation in der Deutschen Nationalbibliografie; detaillierte bibliografische Daten sind im Internet über http://dnb.d-nb.de abrufbar.

Das Werk einschließlich aller seiner Teile ist urheberrechtlich geschützt. Jede Verwertung außerhalb der engen Grenzen des Urheberrechtsgesetzes ist ohne Zustimmung des Verlags unzulässig und strafbar. Das gilt insbesondere für Vervielfältigungen, Übersetzungen, Mikroverfilmungen und die Einspeicherung und Verarbeitung in elektronischen Systemen.

© 2002 Juventa Verlag · Weinheim und München
© 2013 Beltz Juventa · Weinheim und Basel
www.beltz.de · www.juventa.de
Druck und Bindung: Beltz Druckpartner GmbH & Co. KG, Hemsbach
Printed in Germany

ISBN 978-3-7799-1958-2

Vorwort zur dritten Auflage

Viele große Werke, die schon in mehrfacher Auflage erschienen sind, zeichnen sich dadurch aus, dass es Ihnen ebenso ergeht wie meinem Körperumfang: Sie nehmen mit der Zeit an Fülle unaufhaltsam zu.

Genau dieser Tendenz wollte ich mit dem Erscheinen der dritten Auflage dieses Buches entgegenwirken. Detailreiches sollte in einem Werk, das eher einführenden Charakter inne hat, meines Erachtens auch nicht unbedingt platziert werden. Der Idee, spiraldidaktisch vorzugehen, wurde bisher durch die Werke von meinem Koautor Robert Bachert und mir Genüge geleistet. Hier wurden schwerpunktmäßig die Themenbausteine Rechnungswesen und Controlling vertieft. In Zukunft soll dieses Konzept weiter mit anderen Funktionen der BWL für Soziales, Gesundheit und Pflege vervollständigt werden. Diese dritte Auflage des hier vorliegenden Werkes wurde damit – gegenüber der zweiten Auflage – lediglich im Wesentlichen durchgesehen und aktualisiert.

Als ich im Jahre 2001 beim Verlag meine Idee, ein Buch über BWL im Bereich Sozialer Arbeit, Gesundheit und Pflege zu schreiben, vorgestellt habe, hatte ich mit Zögern und Zaudern gerechnet, schlimmstenfalls mit einer Absage. Eine spontane Zusage, gar sofort am Telefon, kam für mich damals deshalb im höchsten Maße überraschend. Dies gilt insbesondere, wenn man berücksichtigt, dass es damals einschlägige Veröffentlichungen gab, bei denen namhafte Sozialarbeitswissenschaftler und -wissenschaftlerinnen Strategien entwickelten, wie man die BWL aus dem Felde des Sozialen richtiggehend eliminieren könne.

Gegenwärtig sprießen sowohl grundständige Studiengänge als auch Aufbaukonzepte mit intendiertem Masterabschluss im Bereich der Kombination der Sozialarbeitswissenschaft bzw. der Sozialpädagogik mit der BWL förmlich aus dem Boden. Keiner käme mehr auf die Idee, die BWL als den bösen Wolf zu sehen, der dem armen Rotkäppchen der Sozialen Arbeit ans Leder will.

Heute erscheint dieses Buch bereits in der dritten Auflage, und, ganz ehrlich, so ein klein wenig macht mich das auch stolz.

Wernau, im April 2012
Arnold Pracht

Inhalt

Kapitel 1
Einleitung 11

Kapitel 2
Betriebswirtschaftslehre als Wissenschaft und Ansatzpunkte einer BWL für Soziales und Gesundheit 14
2.1 Die Betriebswirtschaftslehre als Wissenschaft 14
2.1.1 Geschichte der Betriebswirtschaftslehre 14
2.1.2 Schlüsselbegriffe und Gegenstand
 der Betriebswirtschaftslehre 16
2.1.3 Handlungsfelder der Betriebswirtschaftslehre 20
2.1.4 Gliederung der Betriebswirtschaftslehre 21
2.2 Aspekte einer speziellen Betriebswirtschaftslehre
 für Soziale Dienste und Einrichtungen 23
2.2.1 Besonderheiten einer Betriebswirtschaftslehre
 für Dienstleistungen 23
2.2.2 Spezifische Aspekte
 Sozialer Dienstleistungsunternehmen 26
2.2.3 Entwicklungsgeschichte Sozialer Dienstleistungsunternehmen aus vornehmlich ökonomischer Perspektive 29
2.2.4 Aspekte eines neuen betriebswirtschaftlich
 orientierten Finanzierungssystems 32

Kapitel 3
Umriss ausgewählter Themenfelder der Betriebswirtschaftslehre 35
3.1 Einführung in das Rechnungswesen 35
3.1.1 Schlüsselbegriffe des Rechnungswesens 35
3.1.2 Unterschiedliche Systeme des Rechnungswesens 39
3.1.3 Der kaufmännische Jahresabschluss 42
3.2 Einführung in das Controlling 45
3.2.1 Begriffe und Definitionsmerkmale des Controllings 45
3.2.2 Aufgaben des Controllings 45
3.3 Einführung in die Finanzierung 45
3.3.1 Begriffliche Grundlagen 46
3.3.2 Finanzierungsarten 47
3.4 Einführung in die Investitionsrechnung 48

3.5	Einführung in das Marketing	50
3.5.1	Begriff des Marketing	51
3.5.2	Relevanz des Marketing	51
3.5.3	Aufgaben des Marketing	53
3.6	Einführung in die Organisationslehre	55
3.6.1	Begriffliche Grundlagen	56
3.6.2	Ziele der Organisationsgestaltung	56
3.6.3	Ablauf- und Aufbauorganisation	57
3.7	Einführung in die Rechtsformen gemeinnütziger Unternehmen	58
3.7.1	Stiftung	58
3.7.2	Eingetragener Verein (e.V.)	59
3.7.3	Gesellschaft mit beschränkter Haftung (GmbH)	59
3.7.4	Aktiengesellschaft	60
3.7.5	Zusammenfassung der wichtigsten Rechtsformen	61
3.8	Einführung in das Personalmanagement	62

Kapitel 4
Das betriebliche Rechnungswesen 63

4.1	Das externe Rechnungswesen oder die „Doppelte kaufmännische Buchführung" und der Jahresabschluss	64
4.1.1	Grundlagen der kaufmännischen Buchführung	64
4.1.2	Jahresabschluss	67
4.1.3	Kontenführung in der kaufmännischen Buchführung	75
4.1.4	Organisation der Buchführung	78
4.2	Das interne Rechnungswesen oder die Kosten- und Leistungsrechnung	80
4.2.1	Aufgaben und Ziele des internen Rechnungswesens	80
4.2.2	Traditionelle Verfahren der Kostenrechnung	84
4.2.3	Neuere Verfahren der Kostenrechnung	92

Kapitel 5
Controlling 97

5.1	Definitionsansätze des Controllingbegriffs	97
5.2	Kernaufgaben, Stellenwert und Funktion des Controllings	99
5.2.1	Organisationsformen des Controllings	101
5.2.2	Spezifika des Controllings in Sozialen Dienstleistungsunternehmen – Stand der Entwicklung	103
5.3	Grundzüge der Unternehmensführung im Zusammenhang mit Controlling	104
5.3.1	Gestaltung der Unternehmenspolitik/-strategie als primäre Führungsaufgabe	104
	Exkurs: Rollierende Planung	105
5.3.2	Entwicklung der Unternehmenspolitik und -strategie	106

5.4 Aufbau, Konzeption, Methoden und Instrumente des Strategischen Controllings	106
5.4.1 Aufbau und Konzeption des Strategischen Controllings	106
Exkurs: Strategische Kontrolle und Strategische Frühwarnsysteme	107
5.4.2 Beispielhafte Methoden und Instrumente des Strategischen Controllings	110
5.5 Aufgaben, Ziele, Instrumente und Methoden des operativen Controllings	114
5.5.1 Aufgaben und Ziele des operativen Controllings	114
5.5.2 Beispielhafte Methoden und Instrumente des operativen Controllings	115
5.6 Das Problem der Strategischen Lücke und die Systeme des Performance Measurement als Lösungsansatz	119

Kapitel 6
Organisation

	122
6.1 Menschenbilder und Organisationsauffassungen	122
6.1.1 Menschenbilder in Organisationen	123
6.1.2 Unterschiedliche Auffassungen von Organisationen	125
6.2 Beispielhafte Techniken und Verfahren humaner Arbeitsgestaltung	127
6.2.1 Das Konzept der Arbeitsstrukturierung	129
6.2.2 Das Konzept der differentiell-dynamischen Arbeitsgestaltung	131
6.2.3 Reflexion der Konzepte im Zusammenhang mit der sozio-technologischen Systemgestaltung	132
6.3 Grundlagen formaler Organisation und Gestaltungsoptionen	133
6.3.1 Grundlagen der formalen Organisation	133
6.3.2 Gestaltungsmöglichkeiten der Organisation	136
6.4 Die Bedeutung von Kleingruppen in Unternehmen	141
6.4.1 Organisationsformen, bei denen Linienstellen durch Teams vollständig ersetzt werden	141
6.4.2 Organisationsformen, bei denen Linienstellen nur bei bestimmten Anlässen durch Teams ersetzt werden	142
6.4.3 Organisationsformen, bei denen Linienstellen und Teams parallel installiert werden	142
6.5 Veränderung von Organisationen	145
6.5.1 Grundlagen der Organisationsentwicklung	146
6.5.2 Das strategische Veränderungs- und Innovationsmanagement	150
6.5.3 Unterschiedliche innovative Organisationsstrategien zur Begegnung aktueller Herausforderungen	153
6.5.4 Charakterisierung innovativer und flexibler Organisationen im Bereich Sozialer Dienste	157

Kapitel 7
Personalmanagement 160
7.1 Personalpolitik und Personalplanung 161
7.1.1 Personalpolitik und -zielsetzungssystem 162
7.1.2 Personalplanung, insbesondere Personalbedarfsplanung 164
7.2 Rekrutierung von Personal 170
7.2.1 Personalbeschaffung 171
7.2.2 Personalentwicklung 177
7.3 Beurteilung und Honorierung 179
7.3.1 Personalbeurteilung 179
7.3.2 Personalvergütungssysteme 185
7.4 Personalführung 189
7.4.1 Grundlagen interaktioneller Personalführung 190
7.4.2 Führungsleitlinien sowie Führungsansätze 191
7.4.3 Führungstechniken bzw. -prinzipien 199
7.5 Personalmotivation und Arbeitszufriedenheit 201
7.5.1 Inhaltstheoretische Ansätze 202
7.5.2 Prozesstheorien 206
7.5.3 Zusammenfassende Diskussion beider Ansätze 209
7.6 Personalkostenrechnung und -verwaltung 209
7.6.1 Personalkostenmanagement 210
7.6.2 Personalverwaltung 212

Kapitel 8
Schlusswort 214

Literatur 215

Kapitel 1
Einleitung

Diesem Buch soll eher ein Lehrbuchcharakter zukommen, als dass es einen Anspruch auf die sicherlich notwendige Grundsteinlegung einer Betriebswirtschaftslehre für Soziale Dienste und Institutionen des Gesundheitswesens umfassend erheben könnte und wollte.

Für die Konzeption einer Speziellen Betriebswirtschaftslehre wäre teilweise eine sehr grundsätzliche und tief gehende Auseinandersetzung mit der Betriebswirtschaftslehre erforderlich. Dabei wäre zu klären, welche Ansätze aus welchem Teilgebiet und aus welchem Grund kompatibel sind, es wert wären kompatibel gemacht zu werden und völlig neu zu entwerfen sind, damit sie den spezifischen Erfordernissen der Unternehmungen für Soziales und Gesundheit gerecht werden. Diese in Teilen sehr theoretische Auseinandersetzung würde den Berufszweigen, für die dieses Buch konzipiert wurde, eben gerade keine Wirtschaftswissenschaftler, nicht unbedingt weiterhelfen.

Dieses Buch steht daher ganz im Zeichen der subjektiven Wertungen seines Verfassers. Dies beginnt schon mit dem zweiten Kapitel: „Betriebswirtschaftslehre als Wissenschaft und Ansatzpunkte einer BWL für Gesundheit und Soziales". Dieses würde, wie oben erwähnt, einer oder mehrerer – auf jeden Fall mindestens einer mehrbändigen – wissenschaftlichen Abhandlungen bedürfen, wenn es dem Anspruch nach Objektivität genügen sollte.

Was hier bleibt ist ein Denkgerüst der, wie gesagt, sehr subjektiv gefärbten Nuancensetzungen des Verfassers.

Wie sollte man nach der Frage des grundsätzlichen in die einzelnen Themenfelder der Betriebswirtschaftslehre darauf folgend einsteigen?

Häufig findet man es vor, dass jeder einzelne Aspekt der BWL detailliert angegangen wird, bevor dann eine weitere Teildisziplin bearbeitet wird.

Hier wurde ein anderer Weg gewählt: Zunächst werden acht Themenfelder im Rahmen des dritten Kapitels so grob umrissen, dass der Leser sich einen sehr allgemeinen Überblick darüber verschaffen kann, worum es z.B. beim betrieblichen Rechnungswesen, beim Marketing, etc. überhaupt geht. Auf Basis dieses Überblicks hat der Verfasser noch weitere vier Teildisziplinen der BWL in den darauf folgenden Kapiteln vertieft. Auch diese Vertiefungen gehen nicht so weit, dass sie das Maß dessen überschreiten würden, was im Rahmen einer Hochschulvorlesung über die Einführungsveranstaltung in die Betriebswirtschaftslehre gefordert würde. Es geht hier aber nicht darum, Nichtbetriebswirte mit Betriebswirtschaft zu erschrecken, sondern sie ihnen nahe zu bringen. Diesem Ansinnen sollte ein Buch Vorschub leisten, das vom Umfang sowie von der Bearbeitungsbreite und -tiefe für Fachfremde auch nicht von vorne herein abschreckend wirkt. Dies erfordert eine sorgfältige Auswahl der zu vertiefenden Aspekte der Betriebswirtschaftslehre.

Auch diese Auswahl erfolgte sehr subjektiv. Pate stand dabei die Wahrnehmung,
- dass manche Wissenslücken von Nichtbetriebswirten autodidaktisch nur sehr schwer geschlossen werden können, wie z.B. die im Bereich des Rechnungswesens,
- dass manche Themen von enormer Aktualität sind, wie z.B. das Controlling und
- dass über manche Themen aus nicht nachvollziehbaren Gründen so geurteilt wird, als würden sie überhaupt nicht zu Sozialen Diensten und zum Gesundheitswesen passen, wie z.B. die Themenkomplexe Organisation und Personalmanagement. Wegen der Ignoranz von wichtigen Teildisziplinen der BWL kann es dann zu Ineffizienz, Berufsfrust und – ganz praktisch und konkret – zu Pflegenotstand in der sich selbst immer heilig sprechenden „Praxis" kommen. Deswegen hat der Verfasser auch darauf verzichtet, sich allzu lange bei den selbst ernannten Spezialisten aus der Branche in diesen beiden Themenfeldern aufzuhalten. Unermüdlich wird dort meist beim Personalmanagement der letzte Winkel ausgeleuchtet, der bei der Anwendung des Bundesangestelltentarif (BAT) und des Tarifvertrags des Öffentlichen Dienstes (TVÖD) sowie der darauf aufbauenden anderen arbeitsrechtlichen Normen (z.B. AVR bei Diakonie und Caritas) zu beachten sein könnte. Die Frage der Verwaltung von Personal wird in der Branche mit einer Akribie verfolgt, die ihresgleichen in „anderen Welten" sucht. Ähnlich sieht es mit dem Thema „Organisation" aus. Ist nun Supervision gut oder schlecht und wenn sie gut ist, wie soll sie geschehen? Über diese Fragen wird sehr ausführlich diskutiert. Die andere Fraktion bilden die „ökonomischen" Hardliner: Alles was nicht direkt und unmittelbaren mit dem Arbeitsauftrag zu tun hat, sich bei jeder Multimomentstudie als nicht zum „Kerngeschäft" gehörend entpuppen könnte, wird angeprangert und das bekannte Spielchen der Hochrechnung von „Minutenverschwendung" zu „Stunden- und Tageverschwendung" vollzogen, um zu demonstrieren, wie wichtig doch die BWL beim Sozial- und Gesundheitswesen sei. Und dann ist man sich wiederum einig, wenn es darum geht, die aus der Organisationslehre kommenden Ansätze, den Betrieb z.B. als produktiv soziales System oder auch als sozio-technologisches System zu definieren, als

völlig branchenungeeignet einzustufen. All dies mag ja letztlich, rein menschlich, nachvollziehbar sein. Aber, wenn Konzepte in der Pflege scheitern, die dem Taylorismus entliehen sind, also von einer organisatorischen Trennung zwischen Hand- und Kopfarbeit ausgehen, dann zeigt man sich überrascht, weil man das vermeintlich so in der Planungsphase nicht hat wissen können. Solche „Pannen" ereignen sich selbst dann, wenn man dies doch nachweislich unter der Überschrift „Qualitätsmanagement" initiiert hat.

Damit ist die Themenwahl für die Vertiefungen eine Auswahl dessen, was der Verfasser aus seiner Kenntnis und Einschätzung der Praxis für Nichtbetriebswirte für relevant hält und was in weiten Teilen mit solchen oder vergleichbaren Ansätzen in der Betriebswirtschaft für Soziales und Gesundheit nicht oder nur sehr partiell der einschlägigen Literatur bisher zu entnehmen war.

Kapitel 2
Betriebswirtschaftslehre als Wissenschaft und Ansatzpunkte einer BWL für Soziales und Gesundheit

In einer ersten Phase soll die Betriebswirtschaftslehre als Wissenschaft kurz umrissen werden, bevor dann erste Ansatzpunkte einer Betriebswirtschaftslehre für Soziale Dienste dargestellt und diskutiert werden.

2.1 Die Betriebswirtschaftslehre als Wissenschaft

In erster Linie mit Blick auf die Relevanz für Soziale Dienste soll zunächst die geschichtliche Entwicklung der Betriebswirtschaftslehre kurz umrissen werden. Danach wird dargestellt und diskutiert, welchen wissenschaftlichen Erkenntnisobjekten diese Lehre entspricht und wo ihre Forschungsschwerpunkte anzusiedeln sind.

2.1.1 Geschichte der Betriebswirtschaftslehre[1]

Die Nationalökonomie ist die Wissenschaft, auf der alle wirtschaftswissenschaftlichen Disziplinen aufbauen[2]. Sie wurde wesentlich im 19. Jahrhundert begründet. Innerhalb der Nationalökonomie nahm die Sozialpolitik eine herausragende Stellung ein. (Dies ist deswegen erwähnenswert, weil hier die gemeinsamen Wurzeln zwischen Betriebswirtschaftslehre und Sozialarbeitswissenschaft bzw. Sozialpädagogik begründet werden können). Noch heute kommt der Sozialpolitik in der Volkswirtschaftslehre ein wichtiger Stellenwert zu, wenngleich sie auch als eine Teildisziplin der Soziologie und der Politologie gilt.

Aus der Volkswirtschaftslehre, als einer der Nachfolgerinnen der traditionellen Nationalökonomie, entwickelte sich zu Beginn des 20. Jahrhun-

---

1 vgl. zu diesen Ausführungen: Pracht, A.: Sozialwirtschaft I: Keine unheilige Allianz, in: Socialmanagement 8 (1998) 5, S.14f.
2 vgl. Eucken, W.: Die Grundlagen der Nationalökonomie, 9. unveränderte Aufl., Berlin u.a. 1989, S.24ff.

derts die Betriebswirtschaftslehre[3]. In der Vergangenheit sehr stark ausgeprägt, aber bis heute anhaltend, scheint sich die Betriebswirtschaftslehre sehr zu bemühen die Sozialpolitik als einen Teil der Verwandtschaft, wie ein „Enfant Terrible", zu verleugnen. Verständlich wird dies aber auch dadurch, dass sich die Betriebswirtschaftslehre von der Volkswirtschaftslehre als eigenständige Wissenschaft nicht zuletzt deswegen herausgebildet hat, weil für die Wirtschaft der Unternehmen und Betriebe der Aspektereichtum der Volkswirtschaftslehre viel zu umfassend und damit eher störend denn hilfreich war. Dort, wo die gesamte Breite wissenschaftstheoretischen Diskurses greift, nämlich in den Gesellschafts- und Sozialwissenschaften und dort, wo die Ethik eine zentrale, der Wissenschaft immanente Rolle spielt, wie z.B. in der Sozialarbeitswissenschaft, ist es schwer, sich mit Betriebswirtschaftlern auseinander zu setzen. Bei ihnen steht immer der praktische und banale Anspruch der Umsetzung rationaler Prinzipien in Betrieben und Unternehmen im Vordergrund[4]. Betriebswirtschaft der traditionellen Prägung nahm für sich gar das Postulat der Wertneutralität in Anspruch. Dies ging so weit, dass Versuche unternommen wurden, die Betriebswirtschaftslehre den Naturwissenschaften zuordnen. In dieser Phase standen mathematische Modellierungen von Betriebsgeschehnissen und betrieblichen Entscheidungsprozessen im Vordergrund.

Doch bei allen Versuchen dies zu leugnen, implizite (und damit auch subjektive) Wertungen konnten nie ganz von der Hand gewiesen werden. Das Projekt der Verankerung der Betriebswirtschaftslehre in der Naturwissenschaft ist somit gescheitert. Dies lag aber nicht zuletzt auch daran, dass Wirtschaft ohne planmäßiges Handeln der Spezies „Mensch" erst gar nicht hätte entstehen können.[5] Obwohl die Betriebswirtschaftslehre eine ganze Reihe von spezifischen Instrumentarien und Methoden kennt, sie auch in weiten Teilen ihrer Theorie wertfrei gehalten werden kann, gehen moderne Ansätze wiederum von sehr komplexen Zusammenhängen aus, die letztlich als Kernaspekte in die gesamte Lehre einfließen:

- menschliche und soziale[6]
- technisch-struktural-organisatorische
- ökonomische i.e.S. und
- (zunehmend) ökologische[7]

---

3 vgl. Heinen, E.: Einführung in die BWL, 9., verb. Aufl., Wiesbaden 1985, S. 30
4 vgl. hierzu Wöhe, Döring, U.: Einführung in die allgemeine Betriebswirtschaftslehre, 24. Aufl., München 2010, S. 27ff.
5 vgl. ebenda, S. 17ff.
6 vgl. Carell, E.: Wirtschaftswissenschaft als Kulturwissenschaft, Tübingen 1931, S. 7ff.
7 vgl. beispielsweise Töpfer, A.: Umwelt- und Benutzerfreundlichkeit von Produkten als strategische Unternehmensziele, in Marketing – ZfP, 7 (1985) 4, S. 241ff., Strebel, H.: Umwelt und Betriebswirtschaft. Die natürliche Umwelt als Gegenstand der Unternehmenspolitik, Berlin 1980

Als Auswahlprinzip für Betriebe, die für die Betriebswirtschaftslehre relevant sind, galt lange Zeit die aus der Erfahrung abgeleitete oberste Zielsetzung des Unternehmers, also die langfristige Maximierung des Gewinns. Hierbei muss jedoch kritisch angemerkt werden, dass Schmalenbach, als Gründervater der Betriebswirtschaftslehre, diese „Gefahr" schon vorausgesehen hatte und sich vehement dagegen verwahrte, derart instrumentalisiert zu werden.[8]

2.1.2 Schlüsselbegriffe und Gegenstand der Betriebswirtschaftslehre

Die „Wirtschaft" verdankt ihre Existenz den Bedürfnissen von Menschen. Diese Bedürfnisse können als das Empfinden eines Mangelzustandes von Menschen definiert werden. Sie lassen sich beispielsweise klassifizieren in
- Existenzbedürfnisse
- Grundbedürfnisse und
- Luxusbedürfnisse.

Menschliche Bedürfnisse sind dabei keine konstante Größe, sondern sie entwickeln sich zumeist prozesshaft in Abhängigkeit der zur Verfügung stehenden Mittel, des Niveaus der bisher erfüllten Bedürfnisse, der soziokulturellen Faktoren sowie der spezifischen Persönlichkeitsstrukturen. Sie können ein unendliches Ausmaß annehmen. Demgegenüber sind die Mittel, diese Bedürfnisse zu befriedigen, meist beschränkt.

Bedürfnisse können einmal individuellen, zum anderen aber auch kollektiven Charakter haben. Individualbedürfnisse äußern sich z.B. im Wunsch nach einem neuen Auto, einem Handy, einem PC und einem Urlaub in der Südsee.

Kollektivbedürfnisse sind in Abgrenzung dazu solche, die eine Gruppe von Menschen oder die ganze Gesellschaft (Politik) wahrnimmt. Ihre Befriedigung stellt ein wichtiges Gut dar, obwohl sie individuell nicht, nicht immer oder nur indirekt und abgeleitet als Bedürfnisse auftreten. Dies können z.B. Bedürfnisse nach Verkehrswegen (nicht alle Menschen möchten per Privatjet von zuhause aus reisen), Sicherheit vor Angriffen von außen (Armee) und vor Gesetzesverstöße im inneren (Polizei), Bildung für die Kinder (Schulen) und auch soziale Dienste für bedürftige Mitmenschen sein.

---

[8] vgl. Schmalenbach, E.: Dynamische Bilanz, 5.Aufl., Leipzig 1931, S.94

Relevant für die Wirtschaft sind insbesondere solche Bedürfnisse, die mit Kaufkraft untermauert sind. In diesem Zusammenhang spricht man dann von „Bedarf". Grob vereinfacht gilt die Gleichung[9]:

Bedarf = Bedürfnis + Kaufkraft

Die Summe aller einzelnen Bedarfe für ein bestimmtes Gut und für abgegrenzte Wirtschaftsräume und/oder Personengruppen stellt dann die Größe dar, die man mit dem Begriff der „Nachfrage" bezeichnet.

Ein Hauptproblem beim Wirtschaften besteht darin, wie man es erreichen kann – trotz der oben erwähnten Knappheit der Mittel– der Nachfrage nach materiellen („Produkten") und immateriellen („Dienstleistungen") Gütern gerecht werden zu können. Hier kommt es auf eine möglichst intelligente Kombination des Einsatzes vorhandener und gegebener Ressourcen an. Aus dieser vernunftmäßigen oder rationalen Überlegung lässt sich die zentrale Bedeutung des Wirtschaftlichkeitsbegriffs in der Betriebswirtschaftslehre ableiten. Er bringt das Verhältnis zwischen den im System einer Institution eingesetzten Werten an Ressourcen (dem Wert der so genannten „Produktionsfaktoren") und den Ausbringungswerten (dem so genannten „Güterertrag") zum Ausdruck. Die Mehrzahl der Menschen, sofern sie von der BWL noch nicht „verdorben" wurden, werden behaupten, Ziel des Wirtschaftens sei es, mit möglichst wenig Einsatz an Produktionsfaktoren einen möglichst hohen Güterertrag zu erzielen. Dies wird teilweise auch in der einschlägigen Literatur vertreten, wenn z.B. behauptet wird, Grundlage aller ökonomischer Bestrebungen sei die Frage, „…mit möglichst sparsam eingesetzten Mitteln"… ein"…Höchstmaß an Dienstleistungen…"[10] zu erzielen. Leider entbehrt dies jeglicher Logik, denn mit den noch zu reduzierenden Mitteln eines Kleinwagens (Smart und kostengünstiger), kann keine im Luxus sich ins Grenzenlose steigernde Limousine (Mercedes Benz S 600 und mehr) gebaut werden. Die Devise heißt demzufolge entweder einen gegebenen Güterertrag mit möglichst wenig Verzehr an Produktionsfaktoren zu bewerkstelligen (Minimalprinzip) oder mit gegebenem Einsatz an Produktionsfaktoren einen möglichst hohen Güterertrag zu erzielen (Maximalprinzip). Die Betriebswirtschaftslehre versucht, entsprechend ihrer Tradition, diese Werte in Geldeinheiten (als Äquivalenzziffer) zum

---

9　vgl. hierzu Thommen, J.P., Achleitner, A.-K.: Allgemeine Betriebswirtschaftslehre, 6. Aufl. Wiesbaden 2009, S.36
10　Gehrmann, G., Müller, K..D.: Management in sozialen Organisationen. Berlin u.a., 1993, S.29 (In seiner neuen (vierten) Auflage ist bei Gehrmann diese Passage so nicht mehr präsent).

Ausdruck zu bringen. Nach *traditioneller*[11] betriebswirtschaftlicher Auffassung kommt die Wirtschaftlichkeit (oder auch die Effizienz) durch das Verhältnis Ertrag zu Aufwand zum Ausdruck[12].

$$\text{Wirtschaftlichkeit} = \frac{\text{Ertrag}}{\text{Aufwand}}$$

Synonym wird das Streben nach Optimierung dieser Input- und Outputgrößen auch als „ökonomisches Prinzip" bezeichnet.

Wird auf eine Bewertung in Geldeinheiten verzichtet und werden rein mengenmäßige Größen herangezogen, so wird aus dem „Ertrag" die Ausbringungsmenge und aus dem „Aufwand" die Produktionsfaktoreneinsatzmenge. Das Ergebnis dieser Division heißt dann „Produktivität"[13].

$$\text{Produktivität} = \frac{\text{Ausbringungsergebnis}}{\text{Produktionsfaktoreneinsatzmenge}}$$

Dabei sollten diese beiden Faktoren (Produktivität und Effizienz) immer mindestens „eins" betragen.

Die mengenmäßige Betrachtung (Produktivität) kann durchaus von der wertmäßigen (Wirtschaftlichkeit) abweichen[14], so dass sich in Teilen, insbesondere jedoch bei Sozialen Dienstleistungsunternehmen, eine getrennte Betrachtung von Wirtschaftlichkeit und Produktivität empfiehlt. Dies ist besonders bei dem hohen Maß des Einsatzfaktors „Arbeit" in sozialen Dienstleistungsunternehmen relevant, wenn hier ehrenamtliche Arbeit zu einer möglicher Weise sehr geringen Produktivität führt, die Wirtschaftlichkeit jedoch dadurch äußerst günstig beeinflusst wird.

Wie erwähnt, Wirtschaft wird immer dort relevant sein, wo knappe Güter den ins potentiell unendliche ansteigenden menschlichen Bedürfnissen gegenüber stehen. Umgekehrt sieht es mit freien Gütern aus, die dem Men-

---

11 Damit soll auch zum Ausdruck gebracht werden, dass derzeit intensiv über erweiterte Wirtschaftlichkeitsbegriffe in der Forschung nachgedacht wird. Dies ist – nach Auffassung des Verfassers – insbesondere im Bereich der Sozialen Dienste auch unabdingbar.
12 vgl. Thommen, J.P., Achleitner, A.-K., a.a.O., S. 120
13 vgl. ebenda
14 vgl. hierzu Corsten, H.: Dienstleistungsmanagement, 4. Aufl., München, Wien, 2004, S. 149f.

schen unendlich zur Verfügung stehen. Diese brauchen ja nicht bewirtschaftet zu werden und sind daher auch für die BWL irrelevant. Bisher galt hier immer als Standardrepertoire das Beispiel mit der Luft. (Doch genau an diesem Punkt scheiden sich derzeit die Geister, zumindest was den Versuch anbetrifft, auch den Verbrauch von Luft als knappes Gut zu bewerten und dieser Tatsache ökonomische Relevanz durch die so genannte „Ökosteuer" zu verleihen). Moderne Ansätze, wie z.B. der von Eichhorn, unterscheiden zwischen sieben Gruppen von Produktionsfaktoren[15]:

1. Rechte
2. Dienste
3. Energie
4. Material
5. Kapital
6. Personal
7. Natur

Besonders hervorzuheben erscheint für das Themenspektrum dieses Buches die Bedeutung der immateriellen Güter, die es von den traditionell in der Betriebswirtschaftslehre stärker fokussierten materiellen Gütern dadurch zu unterscheiden gilt, dass sie keine materielle Substanz aufweisen. Hier handelt es sich zum einen um Dienstleistungen und zum anderen um Rechte[16]. Unter Dienstleistungen versteht man beispielsweise die Bewirtschaftung von Geld (Banken), das Versichern von Risiken (Versicherungen), das (Weiter-)Bilden von Menschen (Seminarveranstalter und staatliche Schulen), das Helfen von hilfebedürftigen Menschen (Soziale Dienstleistungsunternehmen und staatliche Sozialinstitutionen), etc. Unter Rechten versteht man z.B. Patente, Lizenzen, Wasser- und Wegerechte, etc.

Solche immateriellen Güter können zum einen beschafft, d.h. eingekauft werden. Zum anderen kann es jedoch Zweck eines Unternehmens sein, genau solche Dienste bedarfsgerecht zu „produzieren". Wie heißen dann die knappen Mittel (oder Produktionsfaktoren), die für diesen Zweck gebraucht oder verbraucht werden? Diese Frage stellt sich unter anderem auch in Sozialen Dienstleistungsunternehmungen.

Die Produktionsfaktoren für Dienstleistungsunternehmen können traditionell unterteilt werden in
- Gebrauchsgüter
- Verbrauchsgüter und
- Arbeitsleistung.

---

15 vgl. Eichhorn, P.: Das Prinzip Wirtschaftlichkeit. Basis der Betriebswirtschaftslehre, 3. Auflage, Wiesbaden 2005, S.201f.
16 vgl. hierzu vertiefend und detailliert Schierenbeck, H.: Grundzüge der Betriebswirtschaftslehre, 16. überarbeitete Aufl., München 2003, S.2

Neuerdings kommt auch immer stärker die Information als Faktor ins Gespräch.

Gebrauchsgüter sind solche, die für einen langfristigen, immer wieder zu verwendenden Gebrauch zur Herstellung von Dienstleistungen in Anspruch genommen werden. Das können z.B. die Gebäude eines Altenhilfeträgers sein oder seine Ausstattung mit Pflegebetten. Das heißt, hier handelt es sich um Investitionsgüter. Sie haben die Möglichkeit inne, Dienste und Produkte überhaupt erst und zudem in unterschiedlichen qualitativen und quantitativen Varianten zu erstellen bzw. zu erbringen. Aufgrund dieser Möglichkeiten werden sie teilweise auch als „Potentialfaktoren" bezeichnet

Dem gegenüber sind die Verbrauchsgüter solche, die sich beim Leistungserstellungsprozess „aufzehren" und entweder im Produkt oder in der Dienstleistung aufgehen oder zum Zweck der Erstellung von Diensten oder der Produktion aufgebraucht werden. Solche Güter können z.B. die CD-Rohlinge für hochwertige Software sein, ebenso der Stahl für das Blech eines Automobils wie auch die Inkontinenzartikel bei der Erbringung der Dienstleistung „Pflege" und der Verbrauch von Benzin für die Fahrzeuge der ambulanten Pflege. Da diese in sehr kurzen Zyklen immer wiederkehrend beschafft werden müssen, nennt man sie auch „Repetierfaktoren".

Letztlich soll der gerade für Dienstleistungen so entscheidende Faktor „Arbeit(sleistung)" noch genauer beschrieben werden.

Hier wird zwischen ausführenden Tätigkeiten und Führungstätigkeiten unterschieden. Der Aufwand für diesen Faktor liegt, z.B. in der stationären Altenhilfe und Jugendhilfe, bei ca. 80 % des Gesamtaufwandes.

2.1.3 Handlungsfelder der Betriebswirtschaftslehre

Wie oben (→ Kap. 2.1.1) bereits angedeutet, entwickelte sich die Betriebswirtschaftslehre aus der Volkswirtschaftslehre. Beide zusammen können – nach moderner Auffassung – die Überschrift für die Gesamtdisziplin der Wirtschaftswissenschaft bilden. Die Volkswirtschaftsehre gliedert sich dabei auf in zwei weitere Subdisziplinen: Makro- und Mikroökonomie.

Tab. 1: Abgrenzung Volkswirtschaftlicher Forschungsfelder

Mikroökonomie	Makroökonomie
	Geldtheorie
Haushaltstheorie	Finanztheorie
Unternehmenstheorie	Beschäftigungstheorie
Preistheorie	Wachstumstheorie
Verteilungstheorie	Außenwirtschaftstheorie

Die Mikroökonomie thematisiert das Verhalten von einzelnen Wirtschaftseinheiten und ihre Beziehungen zueinander. Bei der Makroökonomie stehen gesamtwirtschaftliche Fragen innerhalb eines Staatsgebildes oder eben der Weltwirtschaft im Vordergrund. Typische Forschungsfelder der Volkswirtschaft können zugeordnet werden wie in Tabelle 1 beschrieben.

Die Betriebswirtschaftslehre als eigenständige Wissenschaft entwickelte sich vornehmlich aus der Mikroökonomie. Dabei gilt es zunächst, die Betriebswirtschaftslehre von den Haushalts- und Verwaltungswissenschaften abzugrenzen. Diese Trennlinie verläuft im Wesentlichen entlang des Zwecks von Institutionen. Ausschlaggebend hierfür ist die Unterscheidung zwischen Haushalten und Unternehmen. Haushalte sind konsumorientiert. Sie verbrauchen – sprich konsumieren – selbst- oder fremdbezogene Produkte und/oder Dienstleistungen für die Eigenbedarfsdeckung. Man unterscheidet hier weiter zwischen privaten und öffentlichen Haushalten. Beide sollen in der Regel nicht Gegenstand der Betriebswirtschaftslehre sein. Sie werden lediglich, insbesondere in Fragen des Marketings, in betriebswirtschaftliche Betrachtungen einbezogen.

Im Gegensatz zu Haushalten lassen sich Unternehmen als produktionsorientierte Wirtschaftseinheiten umschreiben, die primär der Fremdbedarfsdeckung dienen. Diese können wiederum unterteilt werden in private und öffentliche Unternehmen. Neben vielen Versuchen, diese beiden Typen voneinander abzugrenzen, scheint dem Verfasser das Kriterium des „Grades an Selbstbestimmung" das in der Praxis wesentliche Merkmal zu sein. Hier geht es darum, ob die wichtigsten Ziele des Unternehmens vom Management selbst gesetzt und die wichtigsten Entscheidungen selbst getroffen werden können, oder ob diese durch die öffentliche Hand sehr stark eingeschränkt sind. Das Handlungsfeld der Betriebswirtschaftslehre erstreckt sich hier im Wesentlichen über Unternehmen, die mit weitgehender Unabhängigkeit von der öffentlichen Hand zu charakterisieren sind.[17]

2.1.4 Gliederung der Betriebswirtschaftslehre

Die Betriebswirtschaftslehre als Lehr- und Forschungsgebiet lässt sich in unterschiedliche Kategorien untergliedern. Erwähnenswert sind hier die funktionale und die institutionelle Gliederung.

Bei der funktionalen Gliederung tritt der Aspekt der einzelnen „Spezialgebiete" in den Vordergrund. Beispielhaft seien hier folgende erwähnt:
- Unternehmensführung (Ausrichtung des Systems auf gemeinsame Unternehmensziele)

---

17 vgl. hierzu Thommen, J.P., Achleitner, A.-K., a.a.O., S.40ff.

- Rechnungswesen (Darstellung und Erfassung betrieblicher Prozesse und des Vermögens in Geldeinheiten)
- Controlling (Informationsmanagement, Optimierung der Wirtschaftlichkeit)
- Finanzierung (Optimierung des Kapitals)
- Investition (Beschaffung von Gebrauchsgütern)
- Produktion (Verarbeitung von Verbrauchsgütern)
- Materialwirtschaft (Beschaffung und Lagerhaltung von Verbrauchsgütern)
- Marketing (Gestaltung und Beeinflussung der Kunden- und Lieferantenbeziehungen)
- Forschung und Entwicklung (Planung, Entwicklung und Einführung neuer Dienste und Produkte)
- Organisation (Gestaltung der Gliederung der betrieblichen Verantwortungsbereiche, Tätigkeiten und Abläufe)
- Personalwesen (Beschaffung, Begleitung und Betreuung sowie Freisetzung von Mitarbeitern)

Eine zweite Gliederungsebene stellt die institutionelle Kategorisierung dar. Hierbei geht es um die speziellen Ausrichtungen der Lehre und Forschung im Hinblick auf unterschiedliche Branchen und Sektoren. Beispielhaft können folgende genannt werden:

- BWL des Handwerks
- Industriebetriebslehre
- Versicherungsbetriebslehre
- Bankbetriebslehre
- BWL Verkehr und Touristik
- Krankenhausbetriebslehre

Eine solche Zuordnung wird dann als „Spezielle Betriebswirtschaftslehre" bezeichnet.

Wenn bisher von Sozialen Dienstleistungsunternehmen die Rede war, dann wurden sie meist dem so genannten „Non-Profit-Bereich" zugeordnet. Eine genuine spezielle Betriebswirtschaftslehre für soziale Dienste und Einrichtungen ist bisher bestenfalls in Ansätzen erkennbar. Viel zu lange hat die BWL dieses Feld als irrelevant für ihre Wissenschaft eingestuft. Die Grundzüge einer solchen speziellen Betriebswirtschaftslehre sollen im Folgenden umrissen werden.

2.2 Aspekte einer speziellen Betriebswirtschaftslehre für Soziale Dienste und Einrichtungen

Zunächst soll eine Betriebswirtschaftslehre für Dienstleistungen – jedoch auch schon mit Blick auf die Sozialen Dienste und die Gesundheitsdienste – schlechthin umrissen werden. Die Besonderheiten Sozialer Dienstleistungsunternehmen und der Institutionen des Gesundheitswesens sollen dann in einem zweiten Schritt spezifisch herausgearbeitet werden.

2.2.1 Besonderheiten einer Betriebswirtschaftslehre für Dienstleistungen

Es ist erstaunlich, wie stark die allgemeine Betriebswirtschaftslehre gegenwärtig immer noch von der Tradition ihrer Entstehungsgeschichte geprägt ist, deren Wurzeln eindeutig in der Industriebetriebslehre liegen. Von dieser Perspektive werden weiterhin die grundlegenden Elemente abgeleitet. Dies muss deswegen vorausgeschickt werden, weil ansonsten die Soziale Arbeit vorschnell dazu neigt, sich als allzu exotisch und von daher auch inkompatibel zur Betriebswirtschaftslehre darzustellen. Im Grunde geht es jedoch darum, die Betriebswirtschaftslehre an die immer relevanter werdenden Erfordernisse der Herstellung von Dienstleistungen in einem höheren Ausmaß als bisher geschehen, anzupassen. Die folgenden Ausführungen stützen sich auf die derzeit einzig relevante Quelle, nämlich die grundlegenden Ansätze, die von Corsten[18] zusammengefasst bzw. entworfen wurden.

Dienstleistungen können auf unterschiedliche Weise definiert werden. Zum einen anhand von Beispielen, zum anderen durch Negativnennungen (alles, was nicht mit der Güterherstellung und mit der Land- und Forstwirtschaft zu tun hat) und zum dritten durch den Versuch einer konstitutiven Positivdefinition.

Die Definition auf Basis konstitutiver Merkmale erfolgt hierbei in der Literatur anhand von drei unterschiedlichen Ansätzen:
- potentialorientiert
- prozessorientiert
- ergebnisorientiert

Beim potentialorientierten Ansatz wird von der menschlichen und maschinellen Leistungsfähigkeit ausgegangen, mit deren Hilfe eine gewollte Än-

---

18 vgl. hiezu z.B. Corsten, H.: Dienstleistungsmanagement, 4. Auflage, München und Wien 2001., S. 1ff.

derung oder ein erwünschter Zustand erreicht werden kann.[19] Diese Leistungsfähigkeit ist – bei der gegebenen Immaterialität von Dienstleistungen – auch das Absatzobjekt. Für den Nachfrager besteht mithin bei Dienstleistungen ein sehr hohes Kaufrisiko.[20]

Beim prozessorientierten Ansatz stehen zeitraumbezogene Aspekte der Herstellung von Dienstleistungen im Vordergrund der Betrachtung. Während bei der Herstellung von Gütern die Produktion dem Absatz vorgelagert ist, findet bei den meisten Dienstleistungen die Produktion simultan zum Absatz statt. Damit einher geht der direkte Kontakt zwischen dem Leistungserbringer und dem Leistungsnehmer.[21]

Beim ergebnisorientierten Ansatz wird die Dienstleistung indirekt dadurch erkennbar, dass sie zu Veränderungen bei Personen oder Objekten geführt hat. Direkt und unmittelbar tritt sie jedoch lediglich immateriell auf. Mit anderen Worten, die Dienstleistung braucht, um in Erscheinung zu treten, ein materielles „Trägermedium", wie z.B. eine CD, Papier, menschliche Zellen, etc. Die Besonderheit beim Menschen als „Trägermedium" liegt nun darin, dass er als aktiv handelndes Wesen die erkennbare Wirkung einer Dienstleistung negativ und positiv zu beeinflussen vermag.[22]

Mit Hentschel gilt es darauf zu verweisen, dass diese drei Ansätze nicht kontrovers diskutiert werden sollten, sondern eher simultan (im Sinne eines Ablaufmodells der Transaktion)[23].

Mit dieser Erkenntnis ist die Betriebswirtschaftslehre an einem Punkt angekommen, den Donnabedian zur Beschreibung von Leistungen in der Pflege mit den Elementen
- Strukturqualität (ressourcenorientiert)
- Prozessqualität
- Ergebnisqualität

schon im Jahre 1982 vorgeschlagen hat.[24] Dieser Ansatz wurde jedoch, selbst von ihm, in seiner konzeptionellen Tragweite nicht erkannt und ausgeschöpft. Hier steht bis dato eine, wie auch von Hentschel angeregte, detaillierte Reflexion an.

---

19 vgl. hierzu z.B. Meyer, A.: Marketing für Dienstleistungsanbieter. Vergleichende Analyse verschiedener Dienstleistungsarten, in: Hermanns, A., Meyer, A.: Zukunftsorientiertes Marketing für Theorie und Praxis, Berlin 1984, S.197ff.
20 vgl. Zeithaml, V.A.: How Consumer Evaluation Processes Differ between Goods and Services, in: Donelly J.H., George, W.R. (Hrsg.): Marketing of Services, Chicago 1981, S.188
21 vgl. Berekoven, L.: Der Dienstleistungsmarkt in der Bundesrepublik Deutschland. Göttingen 1983, S.23
22 vgl. Corsten, H., a.a.O., S.22ff.
23 vgl. Hentschel, B.: Dienstleistungsqualität aus Kundensicht. Vom merkmals- zum ereignisorientierten Ansatz. Wiesbaden 1992, S.21
24 vgl. Donnabedian, A.: An Exploration of Structure, Process and Outcome as Approaches to Quality Assessment of Medical Care. Gerlingen 1982, S.69ff.

Wenn bisher die Frage der Dienstleistungen generell von Seiten der Betriebswirtschaftslehre zu zaghaft angegangen wurde, so könnte dies auch an der geringen Bedeutung dieses Sektors, beispielsweise im Vergleich zum verarbeitenden Gewerbe, gelegen haben. In der Statistik der Bundesrepublik Deutschland ist es üblich, die Quellen des Bruttosozialproduktes, gegliedert nach Sektoren oder Wirtschaftszweigen, darzustellen. Hierbei unterscheidet man zwischen dem
- primären
- sekundären und
- tertiären Sektor.

Darunter wird im Einzelnen verstanden:

Tab. 2: Die drei Sektoren als Quellen des Sozialprodukts

Primärer Sektor	Landwirtschaft
	Forstwirtschaft
	Fischerei
Sekundärer Sektor	Verarbeitendes Gewerbe
	Baugewerbe
Tertiärer Sektor	Handel
	Verkehr, Nachrichtenübermittlung
	Kreditinstitute und Versicherungsunternehmen
	Wohnungsvermietung
	Private Haushalte und private Organisationen ohne Erwerbszweck
	Gebietskörperschaften und Sozialversicherungen

Diese Sektoren entwickelten sich in der Bundesrepublik Deutschland (alte Länder) wie in Abbildung 1 dargestellt.

Im Jahre 1982 begann zum ersten Mal der tertiäre Sektor den sekundären im Bereich der Erzeugung des Bruttosozialproduktes zu überholen. Dabei gilt es zu beachten, dass in den beiden anderen Sektoren Dienstleistungstätigkeiten (z.B. Softwareerstellung, Forschung und Entwicklung, Verwaltung für interne betriebliche Zwecke, etc.) „versteckt" sind, also nicht dem tertiären Sektor zugeordnet werden.

Abb. 1: Entwicklung der drei Wirtschaftssektoren[25]

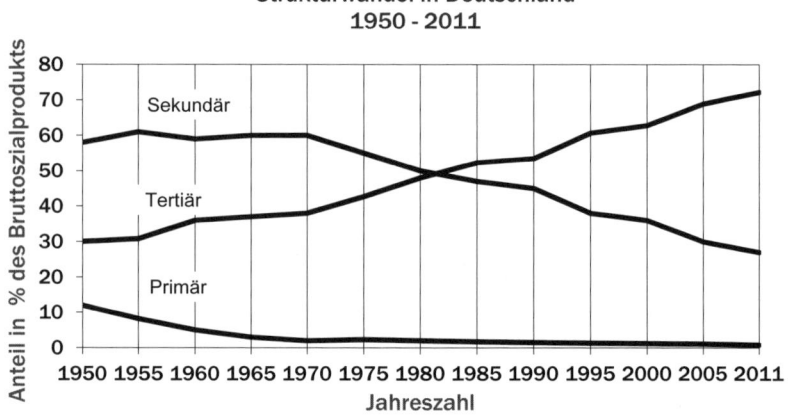

2.2.2 Spezifische Aspekte Sozialer Dienstleistungsunternehmen

Hierbei soll der Schwerpunkt der Betrachtung auf dieses Segment gelegt werden, das in der Volkswirtschaftslehre derzeit sehr intensiv unter dem Begriff „Dritter Sektor oder Non-Profit-Sektor" [26] diskutiert wird und dem – aus Sozialpolitischer Perspektive – die Bezeichnung „Intermediäre Instanzen[27]" zuteilwurde. Wegen der Verwechslungsgefahr mit den drei Wirtschaftssektoren, nach denen bei der Herkunft des Sozialproduktes unterschieden wird, wäre die Begriffswahl „Intermediäre Instanzen" oder „Non-Profit-Bereich" geeigneter. Mit der Bezeichnung „Dritter Sektor" hat sich jedoch die wörtliche Übersetzung der Begriffswahl in den USA weltweit durchgesetzt.

Dabei bezeichnen alle oben aufgeführten Termini Unternehmen, die irgendwo zwischen Staat und gewinnorientierten Betrieben der gewerblichen Wirtschaft anzusiedeln sind. Ordnungspolitisch herrscht in Deutschland das Subsidiaritätsprinzip vor, das ja bekanntlich privaten und gemeinnützigen Initiativen und Organisationen vor staatlichen Interventionen Vorrang einräumt. Dies gilt, solange es sich nicht um originäre und damit nicht zu delegierende Aufgaben des Staates handelt. Idealtypischer Weise kann man

---

25 vgl. Statistisches Bundesamt (Hrsg): Statistisches Jahrbuch 2011 für die Bundesrepublik Deutschland, Wiesbaden 2011, S. 619
26 vgl. Seibel, W.: Dritter Sektor, in: Bauer, R. (Hrsg.): Lexikon des Sozial- und Gesundheitswesens, München 1992, S. 455ff.
27 vgl. Kaufmann, F.X.: Zur Einführung: Ein sozialpolitisches Schwerpunktprogramm der DFG – und was daraus wurde, in: ders. (Hrsg.): Staat, Intermediäre Instanzen und Selbsthilfe, München 1987, S.

die Sektoren – Staat, Wirtschaft und Intermediäre Instanzen – wie folgt abgrenzen:

Tab. 3: Die drei Sektoren[28]

Sektoren Merkmale	Staat	Wirtschaft	Intermediäre Instanzen (3. Sektor)
Rechtsformen	Gebietskörperschaften, öffentliche Anstalten Öffentliche Körperschaften	Kapitalgesellschaften, wie z. B. GmbHs, Aktiengesellschaften, etc. BGB-Gesellschaften, Handelsgesellschaften Einzelunternehmer	Vereine, Stiftungen, aber auch gemeinn. GmbHs und Aktiengesellschaften
Existenzgrund	Verfassungsauftrag	Unternehmerwille	Satzungsauftrag
Zweck des Unternehmens, Systembedingungen	Hoheitliche Gewalt, Machtmonopol, „Nachtwächter"	Gewinnorientiert, Wettbewerb	Zielorientiert, Wettbewerb
Rechtlicher Rahmen	Gesetzliche Grundlage	Verträge	Satzungen
Kontroll-Instanzen	Parlamentarische Kontrolle	Kontrolle durch Eigentümer	Kontrolle durch Mitglieder oder Eigentümer oder Stifter
Finanzierung der Leistungen	Steuern, Leistungsentgelte	Leistungsentgelte, (ggf. +Subventionen)	Leistungsentgelte, +Spenden, +Subventionen
Statuts der Mitarbeiter	Beamte, Angestellte, Arbeiter	Angestellte, Arbeiter	Ehrenamtliche Helfer, Angestellte, Arbeiter

Intensiv diskutiert wird in der Volkswirtschaftslehre aktuell über den Dritten Sektor deswegen, weil – gemäß der Ergebnisse der ersten internationalen Studie in diesem Bereich[29] - die wirtschaftliche Bedeutung dieses Sek-

---

28 vgl. Graf Strachwitz, R.: Aktuelle Strukturfragen von Non-Profit-Organisationen, in: Hauser, A. u.a. (Hrsg.) Sozialmanagement: Praxishandbuch soziale Dienstleistungen, 2., erweiterte Aufl., Neuwied, Kriftel, 2000, S. 28
29 Dabei handelt es sich um das sogenannte „John Hopkins Comparative Non-Profit Sector Project, das unter der Leitung von Lester M. Salamon und Helmut K. Anheier durchgeführt wird.

tors weitaus größer ist als bei allen 22 daran beteiligten Ländern bisher angenommen wurde.[30] Durchschnittlich beträgt dieser Anteil immerhin 4,9% am Bruttosozialprodukt. Rechnet man den Wert der ehrenamtlich erbrachten Leistungen hinzu, so erhöht sich dies gar auf 7,1%. Die Anzahl der Beschäftigten im Non-Profit-Sektor liegt im Durchschnitt aller 22 Länder bei 4,9% und das entspricht exakt dem Deutschen Wert. Davon, wiederum, sind in Deutschland überdurchschnittlich viele, nämlich ca. 70% aller hauptamtlich Beschäftigten, dem Bereich Soziales und Gesundheit zuzuordnen. (In Belgien und den Niederlanden ist ein sehr hoher Anteil des Dritten Sektors unter anderem auf die vielen Bildungsinstitutionen zurück zu führen, die dort nicht in staatlicher Hand sind). Die Frage der Abgrenzung führt jedoch nicht so weit, dass man sich fragen könnte, ob die Betriebswirtschaftslehre überhaupt hier greifen könne. Dies mag von Seiten der Sozialarbeit und der Sozialpädagogik zwar zu hinterfragen sein, die Betriebswirtschaftslehre findet mit ihren Modellbildungen, z.B. das Unternehmen als sozio-technisches System oder auch produktiv soziales System aufzufassen, auf jeden Fall Ankerpunkte[31].

In vielen Bereichen der Sozialen Arbeit und des Gesundheitswesens erscheinen manche Konzepte aus der Betriebswirtschaftslehre, als wolle man mit Kanonen auf Spatzen schießen. Allerdings stellen sich diese Fragen auch beispielsweise in der gewerblichen Wirtschaft, denn Klein- und Mittelbetriebe sowie die vielen Einzelunternehmer als Handwerker können mit den häufig aktuell in Wissenschaft und Praxis diskutierten Konzepten der Betriebswirtschaftslehre nichts anfangen. Die gesamte BWL als nicht relevant einzustufen, würde jedoch deswegen kaum jemand ernsthaft in Erwägung ziehen.

Wenn der Einsatz betriebswirtschaftlicher Konzepte in weiten Kreisen der Fachvertreter aus Wissenschaft und Praxis der Sozialen Arbeit und des Gesundheitswesens auf Ablehnung stößt, so liegt dies vermutlich in erster Linie an den Traditionen Sozialer Dienstleistungsunternehmen (und der Gesundheits- und Sozialdienste, die hier auch immer mit gemeint sind), die aus diesem Grund im Folgenden, insbesondere im Hinblick auf betriebswirtschaftlich relevante Aspekte, detaillierter betrachtet werden.

---

30 vgl. Priller, E. u.a.: Der Dritte Sektor in Deutschland – Entwicklungen, Potentiale Erwartungen, in: Aus Politik und Zeitgeschichte (Beilage zur Wochenzeitung Das Parlament) B 9/99 vom 26.2.1999, S.13 (linke Spalte)
31 vgl. hierzu z.B. Putschert, R.: Das Freiburger Management-Modell für Non-Profit-Organisationen, in: Hauser, A. u.a. (Hrsg.), a.a.O., S.136

2.2.3 Entwicklungsgeschichte Sozialer Dienstleistungsunternehmen aus vornehmlich ökonomischer Perspektive[32]

Am Anfang der Entwicklung aller größeren Komplexeinrichtungen stand die Solidarisierung von Angehörigen sowie christlich oder humanistisch motivierten Bürgern mit Bedürftigen. Diese Stufe der Dominanz der „Gründerväter" kann als Phase der „Selbsthilfe" bezeichnet werden. Die Finanzierung wurde dabei in erster Linie durch Spendengelder, insbesondere von einzelnen sozial engagierten vermögenden Bürgern, sichergestellt. In der Mehrzahl der Fälle war es weder gewollt noch möglich, diese Solidarisierung auf eine bestimmte Größenordnung oder Art von sozial Bedürftigen bzw. sozialer Bedürftigkeit zu beschränken. Damit stieg die Nachfrage innerhalb eines spezifischen regionalen Umfeldes sprunghaft an. In der Folge wurde auch das Angebot entsprechend der Quantität und den Differenzierungserfordernissen der Nachfrage angepasst. In der Stufe des Wachstums und der Ausdifferenzierung des Angebotes wurde jedoch deutlich, dass alleine der gute Wille zu helfen nicht mehr hinreichend war. Es bedurfte einer fachlichen Professionalisierung. Darüber hinaus mussten sich die in der Sozialhilfe engagierten Menschen entscheiden, die dafür erforderlichen Zeiträume im Sinne einer bezahlten Arbeit aufzubringen, die unter anderem auch ihre eigene materielle Existenzgrundlage zu sichern hatte. Diese Professionalisierung zog damit auch das Erfordernis von Verwaltungstätigkeiten nach sich, womit ein erster Schritt zur Verbetrieblichung der Einrichtungen getan wurde. Die Verantwortung gegenüber den Mitarbeitern und den behinderten, pflege- oder erziehungsbedürftigen Menschen erforderte in zunehmendem Maße eine Verstetigung und institutionelle Absicherung. Eine alleinige Abhängigkeit von Spenden und/oder dem Wohlwollen eines oder mehrerer „Sponsoren" konnte diesen Erfordernissen nicht mehr Rechnung tragen. Aus den in dieser Entwicklung bereits geschaffenen sozialpolitischen Fakten, konnte sich die „Allgemeinheit" (und damit der Staat) nicht mehr aus der Verantwortung stehlen. Die Verbetrieblichung mit dem damit einhergehenden Bedürfnis nach Absicherung und Selbsterhaltung mündete für die Institutionen im Bedarf nach staatlichen Finanzmitteln. Die staatliche Seite stellte dabei jedoch die Bedingung, dass diese Einrichtungen sich an die Prozedur öffentlicher Haushaltsführung weitestgehend anzupassen hatten. Da die Frage des Geldes nicht nur alleine die Verhaltensweisen von

---

32 vgl. hierzu und im Folgenden: Halves, E. u.a.: Handlungsfelder und Entwicklungen von Selbsthilfegruppen: Vergleichende Analyse des „Elternkreises Drogenabhängiger" und der „Grauen Panther – Hamburg" in: Kaufmann, F.X. (Hrsg.): Staat, Intermediäre Instanzen und Selbsthilfe, München 1987, 182ff. in Kombination mit Franz, H.-J.: Selbsthilfe zwischen sozialer Bewegung und spezifischer Organisationsform sozialpolitischer Leistungserbringung, in: ebenda, S.311ff.

Individuen beeinflusst, durchdrang – über die Verwaltungsebene hinweg – staatliches Haushaltsgebaren die Sozialen Dienstleistungsunternehmen. Sie haben sich in diese Umklammerung begeben (oder auch begeben müssen) und bezahlten damit, mehr oder weniger gewollt, den Preis des Verzichts der eigenen, unverwechselbaren Identität. Im Ergebnis sind diese Institutionen irgendwo zwischen staatlichen und privaten Unternehmen einzuordnen.

Bedingt durch die Praxis der Ermittlung von Pflegesätzen nach dem Selbstkostendeckungsprinzip konnten als „Selbstkosten" alle bei einer sachgerechten und sparsamen Wirtschaftsführung (unter Berücksichtigung der Aufgabenstellung) entstandenen Ausgaben bezeichnet werden. Eine Ausnahme hierbei bildeten aus rein praktischen Erwägungen die Aufwendungen für Abnutzung (AfA), die als Quasi-Ausgaben betrachtet wurden. Das Ergebnis einer zeitraumbezogenen Aufsummierung dieser Ausgaben wurde dann durch Spezifizierung auf einen Tag und eine Person als „Pflegesatz" oder auch „Tagessatz" bezeichnet. Dabei mussten in Pflegesatzverhandlungen die jeweils angefallenen Ausgaben nachgewiesen und ihre Angemessenheit begründet werden. Die Kostenträger entschieden dabei insbesondere anhand folgender Kriterien:

- Einhaltung der tariflichen Regelungen, die an den TVÖD angelehnt sein mussten,
- Einhaltung vorgegebener Personalschlüssel, getrennt nach „Dienstarten",
- Einhaltung formaler Richtlinien (z.B. Pflegesatzvereinbarungen) bei der Sachkostenbemessung (z.B. Abschreibungen, Zinsaufwendungen, Instandhaltungen ...),
- exakte und nachvollziehbare Trennung zwischen Personal- und Sachkosten.

Im Grunde wurde geprüft, ob sich die Höhe spezifischer Kostenarten (besser: „Ausgabenarten") in einem der jeweiligen Erfahrung entsprechenden Rahmen bewegt hat und ob sie entsprechend formaler Kriterien überhaupt durch Pflegesätze refinanziert werden mussten. Da die Kostenentwicklung über bestimmte Zeiträume (bewusst manipuliert oder aufgrund äußerer Umstände) unterschiedlich verlaufen konnte, bot sich für die Einrichtungen immer dann eine Pflegesatzkündigung an, wenn im zurückliegenden Kalenderjahr besonders hohe Kosten entstanden sind. Ein positives wirtschaftliches Ergebnis konnte in den Folgeperioden dann erreicht werden, wenn es möglich war, die jeweiligen Ist-Kosten unterhalb der auf Selbstkostenbasis einer zurückliegenden Periode ausgehandelten Pflegesätze und deren relative Fortschreibung (in Anlehnung an vereinbarte Indizes) zu stabilisieren. Das Kostenmanagement stand damit nicht in Zusammenhang mit den Fragen wirtschaftlicher Leistungserbringung, sondern mit einem durch strategische Kostenerhöhung (und zyklisch darauf folgend wieder einer strategischen Kostensenkung) zu erzielendem Mehrertrag. Trotz der für die meisten Unternehmen, beispielsweise der Behindertenhilfe, erforderlichen (oder aus internen Gründen praktizierten) doppelten Buchführung, lag aus rein wirtschaftlicher Sicht eine aus der Kameralistik öffentlicher Haushaltsführung herzuleitende Handlungslogik nahe. Rechtmäßigkeitsstreben und der entsprechende Rechtmäßigkeitsnachweis, wie bei öffentlichen Verwaltungen, weniger das Streben nach Wirtschaftlichkeit, stand im Vordergrund betriebswirtschaftlichen Handelns. Daraus lässt sich ableiten:

- Geringe und damit unwirtschaftliche Fehlertoleranz, um den „Nachweispflichten" gerecht werden zu können,
- Tendenz zu „Überregulierungen", die eine unreflektierte Arbeitsweise und Aufgabenwahrnehmung begünstigen,
- Präferenz von Formalzielen vor Sachzielen,
- Starke Vergangenheits- und Kontrollorientierung,
- Begünstigung und Legitimation eines patriarchalisch-autoritären Führungsstils,
- Präferenz von Sparsamkeits- vor Wirtschaftlichkeitsstrategien sowie
- Vernachlässigung von Leistungs-, Qualitäts-, Markt- und Kundenorientierung.

Neben einer vornehmlich aus Gründen wirtschaftlicher Effizienz angebrachten sehr kritischen Auseinandersetzung mit dem Selbstkostendeckungsprinzip, können jedoch sowohl für die Sozialen Dienstleistungsunternehmen als auch für die Kostenträger Vorteile dieses Finanzierungssystems nicht geleugnet werden.

So konnten sich die Einrichtungen in der Regel auf fest vorgegebene Spielregeln verlassen, die zur Verstetigung und zur Sicherheit im Verwaltungshandeln beigetragen haben. Insbesondere für kirchliche Träger waren theologische Implikationen des Engagements im Sozialbereich umzusetzen, die sich nur sehr unzulänglich in Leistungsgrößen erfassen lassen. Dies gilt darüber hinaus im gleichen Maße für „klimatische Aspekte", wie z.B. der Art und Weise der Zuwendung an die behinderten Menschen. Sollte die Frage der leistungsbezogenen Finanzierung in den Vordergrund rücken, so kann dies im Kontext mit den oben erwähnten schwer messbaren Kriterien bei vielen Einrichtungen, die derzeit zu relativ hohen Pflegesätzen auch Dienstleistungen mit außergewöhnlichem Qualitätsstandard erbringen, zu einer Niveaureduktion führen. Daher steht zu befürchten, dass bei einer Veränderung des Finanzierungssystems erst die Kompetenz im betriebswirtschaftlichen Handeln die Voraussetzung dafür bildet, sich Spielräume im Kernbereich der Leistungserbringung an behinderten Menschen schaffen zu können, die über ein standardisiertes Maß hinausgehen. Somit besteht die Gefahr, dass gerade die in pflegerischen, pädagogischen und rehabilitativen Bereichen gegenwärtig sehr leistungsfähigen Einrichtungen in finanzielle Schwierigkeiten geraten. Mit dem „Rechtfertigungsdruck", der dem Selbstkostendeckungsprinzip immanent ist, konnten sich die Einrichtungen bisher, auch bei einer sehr kritischen und in zunehmenden Maße sich auf „Skandalsuche" befindlichen Öffentlichkeit, relativ schadlos halten. Geschicktes wirtschaftliches Handeln könnte bei einem leistungsbezogenen Finanzierungssystem dazu führen, dass einzelne Einrichtungen mit öffentlichen Mitteln Gewinne erzielen. Hier wird in Zukunft ein sehr „peinlicher" neuer Rechtfertigungsdruck zu erwarten sein, bei dem Argumentationsnöte entstehen könnten. Dies gilt auch für den potentiellen Vorwurf individueller Bereicherung. Sehr häufig ist für die dann ausschlaggebende betriebswirtschaftliche Kompetenz ein entsprechend qualifiziertes Management zu den bisher in der „Branche" üblichen Gehältern nicht zu motivieren. Dagegen bildet – unter der Prämisse der Einhaltung vorgegebener Richtlinien und der Ausschöpfung der darin enthaltenen Möglichkeiten – das Selbstkostendeckungsprinzip die Gewähr der Substanzsicherung und -erhaltung für alle Einrichtungen, ohne dass hierfür eine außergewöhnliche Kompetenz in betriebswirtschaftlichen Aufgabenfeldern erforderlich wäre.

Aus der Sicht der Kostenträger waren die charakteristischen Merkmale des Selbstkostendeckungsprinzips weitgehend kompatibel mit dem Finanzgebaren der öffentlichen Hand. Daher konnten allgemeingültige Richtlinien auch auf diesen spezifischen Bereich übertragen werden. Beispielsweise waren die in der öffentlichen Verwaltung üblichen Qualifikationen (z.B. die des Kämmerers) auch bei Aufgabenfeldern der Finanzierung, beispielsweise von Einrichtungen der Behindertenhilfe, erforderlich. Das Prinzip der Sparsamkeit mit seiner engen periodenbezogenen Perspektive, das dem Selbstkostendeckungsprinzip zugrunde liegt, schaffte zudem die Möglichkeit in Zeiten finanzieller Engpässe kurzfristig nachweisbar Haushaltsmittel einzusparen. Bei dem in der Sozialhilfe zum größten Teil umgesetzten Subsidiaritätsprinzip brauchten die Folgen einer restriktiven Finanzierung nicht von öffentlichen Verwaltungen selbst getragen zu werden. Dies war insbesondere auch von politischer Relevanz, da Entscheidungsträger die Verantwortung für ihr Handeln auf die Institutionen der freien Träger abwälzen konnten. Dies schaffte günstige Rahmenbedingungen für die Durchsetzung von Sparzielen.

2.2.4 Aspekte eines neuen betriebswirtschaftlich orientierten Finanzierungssystems

Ein neues Finanzierungssystem bedarf, wenn es eine Alternative zum bisherigen darstellen soll, einer engen Orientierung am Wirtschaftlichkeitsprinzip.

Da von der Knappheit der Ressourcen (im Staatshaushalt, bei den Sozial-, Kranken- und Pflegeversicherungen und bei den Privathaushalten) auszugehen ist, bedeutet dies, dass für die Erreichung vorher definierter Leistungen Mittel bereitzustellen sind. Dabei gilt es festzuhalten, dass beim betriebswirtschaftlichen Budgetierungsbegriff der geplante Mittelverbrauch immer in einem Kontext mit den dafür geplanten Leistungen stehen muss. Für Soziale Dienstleistungsunternehmen heißt dies, dass sie den Kostenträgern genau dieses Budget für die Erbringung definierter Leistungen in Rechnung stellen können. Mit anderen Worten würde es sich dabei um Preise handeln, die für die Erbringung von Dienstleistungen als Vorauszahlung von Kostenträgern an die Einrichtungen der Sozialhilfe (ggf. auch des Gesundheitswesens) fällig werden. Die besondere Herausforderung für die einzelnen Träger besteht nun darin, die Höhe des allgemein kalkulierten Mitteleinsatzes für die Erbringung dieser definierten Dienstleistungen zu unterschreiten, um sich Handlungsspielräume für Zusatzleistungen im Sinne des definierten gemeinnützigen Unternehmenszweckes zu verschaffen.

Damit werden die Selbständigkeit und die Eigenverantwortlichkeit der Unternehmen gestärkt und gefördert. Die in diesem Zusammenhang legitime staatliche Kontrolle besteht dabei in allererster Linie darin, die Leistungen in feststehenden Bezugszeiträumen zu überprüfen. Der Erfolg von intelligenten – und damit im ungünstigsten Falle Leistungsneutralen – Kostensenkungsmaßnahmen kommt unmittelbar dem Wirtschaftssubjekt zugute. Dasselbe gilt für personal- oder sachkostensenkende Investitionen. Es kann davon ausgegangen werden, dass einmal ausgehandelte „Preise" mit großer Wahrscheinlichkeit – bei noch festzulegenden Steigerungsindizes – langfristig zu einer wesentlichen Verbesserung der Leistungsfähigkeit sozialer Dienstleistungen beitragen werden. Dies ist in erster Linie damit zu begründen, dass die Kostenoptimierung zu einer wesentlichen Motivation, auch für Sozialen Dienstleistungsunternehmen, würde. Die Prozeduren der „Pflegesatzverhandlungen" könnten zudem vollkommen entfallen.

Eine wesentliche Umsetzungsproblematik besteht jedoch bei den Fragen der Definition des Leistungsspektrums und der jeweiligen Kontrolle darüber, wie – oder ob – diese Leistungen umgesetzt wurden. Gegenwärtig fehlen den Kostenträgern in aller Regel die für diesen Zweck ausgebildeten Mitarbeiterinnen und Mitarbeiter. Bisher standen, wie oben beschrieben, eher verwaltungstechnische Kompetenzen im Vordergrund, wenn es um die Pflegesatzverhandlungen ging. Noch deutlicher würde das in der Hilfe für Menschen mit Behinderung im Rahmen des SGB IX angedachte „Persönliche Budget" sich auf eine zunehmende Substitution von Verwaltungsdenken durch eher marktwirtschaftlich orientiertes Denken in den Institutionen auswirken. Bisher wurde das „Persönliche Budget" zwar noch sehr vorsichtig dosiert angegangen, aber es ist zu erwarten, dass es sich flächendeckend, und zwar nicht nur in der Behindertenhilfe, durchsetzen wird.[33]

---

33 vgl. hierzu Pracht, A., Wolke, R.: Finanzierung und Finanzmanagement, in: Arnold, U., Maelicke, B. (Hrsg.): Lehrbuch der Sozialwirtschaft, 3. Auflage 2009, S. 522f.

Dies alles bedeutet im Ergebnis jedoch, dass betriebswirtschaftliche Ansätze unweigerlich auch in solchen Sozialen Dienstleistungsunternehmen, die als intermediäre Instanzen oder als „Dritter Sektor" zu bezeichnen sind, Einzug halten werden und sich eine spezielle Betriebswirtschaftslehre für Soziale Dienste und Institutionen des Gesundheitswesens in absehbarer Zukunft herausbilden wird.

Kapitel 3
Umriss ausgewählter Themenfelder der Betriebswirtschaftslehre

In diesem Zusammenhang soll ein knapp gehaltener Überblick über einige ausgewählte Themenfelder der Betriebswirtschaftslehre so vermittelt werden, dass man erkennen kann, um welche Inhalte es sich dabei jeweils handelt. An eine Vertiefung ist jedoch hier noch nicht gedacht. Diese erfolgt dann erst im Hinblick auf ein nochmals eingeengtes Spektrum im Rahmen der darauf folgenden Kapitel.

3.1 Einführung in das Rechnungswesen

In einer ersten Phase sollen „Schlüsselbegriffe" des Rechnungswesens definiert und diskutiert werden. Danach erfolgt eine Funktionsbeschreibung des Rechnungswesens in Sozialen Dienstleistungsunternehmen. In diesem Zusammenhang sollen unterschiedliche Systeme des Rechnungswesens kurz dargestellt werden.

In einer weiteren Phase wird ein grober Überblick über Fragen des Jahresabschlusses vermittelt.

3.1.1 Schlüsselbegriffe des Rechnungswesens

Die Aufgabe des Rechnungswesens besteht darin, das betriebliche Geschehen und die betrieblichen Zustände (Momentaufnahmen) in Geldeinheiten abzubilden. Dies entspricht einer (von vielen möglichen) Modelldarstellung(en) eines Unternehmens, weswegen das traditionelle Rechnungswesen nicht die einzige Perspektive sein sollte, aus der das Betriebsgeschehen analysiert und dokumentiert wird. Es gilt also festzuhalten, dass mehrere unterschiedliche betriebswirtschaftlich relevante Vorgänge in Geldeinheiten bemessen und dargestellt werden. Dabei handelt es sich im Wesentlichen um vier Begriffspaare, die im Folgenden näher beschrieben werden sollen.

In Geldeinheiten darzustellende Vorgänge sind zu unterscheiden wie in Tabelle 4 dargestellt.

Der Zusammenhang zwischen den Begriffspaaren Einzahlungen, Einnahmen und Erträge bzw. Auszahlungen, Ausgaben und Aufwendungen kann wie in Abbildung 2 dargestellt werden.

Tab. 4: Vermögenszu- und -abgänge

Zugang	Abgang
Einzahlungen	Auszahlungen
Einnahmen	Ausgaben
Erträge	Aufwendungen
Leistungen	Kosten

Abb. 2: Vermögensarten

Vermögensbestände und ihre Komponenten	Positive Bestandsveränderungen	Negative Bestandsveränderungen
Kassenbestand + jederzeit verfügbare Bankguthaben = Zahlungsmittel- bestand	Einzahlungen	Auszahlungen
Zahlungsmittelbestand + alle übrigen Forderungen − Verbindlichkeiten = Geldvermögen	Einnahmen	Ausgaben
Geldvermögen + Sachvermögen = Netto-/Reinvermögen	Erträge	Aufwendungen

Hierzu einige Abgrenzungsbeispiele zu den unterschiedlichen Vermögensbeständen:

- **Einzahlung, aber keine Einnahme**
  Erhöhung des Zahlungsmittelbestandes bei unverändertem Geldvermögen:
  Aufnahme eines Darlehens

- **Einzahlung = Einnahme**
  Erhöhung des Zahlungsmittelbestandes führt zu einer Erhöhung des Geldvermögens:
  Barverkauf von Produkten der Werkstatt für Behinderte („Ladentischverkauf").

- **Einnahmen, aber keine Einzahlung**
  Erhöhung des Geldvermögens ohne Erhöhung des Zahlungsmittelbestandes: Warenlieferung auf Rechnung mit Zahlungsziel. Das heißt, wir können heute den Umsatz (als Einnahme) verbuchen, obwohl der Kunde noch gar nicht bezahlt hat.

- **Ausgabe, aber kein Aufwand**
  Ausgabe innerhalb einer Periode, Aufwand erst in einer späteren Periode, d.h. einer *Verminderung* des Geldvermögens steht eine periodenspezifische *Erhöhung* des Sachvermögens gegenüber:
  Mietzahlungen im Voraus für die folgende Abrechnungsperiode oder Kauf von Heizöl, das erst in der kommenden Rechnungsperiode verbrannt wird.

- **Ausgabe = Aufwand**
  Ausgabe einer Periode, Aufwand einer Periode:
  Mietzahlung für die laufende Abrechnungsperiode oder das Heizen mit dem in der laufenden Abrechnungsperiode beschafften Heizöl.

- **Aufwand, aber keine Ausgabe**
  Aufwand der Periode, Ausgabe in einer früheren oder späteren Periode. Verminderung des Sachvermögens bei unverändertem Geldvermögen: Abschreibungen auf Anlagen; Pensionsrückstellungen; Garantierückstellungen.

Der *Kostenbegriff* umfasst den Werte- (oder Ressourcen-)Verzehr einer Periode, der bei der Leistungserstellung angefallen ist.

Analog stellt der *Leistungsbegriff* den Gegenwert der betrieblichen Tätigkeit dar, der sich in bewerteten Sachgütern und Dienstleistungen (Wertezugang) niederschlägt. *Wertezugang (Leistungen) „minus" Ressourcenverzehr (Kosten) ergibt das Betriebsergebnis*. Das Betriebsergebnis zu berechnen, ist zwar betriebswirtschaftlich ratsam, aber nicht verpflichtend. Daher könnte man vereinfachend Aufwendungen von Kosten auch so abgrenzen, dass alle Erfolgswirksamen Vorgänge im Betrieb, die nicht in der Bilanz erscheinen dürfen und unmittelbar mit dem betrieblichen Leistungserstellungsprozess zu tun haben, zwar Kosten aber keine Aufwendungen sind. Solche Größen, die zwar den auszuweisenden Gewinn des Betriebs beeinflussen und im Jahresabschluss aufgeführt werden müssen, jedoch nicht ursächlich mit dem Leistungserstellungsprozess zusammenhängen, sind zwar Aufwand oder Ertrag, jedoch nicht Kosten oder Leistungen.

Im Folgenden soll detaillierter auf diese Abgrenzungen eingegangen werden.

Der Begriff des Aufwands beinhaltet den
- neutralen Aufwand und den
- Zweckaufwand.

Der Kostenbegriff umfasst die
- Grundkosten und die
- Zusatzkosten.

Der Begriff des Zweckaufwandes und der Grundkosten können synonym verwendet werden (Zweckaufwand = Grundkosten).

Abb. 3: Abgrenzung zwischen Aufwand und Kosten

Aufwand			
neutraler Aufwand		Zweckaufwand	
betriebsfremd	außerordentlich		
			Zusatzkosten
		Grundkosten	entsprechen keiner Aufwandsart	übersteigen Aufwendungen
		Kosten		

Abgrenzungsrelevant in diesem Zusammenhang sind damit die Begriffspaare „neutraler Aufwand" und „Zusatzkosten".

Neutraler Aufwand:

- *Betriebsfremder Aufwand*
  Aufwand, der nicht mit den Leistungserstellungsprozessen des Betriebs in Verbindung gebracht werden kann.
  Hier werden in den meisten Unternehmen, deren Finanzierung durch Leistungsgesetze abgedeckt ist, die Spenden zugeordnet.
- *Außerordentlicher Aufwand*
  Aufwand, der zwar mit den Leistungserstellungsprozessen zusammenhängt, jedoch weder terminlich noch der Höhe nach vorhersehbar war.
  Als ein wichtiges Beispiel hierfür kann die Finanzierung von Mietkosten gelten, wenn beispielsweise der Betriebsausfall nicht versichert wurde

und bei Brand einer stationären Einrichtung Ersatzräume beschafft werden müssen.

Zusatzkosten:

- *Kalkulatorische Kostenarten, denen keine Aufwandsarten entsprechen.*
Für den Ausfall von Zinseinnahmen wegen Vorfinanzierung staatlicher Fördergelder dürfen im Jahresabschluss keine Aufwendungen geltend gemacht werden. Eine Vernachlässigung dieser nichtrealisierbaren Erträge verfälscht jedoch die Höhe der Gesamtkosten in der Kalkulation. Für den „Familienbetrieb", der ein Altenheim betreibt, dürfen bei Personengesellschaften keine Gehälter der Eigentümer als Aufwand in die Bilanz eingestellt werden. Den eigenen Lohn jedoch in der Kalkulation der Kosten zu vergessen, wäre aber wenig ratsam.
- *Kalkulatorische Kostenarten, soweit sie entsprechende Aufwandsarten übersteigen.*
Hier kann als Paradebeispiel die Abschreibung auf Anlagen herangezogen werden.

Es hat Jahre gedauert, bis der Gesetzgeber die Abschreibungsdauer von PCs dem technisch-wirtschaftlichen Verbrauch angepasst hat. Heute sind das u.U. 3 Jahre, 1997 waren es beispielsweise noch 5 Jahre, die für einen PC angesetzt werden mussten.

3.1.2 Unterschiedliche Systeme des Rechnungswesens

In der Praxis treten im Wesentlichen drei grundsätzlich unterschiedliche Systeme des Rechnungswesens auf:
- die einfache Buchführung
- die doppelte (oder kaufmännische) Buchführung und
- die kameralistische Buchführung.

Diese unterschiedlichen Systeme beruhen auf verschieden Rechtsnormen, denen Unternehmen unterliegen können. D.h. dass es in diesem Zusammenhang darum geht, das in „Geldeinheiten abzubildende Unternehmensmodell" (Rechnungswesen) für externe Zwecke entsprechend den zugrunde liegenden gesetzlichen Vorschriften aufzubauen und darzustellen.

In Abgrenzung dazu soll in einem weiteren Schritt das interne Rechnungswesen in seinen wesentlichen Elementen und Zielsetzungen kurz erläutert werden.

3.1.2.1 Die einfache Buchführung

Wesentliche Merkmale der einfachen Buchführung sind:
- Erfassung aller Geschäftsvorgänge in chronologischer Reihenfolge
- Verbuchung jedes Geschäftsvorfalls nur einfach. Es werden Kassenvorgänge (Einnahmen/Ausgaben) und Kunden-Lieferverkehr buchmäßig festgehalten, jedoch keine Erfolgsvorgänge (Aufwendungen/Erträge).

Die Anwendung ist in der Regel auf Kleinstbetriebe in der Rechtsform der Personengesellschaft (kein „Kaufmann" im Sinne des HGB) und auf Freie Berufe beschränkt.

Sie entspricht – mit wenigen Ausnahmen – den Anforderungen, die bisher auch an Soziale Einrichtungen gestellt wurden, um beispielsweise Pflegesatzverhandlungen durchführen zu können.

Hier war bzw. ist es zusätzlich lediglich noch erforderlich, nicht ausgabenrelevante Aufwandsanteile (Abschreibungen) und nicht ertragsrelevante Einnahmen (Baukostenzuschüsse) gesondert auszuweisen.

3.1.2.2 Die doppelte (kaufmännische) Buchführung

Die wesentlichen Merkmale der doppelten Buchführung sind:

- Doppelte Aufzeichnung eines jeden buchungsfähigen Geschäftsvorfalls
  – nach Leistung und Gegenleistung
  – je Buchung mindestens zwei Konten

- Doppelte Ermittlung des Periodenerfolgs
  – Bilanz
  – Gewinn- und Verlustrechnung (GuV)

- Doppelte Erfassung jedes Vorgangs in unterschiedlichen Büchern
  – Grundbuch (chronologisch)
  – Hauptbuch (systematisch/sachlich)

Jeder „Kaufmann" im Sinne des Handelsgesetzbuches ist verpflichtet, seine Bücher nach den „Grundsätzen der ordnungsgemäßen Buchführung" (GoB) zu führen.

Wenn man von der Funktion des Rechnungswesens ausgeht, betriebliche Vorgänge modellhaft in Geldströmen darstellen zu wollen, so ist dieses System dem der einfachen Buchführung weit überlegen.

3.1.2.3 Die kameralistische Buchführung

Die kameralistische Buchführung wird in erster Linie in öffentlichen Verwaltungen, aber auch in Kirchen angewendet. Im Vergleich zur einfachen Buchführung wird hier auf eine Inventur gänzlich verzichtet. Im Wesentlichen werden jedoch, wie bei der einfachen Buchführung, Einnahmen und Ausgaben erfasst.

Das System der Kameralistik genügt in keiner Weise kaufmännischen Mindestanforderungen. Daher besteht auch die Gefahr, dass sich damit unwirtschaftliche Entscheidungen als vorteilhaft und wirtschaftlich sinnvolle als nachteilhaft ergeben bzw. darstellen lassen können. Die Ursache der derzeitigen Finanzkrise der öffentlichen Hand kann nicht zuletzt auf das kameralistische System des Rechnungswesens zurückgeführt werden.

Wenn Soziale Dienstleistungsunternehmen (der freien Wohlfahrtspflege) auch schon zu einem großen Teil die doppelte (kaufmännische) Buchführung anwenden, so sind sie (oder waren sie bis vor kurzem) jedoch auch immer noch (traditionell) in den (kameralistischen) Denkweisen ihrer „Kostenträger" behaftet.

3.1.2.4 Das interne Rechnungswesen

Bereits bei der Diskussion des Kostenbegriffs wurde deutlich, dass es – neben den auf der Basis rechtlicher Normen zu dokumentierenden Geschäftsvorfällen – auch so genannte Zusatzkosten (oder auch kalkulatorische Kosten) gibt, die zwar einem Leistungsverzehr entsprechen, jedoch extern nicht in ihrer erlösmindernden Wirkung dargestellt werden dürfen. Daher werden die Kosten einer Periode, alleine durch das externe Rechnungswesen nicht vollständig erfasst. Daneben kann es auch zu Abweichungen zwischen bilanziellen und kalkulatorischen Bewertungen von (Vermögens-)Beständen und Risiken kommen.

Neben dieser Funktion, der nach eher betriebswirtschaftlichem Ermessen darzustellenden Ressourcen und Ressourcenverbräuche, hat das interne Rechnungswesen noch die Aufgabe,
- grundlegende,
- auf die Zukunft des Unternehmens bezogene,
- in Geldeinheiten darstellbare

Basisdaten den betrieblichen Informations- und Entscheidungsträgern zur Verfügung zu stellen. Dabei wird zwischen der
- Kostenartenrechnung
- Kostenstellenrechnung und
- Kostenträgerrechnung

unterschieden.

Die Hauptaufgabe der *Kostenartenrechnung* besteht darin, die Kosten artspezifisch darzustellen. Dabei sollen die Kosten einer Periode vollständig, eindeutig und überschneidungsfrei erfasst werden. Die Kostenartenrechnung kann im Wesentlichen aus den bestehenden Abrechnungskreisen (bei doppelter Buchführung, z.B. Finanzbuchhaltung, Anlagenbuchhaltung, Lohn- und Gehaltsbuchhaltung) übernommen werden. Sie bildet die Basis für die Kostenstellen- und Kostenträgerrechnung.

Die *Kostenstellenrechnung* erfasst die Kostenarten kostenstellenspezifisch. Sie bildet damit die wesentliche Informationsquelle, um die Wirtschaftlichkeitskontrolle sowie eine Überwachung entsprechender Budgets kostenstellenspezifisch durchführen zu können. Ferner bildet sie die Basis für die Ermittlung der Kalkulationssätze der Kostenträgerrechnung.

Die *Kostenträgerrechnung* ordnet die unterschiedlichen Kostenarten und Kostenstellen den spezifischen betrieblichen Leistungen bzw. Leistungsarten zu. Sie dient hauptsächlich der Kalkulation und Nachkalkulation von Angebotspreisen (Kostenträgerstückrechnung).

Organisatorisch lassen sich die verschiedenen Funktionen des internen Rechnungswesens idealer Weise mit dem System der doppelten Buchführung kombinieren. Bei dem derzeitigen Stand der EDV-Entwicklung (Softwaremarkt) ist die Anwendung der doppelten Buchführung gar eine wesentliche Voraussetzung für den Aufbau eines modernen internen Rechnungswesens.

3.1.3 Der kaufmännische Jahresabschluss

Der Jahresabschluss besteht nach § 242 Abs. 3 HGB aus einer Bilanz sowie einer Gewinn- und Verlustrechnung (GuV). Bei Kapitalgesellschaften ist zusätzlich noch ein Anhang und ein Lagebericht verbindlich vorgeschrieben (§ 264 Abs. 1 HGB).

Im Folgenden soll insbesondere die Bilanz aber auch die GuV im Vordergrund der Betrachtung stehen.

3.1.3.1 Bilanz

Die Bilanz zeigt das finanzielle Ergebnis des Wirtschaftens (Gewinn oder Verlust) einer Abrechnungsperiode an einem Stichtag als Saldo der Gegenüberstellung von

- Vermögenspositionen = Mittelverwendung und
- Kapitalpositionen = Mittelherkunft.

Demgegenüber werden in der Gewinn- und Verlustrechnung Erträge und Aufwendungen aufgeführt.

Auf der „linken" Seite der Bilanz (Aktiva) sind die Vermögenspositionen eines Unternehmens aufgeführt (Mittelverwendung: „Wo ist das Kapital angelegt?").

Auf der „rechten" Seite der Bilanz (Passiva) stehen die Kapitalpositionen eines Unternehmens (Mittelherkunft: „Woher stammt das Kapital?").

Die Bilanz stellt das Gesamtbild der Wertverhältnisse eines Unternehmens dar. Für das Rechnungswesen hat sie eine Scharnierfunktion inne, indem sie die Kostenrechnung der abgeschlossenen Periode mit der der neuen in Verbindung bringt. Der grundsätzliche Aufbau einer Bilanz kann wie folgt dargestellt werden:

Aktivseite	Passivseite

A. Anlagevermögen
   I. Immaterielle Vermögensg.
   II. Sachanlagen
   III. Finanzanlagen
 	
B. Umlaufvermögen
   I. Vorräte
   II. Forderungen/
      Sonst. Vermögensg.
   III. Wertpapiere
   IV. Flüssige Mittel
 	
C. Rechnungsabgrenzungsposten
	A. Eigenkapital
	   I. Gezeichnetes Kapital
	   II. Kapitalrücklage
	   III. Gewinnrücklagen
	   IV. Gewinn-/Verlustvortrag
	   V. Jahresüberschuss/-fehlbeträge
	
	B. Rückstellungen
	
	C. Verbindlichkeiten
	
	D. Rechnungsabgrenzungsposten

3.1.3.2 Gewinn- und Verlustrechnung (GuV)

In der Bilanz werden Kapital- und Vermögenspositionen gegenübergestellt. Demgegenüber werden in der GuV Ertrag und Aufwand dargestellt.

Der Gewinn ergibt sich
- aus der Subtraktion von Vermögen und Kapital (Bilanz)
- aus der Subtraktion von Ertrag und Aufwand (GuV)

einer Periode. Er weist in beiden Dokumentationssystemen die gleiche Höhe auf.

Nach § 275 Abs. 2 HGB liegt der GuV folgende Gliederung nach dem Gesamtkostenverfahren zugrunde:

Gliederung nach dem Gesamtkostenverfahren

1. Umsatzerlöse
2. Erhöhung oder Verminderung des Bestands an fertigen und unfertigen Erzeugnissen
3. Andere aktivierte Eigenleistungen
4. Sonstige betriebliche Erträge
   (davon aus der Auflösung von Sonderposten mit Rücklagenanteil)
5. Materialaufwand
   a) Aufwendungen für Roh- Hilfs- und Betriebsstoffe
   b) Aufwendungen für bezogene Leistungen
6. Personalaufwand
   a) Löhne und Gehälter
   b) Soziale Abgaben und Aufwendungen für Altersversorgung und Unterstützung
7. Abschreibungen
   a) auf immaterielle Vermögensgegenstände des Anlagevermögens und Sachanlagen sowie auf aktivierte Anwendungen für Ingangsetzung und Erweiterung des Geschäftsbetriebs
   b) auf Vermögensgegenstände des Umlaufvermögens, soweit diese die in der Kapitalgesellschaft üblichen Abschreibungen überschreiten.
8. Sonstige betriebliche Aufwendungen
   (davon Einstellung in den Sonderposten mit Rücklageanteil)
9. Erträge aus Beteiligungen
   (davon aus verbundenen Unternehmen)
10. Erträge aus anderen Wertpapieren und Ausleihungen des Finanzanlagevermögens
11. Sonstige Zinsen und ähnliche Erträge
    (davon aus verbundenen Unternehmen)
12. Abschreibungen auf Finanzanlagen und Wertpapiere des Umlaufvermögens
13. Zinsen und ähnliche Aufwendungen
    (davon aus verbundenen Unternehmen)

14. Ergebnisse der gewöhnlichen Geschäftstätigkeit
15. Außerordentliche Erträge 16. Außerordentliche Aufwendungen
17. Außerordentliches Ergebnis
18. Steuern von Einkommen und vom Ertrag 19. Sonstige Steuern
20. Jahresüberschuss/Jahresfehlbetrag

3.2 Einführung in das Controlling

Im Folgenden sollen unterschiedliche Controllingbegriffe und die Aufgaben des Controllings kurz dargestellt werden.

3.2.1 Begriffe und Definitionsmerkmale des Controllings

Controlling ist die *zielbezogene* Unterstützung von Führungsaufgaben. Sie bedient sich einer systemgestützten Informationsbeschaffung und -aufbereitung. Mit Hilfe dieser Methode sollen Pläne erstellt, deren Einhaltung kontrolliert und das Unternehmen gesteuert werden.

Die Funktionen der Planung, Steuerung und Kontrolle orientieren sich dabei idealtypisch am Modell eines Reglers.

Das Controlling setzt im Allgemeinen an den Ausgangsdaten des internen Rechnungswesens an. Das heißt, dass die Qualität des Rechnungswesens in hohem Maße die des Controllings mit bestimmt.

Das Hauptziel des Controllings besteht jedoch darin, zur Verbesserung der Entscheidungsqualität auf allen Ebenen der Unternehmung beizutragen.

3.2.2 Aufgaben des Controllings

Das betriebliche Controlling hat mehrere Aufgaben zu erfüllen:
- **Planungsaufgabe.** Aufstellen und Koordination von Unternehmens- und Teilplänen
- **Kontroll- und Steuerungsaufgabe.** Laufende Beobachtung der Erreichung der Planziele. Analyse von Abweichungen, Anregen von Gegenmaßnahmen
- **Informationsaufbereitungsaufgabe.** Entscheidungsorientierte Aufbereitung von relevanten Informationen, Bereitstellung eines geeigneten Instrumentariums
- **Informationsversorgungsaufgabe.** Sicherstellung der Erfassung aller erforderlichen Basisdaten

3.3 Einführung in die Finanzierung

In der Betriebswirtschaftslehre wird der Finanzierungsbegriff unterschiedlich weit gefasst:

Finanzierung im engeren Sinne beschränkt sich auf den Vorgang der Kapitalbeschaffung für einen vorher definierten Zweck (z.B. Neubau) oder die Umschichtung einer bereits vollzogenen Finanzierung.

Finanzierung im weiteren Sinne, wie es hier verstanden werden soll, beinhaltet
- alle Kapitaldispositionen,
- unterschiedliche Formen der Vermögensumschichtung und
- die Liquiditätspolitik

des Unternehmens.

3.3.1 Begriffliche Grundlagen

Folgende Begriffe sind im Zusammenhang mit der Finanzierung von Relevanz:

- **Kapitalbeschaffung.** Hier geht es darum, die zur Verfügung stehenden Mittel nach ihrer Herkunft zu gliedern. Dabei unterscheidet man zwischen der
  – Innenfinanzierung und der
  – Außenfinanzierung

- **Vermögensumschichtung.** Der Vermögensbegriff deutet auf die Positionen in der Aktiva der Bilanz hin. Hier sind folgende Möglichkeiten grundsätzlich gegeben:
  – Umschichtung zwischen Anlagevermögenspositionen
  – Umschichtung von Anlagevermögen in Umlaufvermögen
  – Umschichtungen zwischen Umlaufvermögenspositionen
  – Umschichtungen von Umlaufvermögen in Anlagevermögen

- **Kapitalumschichtung.** Der Kapitalbegriff deutet auf Positionen hin, die die Passivseite der Bilanz betreffen. Hier sind insbesondere folgende Möglichkeiten grundsätzlich gegeben:
  – Umschichtung zwischen Eigenkapitalpositionen
  – Umschichtung von Eigenkapital in Fremdkapital
  – Umschichtung zwischen Fremdkapitalpositionen
  – Umschichtung von Fremdkapital in Eigenkapital

- **Kapitalherabsetzung.** Hier unterscheidet man zwischen Kapitalrückzahlung (von Eigenkapital oder Fremdkapital) und Verlustkürzung (gegen Eigenkapital oder Fremdkapital).

3.3.2 Finanzierungsarten

- **Innenfinanzierung.** Die Finanzierung erfolgt hierbei ohne externe Kapitalgeber. Dies betrifft insbesondere folgende Möglichkeiten:
  - *Finanzierung durch Kapitalumschlagsbeschleunigung*
    = Verkürzung der Zeitspanne zwischen Ausgaben für die Beschaffung der Produktionsfaktoren und Einnahmen für die Leistungserstellungsprozesse.
  - *Vermögensumschichtung*
    z.B. Verkauf von Beteiligungen zum Zweck der Beschaffung von Anlage- oder/und Umlaufvermögen.
  - *Finanzierung aus Abschreibungen*
    Finanzierung durch über die Erlöse wieder zurückfließender Abschreibungsbeiträge.
  - *Finanzierung aus eigengebildetem Kapital*
    Finanzierung aus dem im Unternehmen gebildetem Fremdkapital mit langfristigen Charakter (z.B. Pensionsrückstellungen)
  - *Finanzierung aus unternehmensverbundabhängigen Zuweisungen*
    Überschüsse aus der Werkstatt für Behinderte fließen in den Wohnheimbereich
  - *Finanzierung aus den Mitteln des Jahresüberschusses* („Eigenfinanzierung")

- **Außenfinanzierung.** Unter Außenfinanzierung wird die Finanzierung durch den Kapitalgeber verstanden.

- **Eigenfinanzierung.** Unter Eigenfinanzierung werden Mittel verstanden, die dem Unternehmen durch die Eigentümer zugeführt werden. Dies betrifft zum Beispiel die Erhöhung des Eigenkapitals einer GmbH oder die Neuausgabe von Aktien bei einer AG.

- **Fremdfinanzierung (Kreditfinanzierung).** Bei der Fremdfinanzierung spielen folgende Faktoren eine wesentliche Rolle:
  Herkunft des Kapitals: Bank, Privatperson, Lieferant, Kunde, *öffentliche Hand.*
  Rechtliche Sicherung: Schuldrechtlich, Bürgschaft, Forderungsabtretung
  Dauer der Kapitalüberlassung:
  – Kurzfristig, bis zu 90 Tagen
  – Mittelfristig zwischen 90 Tagen und bis zu 4 Jahren
  – langfristig über 4 Jahre

- **Leasing als eine beispielhafte Sonderform der Finanzierung.** Unter Leasing wird die Finanzierung von Investitionsgütern auf Mietbasis verstanden. Sie kann über speziell zu diesem Zweck gegründeten Gesellschaften oder direkt vom Hersteller (direktes Leasing) erfolgen.

Die Grundidee des Leasings besteht darin, dass ein Unternehmen ein Anlagegut zwar nutzen, aber kein Eigentum erwerben will. Eine „Faustregel" besteht im Hinblick auf die Entscheidungen zwischen Kauf und Leasing darin, zu kaufen, was im Wert steigt, und zu leasen, was im Wert sinkt.

Den naheliegenden (allerdings von der Vertragsgestaltung abhängigen) Vorteilen stehen folgende Nachteile gegenüber:
- i.d.R. höhere Kosten
- Kosten stellen keine Buchungsgrößen dar (wie z.B. Abschreibungen), sondern sind mit einem Liquiditätsabfluss zu fest vorgegebenen Zeiten (Auszahlungen) verbunden
- Verzicht auf einen etwaigen Buchgewinn beim Verkauf

Grundsätzlich wird zwischen zwei Formen des Leasings unterschieden:
1. **Operate-Leasing-Verträge.** Dies sind Mietverträge im Sinne des BGB. Beide Seiten können sofort und innerhalb relativ kurzer Zeiten kündigen. Der Leasinggeber trägt das gesamte Risiko. Der Leasinggeber aktiviert und schreibt ab. Die Leasing-Raten fallen als Aufwand beim Leasingnehmer an.
2. **Finance-Leasing-Verträge.** Diese sind in der Grundmietzeit unkündbar. Die Grundmietzeit entspricht in etwa der Abschreibungsdauer. Das Risiko trägt mithin der Leasingnehmer.

Wenn Leasing über einen Finance-Leasing-Vertrag für den Leasingnehmer überhaupt noch empfehlenswert sein kann, dann nur, wenn die Aktivierungspflicht beim Leasinggeber verbleibt. Hier hat die Rechtsprechung relativ restriktive Situationen geschaffen, die es jeweils auf dem aktuellen Stand zu beachten gilt.

3.4 Einführung in die Investitionsrechnung

Unter einer Investition versteht man die Verwendung von finanziellen Mitteln in erster Linie zur Beschaffung von Sachvermögen (Maschinen, Vorräte, ...) und immateriellen Gütern (Patente, Lizenzen ...). Nach dem Zweck einer Investition kann wie folgt unterschieden werden:
- Erstinvestition
- Erweiterungsinvestition
- Ersatzinvestition
- (Reinvestitionen) und
- Rationalisierungsinvestitionen.

In groben Zügen sollen im Folgenden einige Ansätze der Investitionsrechnung beispielhaft dargestellt werden.

- **Statische Investitionsrechnungen.** Bei der Investitionsrechnung werden die zum Teil sehr langen Zeiträume, unter denen Ausgaben und Einnahmen zu betrachten sind weitgehend vernachlässigt. Zinseffekte werden, wenn überhaupt, nur in ihren Durchschnittswerten berücksichtigt.

- **Kostenvergleichsrechnung.** Hier werden die jährlichen unterschiedlich hohen Kosten von Investitionsalternativen in der Betrachtung mit berücksichtigt. Besonders interessant ist diese Art der Berechnung, wenn Neuinvestitionen mit denen von bestehenden Anlagegütern verglichen werden. Zu beachten ist in einem solchen Fall jedoch, dass der Restbuchwert, der potentielle Verkaufserlös und der Zinsverlust in die Betrachtung einfließen.

- **Statische Rentabilitätsrechnung.** Der aus einer Investition resultierende Jahresgewinn wird bei diesem Verfahren auf das eingesetzte Kapital bezogen (Rentabilität = durchschn. Gewinn /(div. durch) durchschn. Kosten) Rationalisierungsinvestitionen werden bei der Anwendung einer solchen Rentabilitätsrechnung immer dann durchgeführt, wenn die Rentabilität der alternativen Neuanschaffung mindestens der der alten Anlage entspricht.

- **Rückflusszeitrechnung (oder auch Amortisationsrechnung).** Im Vordergrund steht hier die Frage, ab welchem Zeitpunkt die Höhe der Erlöse die der der Anschaffungsauszahlungen und laufenden Betriebskosten erreicht hat. Das heißt, dass hier die Frage im Vordergrund steht, ab welchem Zeitpunkt die Investitionssumme durch die Rückflüsse wieder zur Verfügung steht. In diesem Zusammenhang ist dann auch von der „Rückflusszeit" die Rede.
Die Rückflussquote als Äquivalenzziffer entspricht dem reziproken Wert der Rückflusszeit:

$$\text{Rückflussquote (in \%)} = \frac{1}{\text{Rückflusszeit} \times 100}$$

Rücklaufzeit und Rücklaufquote können als Anhaltspunkt für Dringlichkeitsstufen einer Investition dienen:
1. Dringlichkeitsstufe: Investitionen, die innerhalb von 2 Jahren zurückverdient werden (Rücklaufquote mindestens 50 %).
2. Dringlichkeitsstufe: Investitionen, die von 2 bis zu 3,3 Jahren zurückverdient werden (Rücklaufquote zwischen 30 % und 50 %).

3. Dringlichkeitsstufe: Investitionen, die von 3,3 bis zu 5 Jahren zurückverdient werden (Rücklaufquote zwischen 20 % und 30 %).

- **Dynamische Investitionsrechnung.** Die Modelle dynamischer Investitionsrechnung berücksichtigen zeitliche Unterschiede im Anfall der Ausgaben und Einnahmen. Das heißt, es erfolgt eine Auf- bzw. Abzinsung (Diskontierung) der Einnahmen und Ausgaben auf einen bestimmten Bezugszeitpunkt.

Grundbegriffe in diesem Zusammenhang sind:
Zahlungszeitpunkt: Zeitpunkt, dem eine Zahlung aus der Zahlungsreihe einer Investition zugerechnet wird
– Zeitwert: Istwert zum Entscheidungszeitpunkt (vor Diskontierung)
– Barwert: Wert nach einer Diskontierung zum Bezugszeitpunkt, bezogen auf den Beginn des Planungszeitraums.
– Bezugszeitpunkt: Zeitpunkt, auf den die Zahlungen auf- bzw. abgezinst werden.
– Diskontierungszinssatz: Kalkulationszinssatz = entscheidungsrelevanter Zinssatz, der festgelegt werden muss.

In die unterschiedlichsten Formen der Investitionsrechnung fließen damit Zins- und Zinseszinsrechnungen aus der Finanzmathematik ein.

> Mit dem zu erwartenden rückläufigen Engagement der öffentlichen Hand im Bereich der Subventionierung von Anlageinvestitionen bzw. dem Auslaufen der Nutzungsdauer vormals geförderter Investitionen, werden Investitions- und Finanzierungsrechnungen für freie Träger zunehmend relevant.

3.5 Einführung in das Marketing

Um zu erklären, welche Fragestellungen mit dem Marketing zu behandeln sind, kann folgende Gliederung herangezogen werden:

- Begriff des Marketing
- Relevanz des Marketing
- Aufgaben des Marketing

3.5.1 Begriff des Marketing

Der Marketingbegriff kommt aus dem Englischen. Seine Bedeutung kann wie folgt hergeleitet werden:

- Market = Markt
- Nachsilbe .... „ing" = Verlaufsform. Aktiv etwas bewerkstelligen, z.B.:
  – Märkte untersuchen, erforschen
  – auf Märkten präsent sein
  – Märkte beackern

Auf welchen Märkten sind Soziale Unternehmen tätig?
Was kennzeichnet diese Märkte?
Welche Vorbehalte gibt es, gerade in diesen Zusammenhängen von „Märkten" zu reden?

Der betriebswirtschaftliche Marketingbegriff kann zum einen sehr eng (und in einem traditionellen Sinne), zum anderen aber auch sehr weit gefasst werden. Unbestritten ist, dass Marketing im weiteren Sinne – völlig unabhängig von der Art der Institution – für alle Organisationen relevant ist:

- Marketing i.e.S. = Absatzmarkt, Verkäufermarkt
  Absatzmarkt der Produktionsgüter:
  – Konsumgütermarketing
  – Investitionsgütermarketing
  Absatzmarkt der Dienstleistungen:
  – Märkte der „Profit-Unternehmen"
  – Märkte der „Non-Profit-Unternehmen"

- Marketing i.w.S. = Marketing des Käufermarktes, Beschaffungsmarketing:
  – Personalmarkt
  – Finanzmarkt
  – Markt der Verbrauchsgüter
  – Markt der Investitionsgüter

3.5.2 Relevanz des Marketing

Volkswirtschaftliche Markttheorien orientieren sich am Ideal des „vollkommenen Marktes". Dieses Ideal wird herangezogen, wenn erklärt werden soll, wie sich Märkte beispielsweise im Hinblick auf Preis- und Mengenänderungen des Angebotes und/oder Kaufkraft- und Bedürfnisänderungen der Nachfrage verhalten. Vorausgesetzt wird hierbei, dass Bedürfnisse vorhanden sind, die Käufer hinreichend informiert sind, die Wege der Ware und der Information vom Händler zum Verbraucher und umgekehrt sich nicht unterscheiden.

Die Merkmale des real existierenden unvollkommenen Marktes unterscheiden sich jedoch sehr stark von diesen Modellbetrachtungen. Umgekehrt wird die Relevanz des Marketing durch diese Modellannahmen erst hervorgehoben und verdeutlicht. Wie kann es beispielsweise erklärt werden, dass alle Markttheorien der Volkswirtschaftslehre „auf den Kopf gestellt" werden, wenn nicht durch den Einfluss völlig unterschiedlicher Marketingstrategien? Das heißt, dass die Annahmen, die als konstant und gleichartig vorausgesetzt werden, in der Realität sich sehr stark unterscheiden.

Unterschiede treten in der Praxis insbesondere auf folgenden Ebenen auf:
- Unterschiedliche Wege, z.B.
  - vom Produzent (eigener Vertrieb) zum Konsument (in Marktgrenzen, in Km)
  - vom Produzent zum Händler (in Marktgrenzen, in Km) zum Konsument
- Unterschiedlicher Informationsstand, z.B.
  - darüber, dass es bestimmte Unternehmen überhaupt gibt
  - darüber, dass bestimmte Unternehmen gute bzw. ganz furchtbare Dinge tun
  - darüber, dass es ein spezifisches Angebot überhaupt gibt
  - darüber, dass ein Produkt/eine Dienstleistung spezifische Qualitäten aufweist
  - darüber, was ein Produkt/eine Dienstleistung kostet
  - darüber, wo man das Produkt die Dienstleistung kaufen kann
  - darüber, mit welcher Botschaft das Produkt/die Dienstleistung verbunden werden
  - darüber, welches „Vorbild" aus dem öffentlichen Leben ein bestimmtes Produkt/eine bestimmt Dienstleistung bevorzugt, etc.

Stellt sich für die Volkswirtschaft die Frage, wie und unter welchen Bedingungen Bedürfnisse eines Kunden durch die Angebotsgestaltung befriedigt werden können, so besteht die Aufgabe für das Marketing häufig darin, dass ein potentieller Kunde sein Bedürfnis erst noch kennen lernen muss. Selbst wenn dieses Unterfangen erfolgreich verläuft, so bleibt die Frage des Bedarfs weiterhin offen.

Der Bedarfsbegriff ist im Übrigen zentral für die aktuelle Diskussion um zukünftige Entwicklungen im sozialwirtschaftlichen Bereich. Der Stellenwert der Kaufkraftfunktion wird hier besonders deutlich:

> Bedarf ist Bedürfnis *plus* Kaufkraft!

Das Problem, Bedürfnisse zu wecken, stellt sich für die Sozialwirtschaft in der Regel nicht bzw. wird dort häufig aus ethischen Gründen hinterfragt.

Meist geht es eher darum, die Frage der Kaufkraft zu klären, denn professionelle Arbeit bedarf, auch wenn sie nicht gewinnorientiert ist, zumindest einer Refinanzierung.

D.h. dass in der Sozialwirtschaft häufig Dienstleistungen zu verkaufen sind, für die zwar in nennenswertem Umfang Bedürfnisse bestehen, jedoch kein oder ein eher rückläufiger Bedarf.

3.5.3 Aufgaben des Marketing

Die Aufgaben des Marketing bestehen in der Marktforschung und der Marktgestaltung.

3.5.3.1 Marktforschung

Gesellschaftliche Werte und Normen, aber auch die Bedürfnisse der Menschen in Gesellschaftssystemen unterliegen einem dynamischen Wandel. Die Fähigkeit diese jeweils aktuellen Situationen und deren zukünftige Entwicklungen zu erkennen, kann zu einem „(über)lebenswichtigen Faktor" für ein Unternehmen werden. Neuerdings werden häufig (auch solche) Informationen in der Betriebswirtschaftsehre zu einem „Produktionsfaktor" erhoben.

Für die Erforschung der Märkte sind insbesondere folgende Begriffe von Relevanz:
- Marktpotential. Hier geht es um die Frage, wie viel Nachfrage in Mengen- und Geldeinheiten der Markt derzeit und zukünftig überhaupt zur Verfügung hat bzw. haben wird
- Marktsegment. Hier geht es um die Frage, wie groß der Anteil dessen ist, was aus Gründen der Entscheidung der Nachfrage am Gesamtpotential des Marktes für eine ganz bestimmte Gruppe von Dienstleistungen und Produkten einer ganz bestimmten Branche realistischer Weise in Frage kommt oder kommen kann.
- Marktdurchdringung. Hier geht es um die Frage, wie groß der Anteil der Kunden ist, die sich aus der Gesamtheit aller Produkte oder Dienstleistungen des Unternehmens für ein völlig neues Angebot (an Produkten oder Dienstleistungen) entschieden haben. Das heißt, hier geht es um die Frage, in welchem Ausmaß ein neues Produkt oder eine neue Dienstleistung sich im Vergleich zu den (vergleichbaren) bestehenden Angeboten durchsetzen konnte.

- **Marktanteil.** Der Marktanteil ist eine Kennzahl, die die Stellung des Unternehmens in seiner ökonomischen Umwelt charakterisieren soll. Hier geht es in erster Linie um die Frage, wie groß der Anteil eines Unternehmens am Absatz des gesamten Marktsegmentes ist.

Die Ergebnisse der Marktforschung in Hinblick auf zukünftige Entwicklungen sind für Unternehmen von existentieller Bedeutung. Hier geht es in erster Linie um Informationen zu folgenden Fragestellungen:
- Wirtschaftliche Entwicklung
- Entwicklung des Privatvermögens/Einkommens
- Einkommensverteilung/Kaufkraft
- Bevölkerungsstrukturdaten (Altersstruktur, Sozialstruktur, etc.)
- Verhaltenstendenzen
- Entwicklung der öffentlichen Haushalte und der Finanzen von Sozialversicherungen, etc.
- Image des Unternehmens/der Branche, etc.
- In der Marktforschung wird unterschieden zwischen
- Primärdatenerhebung und -auswertung und
- Sekundärdatenauswertung

3.5.3.2 Marktgestaltung – Gestaltung des Marketing-Mixes

Neben der Sammlung von Informationen über die soziale, ökonomische und in zunehmenden Maße auch ökologische Umwelt des Unternehmens (und der jeweiligen Entwicklungstendenzen), beinhaltet das Marketing auch Aktivitäten, die auf die Gestaltung der Bedingungen des Unternehmens abzielen, unter denen sich Meinungen bilden und (Kauf-)Entscheidungen getroffen werden. Dabei wird meist zwischen drei wesentlichen Arten von Maßnahmen auf Märkten unterschieden:

- Kommunikations-Mix
- Produkt-Mix
- Distributions-Mix

Der Begriff „Mix" soll verdeutlichen, dass es sich hier jeweils um das Ergebnis einer Mischung handelt bzw. handeln sollte. In Analogie zum Kochen kann das Marketing-Mix als Name eines „Gerichtes" bezeichnet werden, indem es auf die Zutaten und deren richtiges Mischungsverhältnis ankommt. Einzelne Komponenten (Kommunikations-, Produkt- und Distributions-Mix) sind wiederum das Ergebnis einer entsprechenden Rezeptologie.

Damit soll verdeutlicht werden, dass Marketing mehr ist als Öffentlichkeitsarbeit, Werbung und Akquisition von Spenden.

- **Kommunikations-Mix.** Begrifflichkeiten im Zusammenhang mit dem Kommunikations-Mix:
  - Öffentlichkeitsarbeit (Ziel: Das Unternehmen soll insgesamt positiv wahrgenommen und in der Bevölkerung bekannt sein)
  - Werbung (Ziel: Die einzelnen Produkte und Dienstleistungen des Unternehmens sollen positiv besetzt und bei potentiellen Kunden und deren Umfeld positiv wahrgenommen und bekannt sein)
  - Akquisition (Ziel: Der Kunde soll mittels direkter Kommunikation zu einem Kauf der bekanten Produkte von dem „guten" Unternehmen bewogen werden).

- **Produkt-Mix.** Folgende Betrachtungsebenen gilt es zu beachten:
  - Das einzelne Produkt/Die einzelne Dienstleistung (z.B. konkrete Ausgestaltung und Lebensdauer).
  - Die Zusammensetzung des Produktions- bzw. Dienstleistungsprogramms. Inwiefern passen die „Produkte" zu Kompetenz des Herstellers (horizontale Diversifizierung) oder inwiefern passen die „Produkte" zum Bedarf unserer Kunden (vertikale Differenzierung)?
  - Die Preisgestaltung.

- **Distributions-Mix.** Zentrale Fragen:
  - Vertriebswege
  - Standorte
  - Lieferwege
  - Regionalbezüge etc.

Hier treffen sich die Konzepte, die man in der Sozialarbeit als „niederschwellig" bezeichnet mit dem, was auch aus Sicht des Distributions-Mixes erstrebenswert wäre.

3.6 Einführung in die Organisationslehre

In einer ersten Phase sollen unterschiedliche Definitionsansätze des Organisationsbegriffes kurz erörtert und dargestellt werden.

Daran schließen sich Ziele der Organisationsgestaltung an. Schließlich sollen die Gestaltungsebenen der Organisation, nämlich Aufbau- und Ablauforganisation kurz umrissen werden.

3.6.1 Begriffliche Grundlagen

In Anlehnung an Grochla kann zwischen einem institutionellen und instrumentellen Organisationsbegriff unterschieden werden.

Der institutionelle Organisationsbegriff kann als Überbegriff für alle Formen arbeitsteiliger Organisationen, wie z.B. Unternehmen und öffentliche und kirchliche Einrichtungen verstanden werden. Er ist insbesondere im Bereich der Organisationssoziologie gebräuchlich.

Demgegenüber steht in der Organisationspsychologie und der Betriebswirtschaft in der Regel der instrumentelle Organisationsbegriff im Vordergrund. Dieser geht von der Organisation als bewusst herbeigeführte Struktur eines Unternehmens (bzw. einer Institution) aus. In diesem Zusammenhang hat die Form dieser Organisation durch ein System von Regeln und Normen zur bestmöglichen Zielerreichung beizutragen.

Der Erreichung der Unternehmensziele kann jedoch nicht mit zunehmender Formalisierung und Normierung Vorschub geleistet werden kann.

Das so genannte Substitutionsgesetz der Organisation legt es daher nahe, lediglich die Betriebsgeschehnisse formal zu regeln, die ein hohes Maß an Gleichförmigkeit und Periodizität aufweisen. Dadurch kann vermieden werden, dass es zu „Überorganisation" kommt, die in der Regel mit hohen Kosten (sinkender Produktivität) und Bürokratie verbunden ist.

Die Problematik liegt demzufolge im Bereich der Optimierung zwischen individuellen und situativ erforderlichen Gestaltungsspielräumen und der Definition von Regeln und Normen. Dieses „gesunde" Maß an formaler Organisation wird in der Literatur auch als „organisatorisches Gleichgewicht" bezeichnet.

3.6.2 Ziele der Organisationsgestaltung

Bei der Gestaltung der betrieblichen Organisation stehen die Aufgaben des Designs von
- (hierarchischen) Strukturen und
- betrieblichen Abläufen

im Vordergrund.

Auf Basis eines so genannten „sozio-technologischen Systembegriffs" soll die Organisation in diesem Sinne nach folgenden Dimensionen ausgerichtet werden:

Tab. 5: Dimensionen und Kriterien der Organisation nach dem sozio-technischen System

Dimensionen	Kriterien
Zweckmäßige Aufgabenverteilung	• Gleichgewicht von Anforderung und Leistungsfähigkeit • Kongruenz von Aufgabe, Kompetenz und Verantwortung • Reibungsloser Ablauf der Prozesse • Realisierung von Lerneffekten
Harmonisierung	• Förderung der innerbetrieblichen Kooperation • Reduktion der Konfliktpotentiale • Anpassung der Struktur an die Unternehmensziele • Anpassung der Struktur an die (sich ändernden) situativen Rahmenbedingungen • Anpassung der Struktur an die Managementphilosophie
Bedarfsgerechte Information und Kommunikation	• Sicherstellung des Informationsflusses (hinsichtlich des Bedarfs an Quantität, Qualität und Geschwindigkeit) • Förderung des vertikalen und horizontalen Informationsflusses • Minderung der Störanfälligkeit des Informationsflusses
Qualität der Entscheidung	• Rechtzeitiges Erkennen von Problemen • Ausschöpfung des Kreativitätspotentials der Mitarbeiter • Durchführbarkeit von Entscheidungen und Überzeugungskraft der Entscheider
Nutzung der Ressourcen	• bedarfsgerechte Personalbeschaffung und bedarfsgerechter Personaleinsatz • sinnvolle Nutzung der Personalkapazitäten • bedarfsgerechte Bereitstellung von Sachmitteln • sinnvolle Nutzung der Sachmittel • Förderung von sozialen Kontakten bzw. sozialer Beziehungen • Akzeptanz der Aufgabe und Vermeidung von Rollenkonflikten • Förderung von Autonomie • Reduktion von Routinisierung und Monotonie, Schaffung gehaltvoller Aufgaben

3.6.3 Ablauf- und Aufbauorganisation

Traditionell wird in der Organisationslehre zwischen Ablauf- und Aufbauorganisation unterschieden. Allerdings muss bei genauerer Betrachtung festgestellt werden, dass keine trennscharfe, sondern lediglich eine akzentuierende Abgrenzung der beiden Bereiche möglich ist[34].

---

34 vgl. Kosiol, E.: Organisation der Unternehmung, 2. Aufl., Wiesbaden 1976, S. 32f., S. 76f. und S. 171ff.

> Als **Aufbauorganisation** bezeichnet man die (statische) Strukturierung des Aufbaus der Unternehmung in aufgabenteilige Stellen und Abteilungen, sowie deren Koordination zu einem zusammenhängenden Gebilde zur Erreichung des Unternehmensziels. Durch die Aufbauorganisation entsteht das dauerhafte Gefüge des Unternehmens.
>
> **Ablauforganisation** ist demgegenüber die raum-zeitliche Gestaltung von Arbeitsabläufen oder Prozessen innerhalb der Aufbauorganisation. Hierzu zählen die Bestimmungen von Arbeitsgängen und ihre Zusammenfassung zu Arbeitsfolgen, die Leistungsabstimmung und die zeitliche Belastung der Arbeitsträger.

Dabei gilt, dass die sich aus den Gesichtspunkten der Ablauforganisation ergebenden Folgerungen für die Stellenbildung und Aufgabenverteilung Vorrang vor denen der Struktur- oder Aufbauorganisation haben sollten (Primat der Ablauforganisation).

3.7 Einführung in die Rechtsformen gemeinnütziger Unternehmen

Im Folgenden soll primär auf mögliche Rechtsformen von Unternehmen im Bereich Soziales und Gesundheit eingegangen werden, die die Kriterien der Gemeinnützigkeit und Mildtätigkeit nach AO zu erfüllen haben.

3.7.1 Stiftung

- **Bedingungen für die Gründung einer Stiftung:** Formulierung von Stiftungszweck und Stiftungsverfassung. Der Rahmen für die Stiftung und mögliche Veränderungen hierzu sind für die Zukunft relativ fix vorgegeben
- **Risikoabgrenzung:** Eine Nachschusspflicht ist für Stiftungen nicht vorgesehen. Die finanzielle Ausstattung der Stiftung erfolgt bei ihrer Gründung. Weitere Verpflichtungen bestehen für den Stifter nicht. Daher ist eine Risikoabgrenzung sehr gut zu realisieren.
- **Öffnung für die Beteiligung Dritter:** Eine Beteiligung Dritter ist allenfalls bei Stiftungsgründung, nicht jedoch zu einem späteren Zeitpunkt möglich. Die Einflussnahme der Stifter auf die Stiftung beschränkt sich i.d.R. auf die Festlegung des Stiftungszweckes und der Rahmenbedingungen unter den die Stiftung agiert

Fazit: Die Stiftung als Rechtsform ist aufgrund der engen Vorgaben wenig flexibel. Dies gilt vor allem in Hinblick auf die Beschränkungen bei einer späteren Aufnahme Dritter, aber auch in Hinblick auf den Zweck und die Betätigungsfelder des Unternehmens.

3.7.2 Eingetragener Verein (e.V.)

Unter den möglichen Rechtsformen kommt auch der eingetragene Verein in Frage.

- **Risikoabgrenzung:** Der rechtsfähige Verein mit Eintrag ins Vereinsregister haftet für das Handeln seiner Organe und ist konkursfähig. Von daher ist eine Risikoabgrenzung gegeben.
- **Öffnung für die Beteiligung Dritter:** Die Aufnahme weiterer Mitglieder kann satzungsgemäß geregelt werden und ist damit grundsätzlich möglich.

Fazit: Schwierigkeiten können allenfalls auftreten, wenn die Erbringung von unterschiedlich hohem Vermögen mit der Frage der Entscheidungsgewalt gekoppelt werden sollte. Die Gründung eines zusätzlichen Fördervereins, dem potentielle Sponsoren beitreten können, ist möglich.

3.7.3 Gesellschaft mit beschränkter Haftung (GmbH)

Für die Gründung einer GmbH bedarf es eines oder mehrerer Gesellschafter(s) und in der Regel einer Mindestkapitalausstattung in Höhe von 25.000 Euro. Das Gesetz sieht auch eine Ausnahmeklausel vor, wonach diese Kapitalausstattung durch Gewinnverzicht in absehbaren Zeiträumen auch angespart werden kann. Die strengen Formvorschriften werden dann für die Gründung etwas vereinfacht, wenn man sich an fest vorgegebenen Gesellschaftsrahmenverträgen orientiert.

- **Risikoabgrenzung:** Die Haftung ist auf die Höhe der Gesellschaftereinlage beschränkt.
- **Öffnung für die Beteiligung Dritter:** Als Gesellschafter können beliebig viele natürliche und juristische (gemeinnützige) Personen eine gemeinnützige und mildtätige GmbH gründen. Mit Einverständnis der Gesellschafter ist es problemlos möglich, weitere Partner als Gesellschafter aufzunehmen.

Fazit: Unter bestimmten Rahmenbedingungen scheint die GmbH eine sehr sinnvolle Alternative zu einem e.V. oder einer Stiftung zu sein.

3.7.4 Aktiengesellschaft

Seit In-Kraft-Treten des novellierten Aktiengesetzes von 1994 ist es möglich, eine gemeinnützige Aktiengesellschaft zu gründen. Der Aktienerwerb muss dabei nicht unbedingt in der Börse erfolgen. Die Frage wer wann und wo welche Aktien erwirbt bleibt den bestehenden Aktionären vorbehalten. Die AG kann auch in den Händen nur eines Aktionärs liegen. Das Aktienrecht gilt als richtungsweisend für alle anderen Rechtsformen. Es sind strenge gesetzliche Auflagen und Formvorschriften zu beachten. Die AG genießt daher auch das höchste Vertrauen in Fachkreisen. Bei gemeinnützigen AGs dürfen bei der Gewinnausschüttung lediglich gemeinnützige Aktionäre berücksichtigt werden. Der Handel mit solchen Aktien wird sich von daher sehr in Grenzen halten. Organe der AG sind die Hauptversammlung (Aktionärsversammlung) und der Aufsichtsrat. Diese führen die Aufsicht über den Vorstand und entlasten ihn. Die Managementebene bildet der Vorstand. Die gesetzlich vorgeschriebene Trennung zwischen Führung und Aufsicht ist insgesamt sehr begrüßenswert. Die Aktien müssen mindestens einen Nennwert von 50.000 Euro aufweisen.

- **Risikoabgrenzung:** Es wird nur mit der Höhe der Einlage in Form von Aktien gehaftet.
- **Öffnung für die Beteiligung Dritter:** wie bei GmbH

Fazit: Bei der Gründung eines mit hohen Kapitalwerten auszustattendem gemeinnützigen Unternehmens sehr ratsam. Trennung zwischen ideellem „Verein" und „Betrieb" sehr gut zu vollziehen. Sehr solide rechtliche Grundlagen, die nicht dem Gutdünken einzelner handelnden Personen unterliegen. Insgesamt sinnvolle Alternative zu Stiftung, Verein und GmbH. Der Erwerb von gemeinnützigen Aktien ist jedoch steuerlich nicht abzugsfähig.

3.7.5 Zusammenfassung der wichtigsten Rechtsformen

Tab. 6: Zusammenfassung der wichtigsten Rechtsformen

Merkmale	GmbH	e.V.	Stiftung	AG
1. Allgemeines	Einfache Form einer Kapitalgesellschaft.	Vereinigung von Personen zur Erfüllung eines ideellen Zwecks.	Bildung von Sondervermögen, das keinem Eigentümer zuzuschreiben ist	Komplexe Form einer Kapitalgesellschaft
2. Gründung	Mindestens ein Gründer. Gesellschaftsvertrag, in dem die Stammeinlage festgeschrieben ist.	Mindestens 7 Mitglieder, Satzung, Bestellung eines Vorstands	Stiftungssatzung, in der das Stiftungsvermögen festgeschrieben ist. Bestellung eines Stiftungsorgans. Staatliche oder kirchliche Anerkennung als Stiftung	Einwerbung von ausreichendem Aktienkapital. Neuemissionen jederzeit möglich
3. Organe	Gesellschafterversammlung und Geschäftsführung	Mitgliederversammlung, Vorstand	Stiftungsvorstand oder Stiftungsrat	Vorstand, Aufsichtsrat und Aktionärsversammlung
4. Außenvertretung	Geschäftsführung	Vorstand	Vorstand oder Kuratorium	Vorstand
5. Haftung	Beschränkt auf Gesellschaftsvermögen	Beschränkt auf Vereinsvermögen	Beschränkt auf Stiftungsvermögen	Beschränkt auf das Gesellschaftsvermögen
6. Aufnahme von Mitgliedern	Möglich	Möglich (begrenzte Mitarbeit)	nicht möglich, aber Zustiftung	Jederzeit möglich
7. Stimmrecht	Nach Kapitalanteilen (Abweichendes kann vereinbart werden).	Nach „Köpfen" (Ein Mitglied = eine Stimme)	Wird in der Satzung geregelt	Nach Anzahl der Aktien
8. Übertragung von Anteilen	Nur mit der Zustimmung der anderen Gesellschafter oder bei besonderen Vereinbarungen im Gesellschaftsvertrag	Nicht möglich	Es gibt keine Eigentümer und demzufolge keine Anteile	Die freie Veräußerung von Aktien kann eingeschränkt werden (wie z. B. bei der GmbH)
9. Öffentliche Aufsicht	Keine	Keine	Staatliche oder kirchliche Stiftungsaufsicht	Keine
10. Pflicht zur Offenlegung des Jahresabschlusses	Ja, Einsichtnahme bei Handelsregister möglich	Nein	Nein	Ja, Veröffentlichungspflicht
11. Beendigung	Auflösungsbeschluss der Gesellschafter, oder Konkurs	Auflösungsbeschluss der Mitglieder oder Konkurs	Beschluss mit Zustimmung der Stiftungsaufsicht oder Konkurs	Auflösungsbeschluss der Aktionärsversammlung Konkurs

3.8 Einführung in das Personalmanagement

In der Literatur findet man zu diesem hier relevanten Themenspektrum unterschiedliche Bezeichnungen. Häufig ist von „Personalwirtschaft" die Rede. Hier soll mit dem Terminus „Personalmanagement" zum Ausdruck gebracht werden, dass nicht der wirtschaftliche Aspekt alleine akzentuiert werden soll. Da, wie oben diskutiert, sich die Betriebswirtschaftslehre als Bezugswissenschaft der Personalwirtschaft auch sehr stark ausdifferenziert hat, muss es jedoch inhaltlich zu keinen wesentlichen Verschiebungen zwischen dem Gegenstand des Personalmanagements und dem der Personalwirtschaft kommen. Auch in der Personalwirtschaft herrscht die Ansicht vor, dass

- sich eine ausschließlich instrumentelle Betrachtungsweise der Mitarbeiter (im Sinne des Produktionsfaktors „Arbeit") verbietet. Die Bedürfnisse der Menschen haben einen gegenüber der Wirtschaftlichkeit gleichrangigen Stellenwert
- sich Menschen in unterschiedlichen sozialen Handlungsfeldern bewegen und nicht nur und ausschließlich als betriebliche Arbeitskräfte wahrgenommen werden dürfen. Dabei können die jeweiligen sozialen Kontexte der betrieblichen Funktion sowohl förderlich als auch hinderlich sein
- die menschliche Leistungsabgabe nicht beliebig abrufbar ist, sondern von inneren psychischen und physischen sowie von externen Faktoren abhängig sein kann. Hier gilt es festzuhalten, dass nicht alle dieser Faktoren beliebig direkt und indirekt gesteuert werden können
- es völlig falsch wäre, Menschen in diesem Zusammenhang ausschließlich als Individuen wahrzunehmen. Sie arbeiten in unterschiedlichen Interaktionsbezügen zusammen, so dass es immer wieder auch zu Störungen sowohl innerhalb von Gruppen als auch zwischen Gruppen kommen kann.[35]

Personalmanagement ist keine Aufgabe für eine bestimmte Abteilung oder einen Bereich eines Unternehmens. Sie ist eine sogenannte übergreifende Funktionslehre[36]. Das unterscheidet auch das Personalmanagement vom Personalwesen. Beim Personalwesen handelt es sich um eine im Unternehmen abgrenzbare organisatorische Einheit. Der im angelsächsischen Sprachraum übliche Begriff – „Human Ressource Management" – kann synonym zum Begriff „Personalmanagement" verwendet werden, wenn er auch von der Nuancensetzung etwas näher an dem der Personalwirtschaft anzusiedeln ist.

---

35 vgl. Ulrich, H.: Die Unternehmung als produktiv soziales System. Grundlagen der allgemeinen Unternehmenslehre, Stuttgart, Bern, 1970, S.146f.
36 vgl. Balzereit, B.: Personalwirtschaft, Probleme – Bezugsrahmen – Gestaltungsinstrumente, 2. Aufl., München 1988, S.15f.

Kapitel 4
Das betriebliche Rechnungswesen

Das Rechnungswesen eines (Sozialen) Unternehmens gliedert sich in folgende Zweige:
- Buchführung als Vermögens- und Erfolgsrechnung
- Kosten- und Leistungsrechnung als Betriebsabrechnung
- Planungsrechnung als Vorschau- und Kontrollrechnung
- Statistik als Zeit- und Betriebsvergleichsrechnung

Die allgemeine Aufgabe des betrieblichen Rechnungswesens besteht darin, das gesamte Unternehmensgeschehen, insbesondere auch den Prozess der betrieblichen Leistungserstellung („Produktion") und Leistungsverwertung („Absatz") zahlenmäßig zu erfassen (d.h. in Geldeinheiten abzubilden), zu überwachen und auszuwerten.

Das Rechnungswesen dient dem Unternehmen (Einrichtung, Heim, Krankenhaus, Werkstatt für Behinderte, Pflegeheim, usw.) als
- Informationsmittel
- Dispositionsmittel oder Lenkungsmittel
- Kontrollmittel
- Beweismittel

Als *Informationsmittel* gibt das Rechnungswesen einen Überblick über den Stand und die Veränderungen von Vermögen, Schulden und Kapital, sowie der Aufwendungen und Erträge, Kosten und Leistungen.

Als *Dispositions- und Lenkungsmittel* erleichtert das Rechnungswesen bei der Beschaffung, Lagerhaltung, Investition, Finanzierung, Betriebsorganisation sowie bei der Berechnung der Preise (Kalkulation).

Als *Kontrollmittel* dient das Rechnungswesen der Überwachung des Betriebsgeschehens, insbesondere des Zahlungs- und Kreditverkehrs sowie der Steigerung der Wirtschaftlichkeit durch permanente Kostenkontrolle.

Als *Beweismittel* ist das Rechnungswesen geeignet, den Nachweis einer sorgfältigen Wirtschaftsführung zu erbringen (z.B. beim Krankenhaus). Ebenso dient das Rechnungswesen für die steuerlichen Veranlagungen als Beweismittel. Gesetze und Richtlinien sind hierbei zu beachten bzw. zu erfüllen.

4.1 Das externe Rechnungswesen oder die „Doppelte kaufmännische Buchführung" und der Jahresabschluss

Wegen der Relevanz grundlegender Kenntnisse der kaufmännischen Buchführung für weite Teile der Betriebswirtschaftslehre, muss auf dieses Verfahren detaillierter eingegangen werden. Von Relevanz in diesem Zusammenhang sind dabei die rechtlichen Rahmenbedingungen, die Kontenrahmen, die branchenspezifisch eine Rolle spielen, der Jahresabschluss mit seinen einzelnen Elementen, die Darstellung einiger beispielhafter Buchungssätze, um dieses System der Verbuchung von Geschäftsvorgängen prinzipiell verständlich zu machen und Fragen der Organisation der Buchführung in Unternehmen.

4.1.1 Grundlagen der kaufmännischen Buchführung

> „Jeder Kaufmann ist verpflichtet, Bücher zu führen und in diesen seine *Handelsgeschäfte* und die *Lage seines Vermögens* nach den Grundsätzen *ordnungsgemäßer Buchführung* ersichtlich zu machen" (§ 238 Abs. 1 HGB).

Steuerliche Buchführungspflicht besteht nach §§ 140ff. Abgabenordnung (AO).

Nach § 141 Abgabenordnung (AO) müssen alle steuerpflichtigen Unternehmen (von wenigen Ausnahmen abgesehen) entsprechend ihre Bücher führen, wenn (nach der letzten Veranlagung)
- ihr Gesamtumsatz 500.000 Euro,
- ihr Gewinn 48.000 Euro und
- ihr Eigenkapital 125.000 Euro

überschreitet.

Buchführungsvorschriften sind darüber hinaus in dem Einkommensteuergesetz (EStG), dem Körperschaftssteuergesetz (KStG), dem Umsatzsteuergesetz (USTG) sowie den zugehörigen Durchführungsverordnungen enthalten.

Weiterhin bestehen branchenspezifische gesetzliche Regelungen, z.B. für Banken und Versicherungen.

Sogenannte Minderkaufleute oder Unternehmer, die aufgrund ihrer Tätigkeit, Unternehmensgröße oder Rechtsform nicht unter die vorgenannten Bestimmungen fallen, sind nicht zur Anwendung der kaufmännischen Buchführung (in vollem Umfang) verpflichtet.

4.1.1.1 Buchführungspflicht für Soziale Dienstleistungsunternehmen

Nur soziale Einrichtungen, die aufgrund ihrer Tätigkeit, Unternehmensgröße oder Rechtsform unter die einschlägigen gesetzlichen Bestimmungen fallen, sind zur Anwendung der doppelten kaufmännischen Buchführung (in vollem Umfang) verpflichtet. Ungeachtet dessen wird in der Praxis trotzdem meist die doppelte kaufmännische Buchführung angewendet, um inneren und äußeren Anforderungen genügen sowie branchenspezifische Regularien erfüllen zu können (z.B. Vorgaben seitens der Kostenträger, Regularien zur Mitgliedschaft in einem Wohlfahrtsverband, betriebswirtschaftliche Sachzwänge etc.).

Häufig werden die Bestimmungen für Kapitalgesellschaften sinngemäß angewendet.

Pflicht zur Anwendung der doppelten kaufmännischen Buchführung besteht für Krankenhäuser aufgrund der Krankenhausbuchführungsverordnung (KHBV) sowie für zugelassene Pflegeeinrichtungen aufgrund der Pflegebuchführungsverordnung (PBV).

4.1.1.2 Wesentliche Bestimmungen des Handelsgesetzbuch (Drittes Buch) (HGB)

1. Abschnitt:
Vorschriften für alle Kaufleute
- Buchführungspflicht/Handelsbücher
- Inventar
- Pflicht zur Aufstellung des Jahresabschlusses (Bilanz, Gewinn- und Verlustrechnung)
- Bewertung der Vermögensteile und Schulden
- Aufbewahrung von Buchführungsunterlagen

2. Abschnitt:
Vorschriften für Kapitalgesellschaften
- Gliederung des Jahresabschlusses
- Veröffentlichung des Jahresabschlusses

4.1.1.3 Grundsätze ordnungsmäßiger Buchführung (GoB)

Die GoB sind ein unbestimmter Rechtsbegriff. Man versteht darunter allgemein anerkannte Regelungen über die Führung der Handelsbücher sowie die Erstellung des Jahresabschlusses von Unternehmen.

Durch die Erwähnung in Gesetzestexten ist die Anwendung der GoB zwingend, sie ergänzen das Gesetz überall dort, wo Lücken auftreten oder Sachverhalte interpretationsbedürftig sind. Viele Detailregelungen der GoB haben Eingang in die handelsrechtlichen und steuerrechtlichen Gesetzestexte gefunden.

> „Die Buchführung muss so beschaffen sein, dass sie einem sachverständigen Dritten in angemessener Zeit einen Überblick über die Geschäftsvorfälle und die Lage des Unternehmens vermitteln kann." (§ 238 Abs. 2 HGB)

Nur eine ordnungsgemäße Buchführung besitzt Beweiskraft (§§ 258f. HGB).

Verstöße gegen die GoB sowie gegen handels- und steuerrechtliche Grundlagen können eine Schätzung der Besteuerungsgrundlagen (Umsatz, Gewinn) durch die Finanzbehörden zur Folge haben (§ 162 AO), außerdem kann mit Geld- oder Freiheitsstrafe belangt werden, wer Jahresabschlüsse unrichtig wiedergibt oder verschleiert (§ 331 HGB3 §§ 37f. AO, § 238 Strafgesetzbuch).

- Quellen der GoB:
  - Wissenschaft
  - Praxis
  - Rechtsprechung
  - Empfehlungen der Wirtschaftsverbände

- Aufgaben der GoB:
  Gläubiger und Eigentümer eines Unternehmens sollen vor falschen Informationen und Verlusten geschützt werden.

- Grundsätze der GoB:
  - *Wahrheit* (Richtigkeit und Willkürfreiheit, Übereinstimmung mit Tatsachen)
  - *Klarheit* (Qualität der äußeren Gestaltung, Form und Ordnung der Aufzeichnungen
  - *Vollständigkeit* (lückenlose Erfassung aller buchungspflichtigen Geschäftsvorfälle und Vermögensänderungen)
  - *Abgrenzungsgrundsätze* (periodengerechte Zuordnung, Realisations- und Imparitätsprinzip)
  - *Stetigkeit* (Vergleichbarkeit im Zeitablauf, Bilanzidentität)
  - *Vorsicht* (keine zu optimistische Darstellung, Realisations- und Imparitätsprinzip)

- Wichtige Detailregelungen der GoB:
  - Saldierungsverbot: keine Verrechnung zwischen Vermögenswerten und Schulden sowie zwischen Aufwendungen und Erträgen (§ 246 HGB)
  - Grundsatz der Einzelbewertung: keine Sammelbewertung von Vermögensgegenständen (§ 252 HGB).

- Buchungen dürfen nicht unleserlich gemacht werden (§ 239 HGB)
- Abfassung in deutscher Sprache bei Verwendung eindeutiger Begriffe und Abkürzungen (§ 146 AO)
- Fortlaufende, vollständige, richtige, zeitgerechte sowie sachliche geordnete Buchung aller Geschäftsvorfälle (§§ 238, 239 HGB)
- Keine Buchung ohne Beleg: laufende Nummerierung und geordnete Aufbewahrung der Belege (§ 257 HGB)
- Ordnungsgemäße Aufbewahrung der Buchführungsunterlagen unter Verwendung bestimmter Datenträger und Einhaltung von Aufbewahrungsfristen (§§ 239, 257 HGB und § 147 AO)

Realisationsprinzip:
Gewinne dürfen erst dann ausgewiesen werden, wenn sie durch Umsätze realisiert worden sind (§ 252 HGB)

Imparitätsprinzip (§ 252 HGB):
- *Niederstwertprinzip:* falls für Vermögensgegenstände auf der Aktiv-Seite der Bilanz verschiedene Wertansätze möglich sind, ist der niedrigere Ansatz zu wählen (Anlagevermögen: gemildertes Niederstwertprinzip, Umlaufvermögen: strenges Niederstwertprinzip)
- *Höchstwertprinzip:* falls für eine Verbindlichkeit verschiedene Wertansätze möglich sind, ist der höhere Ansatz zu wählen. Verluste sind zu passivieren, sobald sie absehbar sind.

Maßgeblichkeitsprinzip
Das sog. Maßgeblichkeitsprinzip besagt, dass handelsrechtlich zulässige Tatbestände (z.B. Wertansätze, Abschreibungsverfahren) i.d.R. auch steuerlich zulässig und maßgeblich sind (§ 5 Abs. 1 ESTG).

Umgekehrt sind steuerlich zulässige Tatbestände (z.B. Wertansätze, Abschreibungsverfahren) i.d.R. auch handelsrechtlich zulässig und maßgeblich (§ 6 Abs. 3 ESTG).
In vielen Unternehmen werden getrennte „handelsrechtliche" und „steuerliche" Jahresabschlüsse angefertigt, wobei der steuerliche Jahresabschluss in aller Regel durch Hinzurechnungen und Kürzungen aus dem handelsrechtlichen Jahresabschluss ermittelt wird.

4.1.2 Jahresabschluss

Jeweils zum Ende des Geschäftsjahres ist der Jahresabschluss aufzustellen. Er besteht aus den Teilen
- Jahresbilanz
- Gewinn- und Verlustrechnung

- Anhang
(nach § 264 HGB für Kapitalgesellschaften und nach § 5 PBV für zugelassene Pflegeeinrichtungen vorgeschrieben).

Kapitalgesellschaften haben darüber hinaus einen Lagebericht zu erstellen (§ 289 HGB).

- **Jahresbilanz.** (Kurzgefasste) Darstellung des Vermögens und des Kapitals zum Bilanzstichtag.

- **Gewinn- und Verlustrechnung.** (Kurzgefasste) Darstellung der Aufwendungen und Erträge (Veränderungen des Eigenkapitals)

- **Anhang.** Der Anhang ist gleichwertiger Bestandteil des Jahresabschlusses und soll die Bilanz und GuV in einzelnen Positionen näher erläutern. Darzustellen sind – in Abhängigkeit von den rechtlichen Rahmenbedingungen – z.B. ein Anlagespiegel nach § 5 Pflege-Buchführungs-Verordnung (PBV), ein Fördernachweis (§ 5 PBV), die Bewertungs- und Abschreibungsmethoden, Beteiligungen an anderen Unternehmen, Verbindlichkeiten mit einer Restlaufzeit von mehr als 5 Jahren usw.

- **Lagebericht.** Der Lagebericht ist kein Bestandteil des Jahresabschlusses, soll aber über den Geschäftsverlauf im abgelaufenen Geschäftsjahr und die wirtschaftliche Lage des Unternehmens am Bilanzstichtag informieren.

Kapitalgesellschaften sind nach § 325 HGB verpflichtet, ihren Jahresabschluss offen zu legen.

Mittlere und große Kapitalgesellschaften sind gemäß § 316 HGB zur Prüfung des Jahresabschlusses verpflichtet.

4.1.2.1 Erfassung und Formen der Darstellung von Vermögen und Kapital

Vor dem Erstellen der Jahresbilanz erfolgt die Erfassung von Vermögen, Schulden und Eigenkapital in Form der Inventur und des Inventars.

Die Inventur ist die mengen- und wertmäßige Bestandsaufnahme aller Vermögensteile und Schulden eines Unternehmens zu einem bestimmten Zeitpunkt.

Man unterscheidet in
- körperliche Inventur (für körperliche Gegenstände)
- Buchinventur (für nichtkörperliche Gegenstände) aufgrund von Aufzeichnungen

Das Inventar ist ein ausführliches Bestandsverzeichnis, das alle Vermögensteile und Schulden eines Unternehmens zu einem bestimmten Zeitpunkt nach Art, Menge und Wert ausweist.

Das Inventar besteht aus drei Teilen:

- **Übersicht über das Vermögen.** Die Vermögensgegenstände werden nach ihrer Flüssigkeit (Liquidität) geordnet. Anlagevermögen und Umlaufvermögen werden unterschieden.
- **Übersicht über die Schulden.** Schulden werden nach der Fälligkeit bzw. Dringlichkeit der Zahlung gegliedert. Langfristige und kurzfristige Schulden (Verbindlichkeiten) werden unterschieden
- **Ermittlung des Reinvermögens.** Vom Vermögen werden die Schulden abgezogen. Der Differenzbetrag ist das Eigenkapital oder Reinvermögen des Unternehmens.

Zusammenhang zwischen Inventar und Bilanz

Das Inventar bildet die Grundlage für die Erstellung der Bilanz entsprechend der Reihenfolge:
1. Inventur
2. Inventar
3. Bilanz

Inventar und Bilanz zeigen beide den Stand des Vermögens und des Kapitals eines Unternehmens zu einem bestimmten Zeitpunkt. Sie unterscheiden sich jedoch in der Art der Darstellung:

- **Inventar**
  - Ausführliche Darstellung der einzelnen Vermögens- und Schuldenwerte (Mengen, Einzelwerte und Gesamtwerte)
  - Darstellung des Vermögens und des Kapitals „untereinander", d.h. in Staffelform
- **Bilanz**
  - Kurzgefasste überschaubare Darstellung des Vermögens und des Kapitals (nur Angabe der Gesamtwerte der einzelnen Bilanzpositionen)
  - Darstellung des Vermögens und des Kapitals „nebeneinander", d.h. in Kontenform

Da das Eigenkapital als Differenz zwischen Vermögen und Schulden (Fremdkapital) definiert ist, bewirkt jede Veränderung der Aktiv-Seite der Bilanz automatisch auch eine Veränderung der Passiv-Seite der Bilanz. Die Bilanzsummen auf beiden Seiten der Bilanz sind zwangsläufig identisch.

Inventar und Bilanz sind aufzustellen
- bei Gründung bzw. Übernahme eines Unternehmens,
- regelmäßig zum Schluss des Geschäftsjahres,
- bei Veräußerung bzw. Auflösung des Unternehmens.

Das Inventar ist in Staffelform darzustellen und im Einzelnen wie folgt aufgebaut:

A. Vermögen
  I Anlagevermögen
  II Umlaufvermögen
Summe des Vermögens:

B. Schulden
  I Langfristige Schulden
  II Kurzfristige Schulden
Summe der Schulden:

C. Eigenkapital: *(Summe des Vermögens – Summe der Schulden)*:
= Eigenkapital (Reinvermögen)

Bei der Bilanz stehen sich (bekanntlich) Vermögens- und Kapitalpositionen in der Aktiva bzw. Passiva gegenüber.

Aktivseite	Passivseite

A. Anlagevermögen
  I. Immaterielle Vermögensgegenstände
  II. Sachanlagen
  III. Finanzanlagen
	A. Eigenkapital
	  I. Gezeichnetes Kapital
	  II. Kapitalrücklage
	  III. Gewinnrücklagen
	  IV. Gewinn-/Verlustvortrag
	  V. Jahresüberschuss/-fehlbeträge

B. Umlaufvermögen
  I. Vorräte
  II. Forderungen/ sonst. Vermögensgegenstände
  III. Wertpapiere
  IV. Flüssige Mittel
	B. Rückstellungen
	
	C. Verbindlichkeiten
	
	D. Rechnungsabgrenzungsposten

C. Rechnungsabgrenzungsposten	

Zwischen Bilanz und Inventar bestehen folgende Unterschiede:

Tab. 7: Vergleich zwischen Bilanz und Inventar

Inventar	Bilanz
• Ausführliche Darstellung der einzelnen Vermögens- und Schuldenwerte • Angabe der Mengen, Einzelwerte und Gesamtwerte • Darstellung des Vermögens und Kapitals untereinander	• Kurzgefasste überschaubare Darstellung des Vermögens und des Kapitals • Nur Angabe der Gesamtwerte der einzelnen Bilanzposten • Darstellung des Vermögens und des Kapitals nebeneinander

Im Folgenden werden einige Bilanzpositionen näher erläutert:

- **Anlagevermögen.** Vermögensteile, die dazu bestimmt sind, dem Unternehmen langfristig zu dienen. Es wird in abnutzbares Anlagevermögen (z.B. Gebäude, Fahrzeuge) und nicht abnutzbares Anlagevermögen (z.B. Grundstücke) unterschieden.
  Bewertung: Anlagevermögen wird zu den Anschaffungs- oder Herstellungskosten (dazu gehören auch Anschaffungsnebenkosten wie z.B. Frachtgebühren), ggf. vermindert um die Abschreibungen, bewertet.

- **Umlaufvermögen.** Vermögensteile, die nur kurzfristig im Unternehmen verbleiben (z.B. Roh-, Hilfs- und Betriebsstoffe, Bestände an unfertigen und fertigen Erzeugnissen, Forderungen).
  Bewertung: Umlaufvermögen kann höchstens zu den Anschaffungs- oder Herstellungskosten bewertet werden.
  Es gilt das Imparitätsprinzip (strenges Niederstwertprinzip), d.h. Wertminderungen müssen in jedem Fall durch Abschreibungen berücksichtigt werden, auch wenn sie nicht von Dauer sind. In diesem Fall ist der (niedrigere) Markt- oder Börsenpreis bzw. der sog. beizulegende Wert anzusetzen (Bsp.: Abschreibung von zweifelhaften Forderungen).

- **Aktive Rechnungsabgrenzungsposten.** Aufwendungen des neuen Geschäftsjahres, die bereits im abzuschließenden Geschäftsjahr gezahlt und gebucht wurden (Bsp.: Kfz-Versicherung für das neue Jahr wird bereits im alten Jahr gezahlt und gebucht), sog. „Leistungsforderung".
  Bewertung: Eine periodengerechte Abgrenzung ist vorzunehmen.

- **Eigenkapital.** Von den Unternehmenseignern durch Zuführung von außen oder durch Verzicht auf Gewinnansprüche ohne zeitliche Begrenzung bereitgestellte Mittel.
  Bewertung: Das Eigenkapital wird rechnerisch als Differenz zwischen

Vermögen und Fremdkapital und/oder durch Addition des Eigenkapital-Vorjahreswertes mit dem Saldo der Gewinn- und Verlustrechnung ermittelt.

Sonderposten werden häufig zum Eigenkapital gerechnet, da sie – bei zweckentsprechender Verwendung – dem Unternehmen ohne zeitliche Begrenzung zur Verfügung gestellt werden.

- **Fremdkapital.** Die von Fremden oder Unternehmenseignern zeitlich begrenzt zur Verfügung gestellte Beträge.
  Bewertung: Das Fremdkapital wird rechnerisch als Differenz zwischen dem Vermögen und dem Eigenkapital ermittelt.
  Zum Fremdkapital werden Rückstellungen, Verbindlichkeiten, Passive Rechnungsabgrenzungsposten und z.T. – aufgrund von Rückzahlungspflichten bei nicht zweckentsprechender Verwendung – auch die Sonderposten gerechnet.

- **Sonderposten.** Die von Fremden oder Unternehmenseignern zweckgebunden und i.d.R. unbefristet zur Verfügung gestellten Beträge. Meist besteht eine Rückzahlungsverpflichtung bei nicht zweckentsprechender Verwendung. Sonderposten können – je nach Umstand und Sichtweise – zum Eigenkapital- oder zum Fremdkapital gezählt werden.
  Bewertung: In Höhe des zweckgebunden zur Verfügung gestellten Betrags, ggf. vermindert um Auflösungen entsprechend dem Verwendungsfortschritt.

- **Rückstellungen.** Rückstellungen werden für Aufwendungen gebildet, die das abgelaufene Geschäftsjahr betreffen und dem Grunde nach bekannt sind, deren genaue Höhe und/oder Fälligkeit der Zahlung am Bilanzstichtag aber noch unbekannt sind (Bsp.: Rückstellung für Jahresabschlusskosten, Prozesskostenrückstellung, Urlaubsrückstellung, Pensionsrückstellungen).
  Bewertung: Rückstellungen sind mit dem Betrag anzusetzen, der nach vernünftiger kaufmännischer Beurteilung – unter Beachtung des Vorsichtsprinzips – notwendig ist.

- **Verbindlichkeiten.** Verbindlichkeiten sind Verpflichtungen eines Unternehmens, die am Bilanzstichtag ihrer Höhe und Fälligkeit nach feststehen, z.B. Schulden
  Bewertung: Verbindlichkeiten sind grundsätzlich mit dem Rückzahlungsbetrag zu bewerten. Ändert sich eine Verbindlichkeit während der Laufzeit in ihrer Höhe, ist das Vorsichts- bzw. Imparitätsprinzip (Höchstwertprinzip) anzuwenden (z.B. Auslandsverbindlichkeiten) und erhaltene Anzahlungen.

- **Passive Rechnungsabgrenzungsposten.** Erträge des neuen Geschäftsjahres, die bereits im abzuschließenden Geschäftsjahr gezahlt und gebucht wurden (Bsp.: Mieteinnahme für Januar wird bereits im Dezember gebucht und gezahlt).

Bisher wurde nicht diskutiert, wie sich abnutzbare Anlagegüter über die einzelnen Abrechnungsperioden hinweg in ihren Vermögenswerten verhalten. Solche Anlagegüter unterliegen während ihrer Nutzung im Unternehmen einer Wertminderung, z.B. durch Verschleiß, technischen Fortschritt, fallende Preise oder Veränderungen der Nutzungsmöglichkeit. Dieser Umstand muss bei der Aufstellung der Bilanz berücksichtigt werden, wenn im Jahresabschluss die Vermögens- und Ertragslage korrekt dargestellt werden soll.

Der Wertansatz der im Wert gesunkenen Vermögensgegenstände wird mittels Abschreibungen korrigiert und diese Wertminderung als Aufwand in der Gewinn- und Verlustrechnung verbucht.

Abschreibungen = Wertminderung

- **Planmäßige Abschreibung.** Normaler, technischer Verschleiß, ruhender Verschleiß, Fristablauf, Substanzverlust
  Abschreibungsverfahren:
  - linear (gleichmäßige Abschreibungsbeträge über den Nutzungszeitraum hinweg. Dabei wird die „betriebsgewöhnliche Nutzungsdauer" zugrunde gelegt)
  - degressiv (geringer werdende Abschreibungsbeträge über den Nutzungszeitraum hinweg. Dabei wird die „betriebsgewöhnliche" Nutzungsdauer zugrunde gelegt)
  - nach Inanspruchnahme (pro abgegebene Leistungseinheit). Dabei wird die betriebsgewöhnliche Leistungsdauer zugrunde gelegt)

- **Außerplanmäßige Abschreibung**
  - Katastrophenverschleiß
  - versteckte Mängel
  - erhöhte Inanspruchnahme
  - unterlassene Instandhaltung

- **Beginn der Abschreibungen.** Die Abschreibung im Jahr der Anschaffung oder Herstellung wird anteilig nach dem Zugangsmonat berechnet.

Vereinfachungsverfahren bei der Bewertung des Anlagevermögens und der Ermittlung der Abschreibungen:

- **Geringwertige Wirtschaftsgüter.** Aufwendungen bis 150 Euro sind in voller Höhe als Betriebsausgaben abziehbar. Außer der Buchmäßigen Erfassung besteht keine weitere Aufzeichnungspflicht. Dieses Wahlrecht kann für jedes Wirtschaftsgut individuell in Anspruch genommen werden (wirtschaftsgutbezogenes Wahlrecht).
    - *Erstes Wahlrecht. Sofortabschreibung für GwG bis 410 Euro:* Für Wirtschaftsgüter bis 410 Euro kann die Sofortabschreibung (anlaog der Regelung für Beträge bis 150 Euro) für GwG angewendet werden.
    - *Zweites Wahlrecht. Bildung eines Sammelpostens:* Aufwendungen von mehr als 150 Euro und nicht mehr als 1.000 Euro werden in einem Sammelposten erfasst. Dieses Wahlrecht kann nur einheitlich für alle Wirtschaftsgüter des Wirtschaftsjahres mit Aufwendungen von mehr als 150 Euro und nicht mehr als 1.000 Euro in Anspruch genommen werden (wirtschafts-jahrbezogenes Wahlrecht).

Es muss jeweils zu Beginn eines Wirtschaftsjahres entschieden werden, welche der beiden Regelungen anzuwenden ist. Im Folgejahr kann ggf. zur anderen Regelung gewechselt werden.

4.1.2.2 Die periodische Erfolgsrechnung als Gewinn- und Verlustrechnung

Zur Verbesserung der Übersichtlichkeit werden die Änderungen des Eigenkapitals im „Eigenkapital-Unterkonto" der Bilanz, der so genannten *„Gewinn- und Verlustrechnung"* gesammelt. Die Gewinn- und Verlustrechnung wird in weitere „Unterkonten" (Aufwands- und Ertragskonten) unterteilt.

Zum Ende des Geschäftsjahres werden die Saldi der Aufwands- und Ertragskonten auf die Gewinn- und Verlustrechnung zurückgebucht. Anschließend wird der Saldo der Gewinn- und Verlustrechnung (= der Gewinn oder Verlust) auf das Eigenkapitalkonto zurückgebucht.

Da in der Gewinn- und Verlustrechnung nur die Änderungen des Eigenkapitals erfasst werden, ist der Anfangsbestand der GuV zu Beginn der Geschäftsjahres grundsätzlich null. Analog dazu sind auch die Anfangsbestände der Aufwands- und Ertragskonten zu Beginn des Geschäftsjahres grundsätzlich null.

Die Gewinn- und Verlustrechnung kann nach verschiedenen Grundmustern aufgebaut werden. Man unterscheidet die *Staffelform* (Erträge und Aufwendungen sind untereinander angeordnet; dieses Verfahren ist nach

§ 275 HGB für mittlere und große Kapitalgesellschaften und nach § 5 PBV für zugelassene Pflegeeinrichtungen vorgeschrieben) und die *Kontenform* (Erträge und Aufwendungen sind in Kontenform nebeneinander angeordnet).

Darüber hinaus ist zwischen dem *Gesamtkostenverfahren* (den gesamten Erträgen werden die gesamten Aufwendungen gegenübergestellt) und dem *Umsatzkostenverfahren* (den Umsatzerträgen werden die Umsatzerträge gegenübergestellt) zu unterscheiden. Das Gesamtkostenverfahren wurde bereits oben dargestellt[37]. Anzumerken gilt, dass das Umsatzkostenverfahren für Soziale Dienstleistungsunternehmen nicht zur Anwendung empfohlen werden kann:

Betriebsergebniskonto nach dem Gesamtkostenverfahren	
Gesamtkosten (Selbstkosten) einer Periode, gegliedert nach Kostenarten	Periodenerlös
Herstellkosten der Bestandsminderung an Halb- und Fertigprodukten	Herstellkosten der Bestandsmehrungen an Halb- und Fertigprodukten
Betriebsgewinn der Periode bzw.	*Betriebsverlust der Periode*

Betriebsergebniskonto nach dem Umsatzkostenverfahren	
Gesamtkosten der in einer Periode abgesetzten Produkte (oder Dienstleistungen), gegliedert nach Produktarten- oder Produktgruppen (bzw. nach Dienstleistungsarten oder -gruppen). (Bei Vollkostenrechnung)	Erlöse der in einer Periode abgesetzten Produkte oder Dienstleistungen, gegliedert nach Produkten oder Produktgruppen (bzw. nach Dienstleistungen oder Dienstleistungsgruppen)
Betriebsgewinn der Periode bzw.	*Betriebsverlust der Periode*

4.1.3 Kontenführung in der kaufmännischen Buchführung

Im Folgenden soll schrittweise hergeleitet werden, in welcher Weise jeder einzelne Geschäftsvorfall so vollzogen werden kann, dass daraus in relativ kurzer Zeit der gesamte Jahresabschluss erstellt werden kann.

---

37 siehe 3.1.3.2

4.1.3.1 Auflösung der Bilanz in Konten

Die laufende Erstellung von Zwischenbilanzen nach jedem Geschäftsvorfall wäre sehr aufwändig. Außerdem ist in der Zwischenbilanz nur der jeweilige Stand der Bilanzpositionen zu einem bestimmten Zeitpunkt verzeichnet. Die Bewegungen, die diesem Stand zugrunde liegen, sind nicht ersichtlich.

Um beide Aspekte berücksichtigen zu können, wird bei der kaufmännischen Buchführung daher jede Bilanzposition als eigenständiges Konto geführt. In diesen Konten werden alle Veränderungen (Geschäftsvorfälle) chronologisch festgehalten. Die Summe aus Anfangsbestand und Veränderungen ergibt den jeweiligen Endbestand oder Saldo des Kontos zu einem bestimmten Zeitpunkt.

- **Konto**: Rechnungsstelle, die gleichartige nach sachlichen, persönlichen oder räumlichen Gesichtspunkten geordnete Geschäftsvorfälle aufnimmt. Der Saldo des Kontos gibt den jeweiligen Stand der Position an.
- **Vorteile der Kontenführung**: Auf dem Konto sind neben dem aktuellen Kontostand (Saldo) auch alle Bewegungen/Geschäftsvorfälle, die zu diesem Saldo geführt haben, ersichtlich.

4.1.3.2 Arten und Eigenschaften von Konten

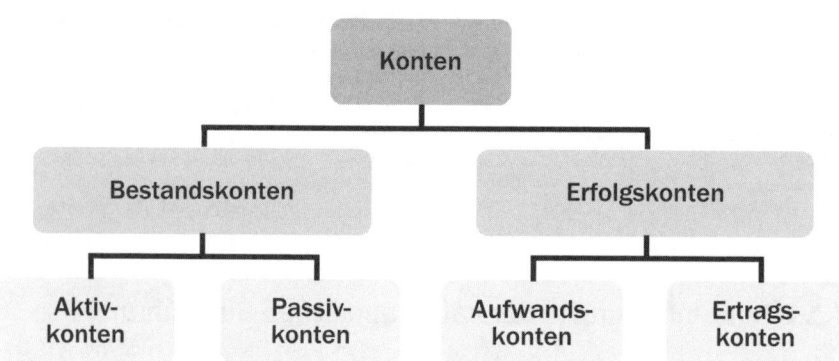

Die Bestandskonten münden in der Bilanz und die Erfolgskonten in der Gewinn- und Verlustrechnung. Bestandskonten erfahren eine Fortschreibung über die gesamte Lebensdauer eines Unternehmens, während Erfolgskonten zum Jahresanfang immer wieder bei „Null" beginnen.

Die Konten sind so aufgebaut, dass sie aus zwei Seiten bestehen: Die linke Seite eines Kontos wird „Soll", die rechte Seite „Haben" genannt. *Achtung!* Aus den Begriffen „Soll" und „Haben" kann der Charakter einer Buchung nicht abgeleitet werden. „Soll" kann synonym für „Linke Seite" und „Haben" synonym für „Rechte Seite" verwendet werden.

Konto	
Soll	Haben
Linke Seite	Rechte Seite

Bei Aktiv- und Aufwandskonten werden der Anfangsbestand und die Zugange im SOLL gebucht, Abgänge werden im HABEN gebucht.

Der Saldo ergibt sich als Differenz zwischen dem Endbestand auf der Sollseite und der Summe der Abgänge auf der Haben-Seite.

Bebaute Grundstücke (Aktivkonto)	
Soll	Haben
Anfangsbestand Zugänge	Abgänge
	Saldo/Endbestand

Bei Passiv- und Ertragskonten werden der Anfangsbestand und die Zugänge im *Haben* gebucht, Abgänge werden im *Soll* gebucht.

Der Saldo ergibt sich hier als Differenz des Endbestandes auf der Haben-Seite und der Abgänge auf der Sollseite.

Verbindlichkeiten aus Lieferungen und Leistungen (Passivkonto)	
Soll	Haben
Abgänge	Anfangsbestand Zugänge
Saldo/Endbestand	

4.1.3.3 Der „doppelte Buchungssatz"

Der „doppelte Buchungssatz" wird so genannt, weil bei einer Buchung grundsätzlich zwei Konten angesprochen werden.

Das Konto, das im SOLL gebucht wird, wird zuerst genannt, das Konto das im HABEN gebucht wird, wird an zweiter Stelle genannt.

Beispiel-Buchungssatz:
Forderungen aus Lieferungen und Leistungen
an Erträge aus ambulanten Pflegeleistungen:
Euro 20.000

bedeutet: Soll-Buchung auf Konto „Forderungen aus Lieferungen und Leistungen" (Zugang) Euro 20.000,–
Haben-Buchung auf Konto „Erträge aus ambulanten Pflegeleistungen" (Zugang) Euro 20.000,–

Buchungen mit Umsatzsteuer sprechen grundsätzlich mehrere Konten an (Umsatzsteuer-Verbindlichkeiten oder Vorsteuer-Forderungen).

Bei jedem Buchungsvorgang muss die Summe aller Haben-Buchungen der Summe aller Soll-Buchungen entsprechen.

4.1.4 Organisation der Buchführung

Welche Hilfsmittel stehen der Buchhaltung in einem Unternehmen zur Verfügung, um den hohen Anforderungen und strengen Auflagen genügen zu können? In diesem Zusammenhang soll auf wenige grundsätzliche Lösungsansätze im Hinblick auf die Fragen der Organisation der Buchführung eingegangen werden.

4.1.4.1 Kontenrahmen und Kontenplan

Jedes Unternehmen richtet nach den jeweiligen Bedürfnissen Bestands- und Erfolgskonten ein, die im Kontenplan verzeichnet werden.

Dem individuellen Kontenplan liegt in der Regel ein Muster, der sog. Kontenrahmen, zugrunde. Kontenrahmen sind nach einem spezifisch geeigneten Gliederungssystem aufgebaut und stellen Empfehlungen der Wirtschafts- und Berufsverbände bzw. Vorgaben seitens des Gesetzgebers dar.

Individuelle Kontenpläne werden aus dem Kontenrahmen entwickelt. Der individuelle Kontenplan enthält nur die Konten des Kontenrahmens, die auch benutzt werden. Umgekehrt kann der individuelle Kontenplan zusätzliche Konten enthalten, die im Kontenrahmen nicht verzeichnet sind.

Durch die Verwendung einheitlicher Kontenrahmen wird die Buchungsarbeit vereinfacht und eine Vergleichbarkeit zwischen verschiedenen Unternehmen ermöglicht.

Beispiele für Kontenrahmen:
- GKR: Gemeinschaftskontenrahmen der Industrie (Empfehlung des BDI, erstmals herausgegeben 1951)
- IKR: Industriekontenrahmen (Empfehlung des BDI, erstmals herausgegeben 1971, soll GKR ablösen)
- Muster-Kontenrahmen des Deutschen Caritasverbandes (an IKR angelehnt)

- Musterkontenplan für Einrichtungen und Werke der Diakonie (an IKR angelehnt)
- Kontenrahmen nach der Krankenhausbuchführungsverordnung/KIHBV (an IKR angelehnt)
- Kontenrahmen nach der Pflegebuchführungsverordnung/PBV (an IKR angelehnt)

4.1.4.2 Nebenbuchführungen

Je größer ein Unternehmen ist, desto umfangreicher der Buchungsstoff, der täglich zu bewältigen ist.
Zur Wahrung der Übersichtlichkeit werden bestimmte Buchungsarten daher in sog. Nebenbuchführungen abgewickelt.

Beispiele:

- **Kreditorenbuchführung.** Kreditoren = Lieferanten des Unternehmens (Lieferantenkreditgeber)
Die Abwicklung aller Eingangsrechnungen über das Konto „Verbindlichkeiten aus Lieferungen und Leistungen" wäre aufgrund der Masse an Einzelbuchungen unübersichtlich, die Zuordnung der Zahlungen zu den einzelnen Belegen nahezu unmöglich.
Es wird daher ein eigener Kontennummernkreis für die Kreditorenbuchführung reserviert, indem jeder Lieferant eine eigene Kontonummer erhält. Darüber hinaus wird zu jedem Beleg die Rechnungsnummer erfasst. Auf dem Konto „Verbindlichkeiten aus Lieferungen und Leistungen" werden nur die Summen aus den einzelnen Kreditorenbuchungen erfasst.
Eine sog. OP-Liste, die alle noch nicht bezahlten Verbindlichkeiten – nach Lieferanten und Rechnungsnummern sortiert – enthält, kann ausgedruckt werden.

- **Debitorenbuchführung.** Debitor = Leistungsabnehmer (Kundenkreditnehmer)
Die Abwicklung aller Ausgangsrechnungen über das Konto „Forderungen aus Lieferungen und Leistungen" wäre aufgrund der Masse an Einzelbuchungen unübersichtlich, die Zuordnung der Zahlungen zu den einzelnen Belegen nahezu unmöglich. Es wird daher ein eigener Kontennummernkreis für die Debitorenbuchführung reserviert indem jeder Kunde eine eigene Kontonummer erhält. Darüber hinaus wird zu jedem Beleg die Rechnungsnummer erfasst. Auf dem Konto „Forderungen aus Lieferungen und Leistungen" werden nur die Summen aus den einzelnen Kreditorenbuchungen erfasst.

Eine sog. OP-Liste, die alle noch nicht bezahlten Forderungen – nach Kunden und Rechnungsnummern differenziert – enthält, kann ausgedruckt werden.

- Anlagenbuchführung
Die Abwicklung aller Anlagenbewegungen und Abschreibungen über wenige Anlagenkonten wäre aufgrund der Masse an Einzelbuchungen unübersichtlich, die Berechnung und Zuordnung der Abschreibungen zu einzelnen Anlagen stark erschwert.
Es wird daher ein eigener Inventarnummernkreis für die „Anlagenbuchführung" reserviert. Jedem Anlagegut wird, neben dem Anlagekonto, eine eigene Inventarnummer zugewiesen. Zu jeder Inventarnummer werden Abschreibungsverfahren und Abschreibungsbeträge erfasst. Auf dem jeweiligen Anlagenkonto werden nur die Summen aus den einzelnen Anlagebuchungen verbucht.
Eine sog. Inventarliste, die alle Anlagengüter – nach Inventarnummern, Standorten, Anlagenkonten, Kostenstellen usw. differenziert – enthält, kann ausgedruckt werden.

- Weitere mögliche Nebenbuchführungen
Lagerbuchführung
Verwahrgeldbuchführung, usw.

4.2 Das interne Rechnungswesen oder die Kosten- und Leistungsrechnung

Nach einer kurzen Darstellung des externen Rechnungswesens sollen im Folgenden die wesentlichen Merkmale des internen Rechnungswesens umrissen werden:

4.2.1 Aufgaben und Ziele des internen Rechnungswesens

Das interne Rechnungswesen kann – stärker als das externe – für instrumentelle Zwecke der Unternehmensführung eingesetzt werden. Beim internen Rechnungswesen handelt es sich um eine Kosten- und Leistungsrechnung oder aber auch um eine „kalkulatorische Erfolgsrechnung". Vermögens- und Kapitalbestände – wie beim externen Rechnungswesen – spielen dabei keine vordergründige Rolle.

Im Bereich der sozialen Dienstleistungsunternehmen sind die gängigen Instrumente des internen Rechnungswesens bisher kaum zum Einsatz gekommen. Dies liegt in erster Linie in der Tradition des Selbstkostendeckungsprinzips unter völliger Ausschaltung möglicher Marktmechanismen und Wettbewerbseffekte. Bei den in naher Zukunft zu erwartenden leistungsbezogenen und marktnäheren Finanzierungsformen in allen Feldern der sozialen Dienste, kann jedoch von einer zunehmenden Durchdringung der Unternehmen mit Methoden und Verfahren des internen Rechnungswesens ausgegangen werden. Insbesondere kommen dabei folgende drei Hauptaufgaben des internen Rechnungswesens zum Tragen:

- **Ermittlung des kurzfristigen Betriebserfolgs**
  Für kurzfristige Abrechnungsperioden soll hierbei der Betriebserfolg als Saldo der bewerteten Leistungen und der Kosten ermittelt werden. Kernstück ist hierbei die so genannte Kostenrechnung, wobei die Entstehung der Kosten schrittweise zurückverfolgt und bestimmten Kategorien zugeordnet wird. Solche Kategorien sind:
  – Kostenartenrechnung. (Welche Kosten fallen an?)
  – Kostenstellenrechnung. (Wo fallen welche Kosten an?)
  – Kostenträgerrechnung. (Für welche Leistungen fallen welche Kosten an?)

- **Kontrolle der Wirtschaftlichkeit und Budgetierung**
  Die laufende Überwachung der Wirtschaftlichkeit soll einerseits auf Basis der oben erwähnten Kategorien von Kosten und andererseits der einzelnen (entsprechend zuordenbaren) Leistungselemente erfolgen. Untrennbar damit verbunden ist die so genannte kalkulatorische Erfolgsrechnung, die der Budgetierung von Kosten und Leistungen zugrunde liegt.

- **Rechnerische Fundierung unternehmenspolitischer Entscheidungen**
  Hier kommt dem internen Rechnungswesen die Aufgabe zu, die „Datenbasis" für betriebliche Entscheidungen zu bilden. Beispielhaft können in diesem Zusammenhang genannt werden:
  – Preiskalkulation
  – Investitions- und Finanzierungsentscheidungen
  – Entscheidungen über das Leistungsprogramm des Unternehmens
  – Entscheidungen über ggf. erforderliche Maßnahmen der Sanierung von Unternehmensteilen

Herzstück des internen Rechnungswesens bildet die Kostenrechnung. Für deren Ausgestaltung werden in der Praxis unterschiedliche Systeme angewendet. Um diese zu strukturieren, kann auf einer Ebene die Frage der Exaktheit und des Zeitbezugs, auf der anderen Ebene die Frage der Vollständigkeit und Beschäftigungsgradabhängigkeit thematisiert werden.

Je stärker die Rolle der Kontrollfunktion betont wird, desto vergangenheitsorientierter und exakter ist die Ausgestaltung des Rechnungswesens.

Grundlage hierfür bildet die so genannte *Istkostenrechnung*. Wie der Begriff suggeriert, steht die Betrachtung von bereits angelaufenen und erfassten Kosten im Vordergrund.

Die starken Schwankungen, denen die Istkosten ausgesetzt sind, können aus den Erfahrungen der Vergangenheit nivelliert werden, indem stärker auf Durchschnittswerte zurückgegriffen wird. Diese so genannte *Normalkostenrechnung* bietet sich insbesondere dann an, wenn der Blick eher auf die Gegenwart oder auf die nahe Zukunft gerichtet wird. Hier können starke Schwankungen, die nicht „normal" sind, ausgeglichen werden. Die Normalkostenrechnung gilt zudem als weniger aufwändig als die Istkostenrechnung.

Stark zukunftsbezogen, dafür aber am wenigsten exakt ist die *Plankostenrechnung*. Ihre Kostenwerte haben einen eindeutig prognostischen Charakter.

Diese drei Systeme stehen sich im Allgemeinen nicht konkurrierend gegenüber, sondern sie ergänzen sich. Abweichungsanalysen zwischen Ist- und Plankosten können zum Beispiel wesentlich aufschlussreicher sein, als verschiedene Istkosten der Vergangenheit mit den gegenwärtig aufgelaufenen zu vergleichen. Schmalenbach, ein Pionier der Betriebswirtschaftslehre, nannte den Vergleich von Istkosten unterschiedlicher Perioden einen Vergleich zwischen „Schlendrian mit Schlendrian".

Auf der anderen Ebene können, wie erwähnt, die Kosten nach der Frage der Vollständigkeit bzw. Beschäftigungsgradabhängigkeit aufgegliedert werden.

Ist-, Soll- und Plankostenrechnungen müssen nicht sämtliche Kosten in ihrer absoluten Höhe berücksichtigen, sondern können auch unter Zugrundelegung nur ganz spezifischer Kostenblöcke erfolgen. Im Falle einer vollständigen Berücksichtigung aller Kosten ist von einer „*Vollkostenrechnung*", im Falle der Berücksichtigung von nur ganz spezifischen Kosten von einer „*Teilkostenrechnung*" die Rede.

In der Teilkostenrechnung wird dabei auf die Integration nicht beschäftigungsgradabhängiger Kosten verzichtet. Hierbei handelt es sich um fixe Kosten.

In die Rechnung fließen lediglich die variablen (beschäftigungsgradabhängigen) Kosten ein. Insgesamt kann das System der Kostenrechnung in seinen beiden Ebenen in folgender Matrix abgebildet werden:

Abb. 4: Matrix der Kostenrechnung

	Istkostenrechnung	Normalkostenrechnung	Plankostenrechnung
Teilkostenrechnung			
Vollkostenrechnung			

In der Vollkostenrechnung werden dagegen sämtliche Kosten einer Periode auf die Produkte oder Dienstleistungen eines Unternehmens „abgewälzt".

Bei der Binnendifferenzierung der Vollkostenrechnung wird demnach keine Unterscheidung mehr zwischen fixen und variablen Kosten vollzogen. Das gängige Differenzierungssystem unterscheidet hier zwischen Einzel- und Gemeinkosten.

Die Kriterien, nach denen eine Verteilung der Kosten auf Stellen oder Träger vorgenommen wird, richten sich entweder nach dem
- Kostenverursachungsprinzip
- Tragfähigkeitsprinzip und
- Proportionalitätsprinzip

Das höchstrangige Prinzip in der Frage der Kostenverteilung stellt das Verursachungsprinzip dar. Das heißt, dass die Kosten ursächlich dort zuzurechnen sind, wo sie entstehen oder „verursacht" werden. Als Merkmale lassen sich hierbei die Bezugsgrößen Leistungsart, Leistungsperiode und Leistungsbezirk heranziehen.

Ist eine Verteilung nach dem Verursachungsprinzip der Kosten nicht möglich, oder wird aus preispolitischen Maßnahmen ein Produkt unterhalb der entstandenen Vollkosten verkauft, so wird häufig auf das Tragfähigkeitsprinzip zurückgegriffen.

Das Proportionalitätsprinzip bezieht sich in erster Linie auf die so genannten Gemeinkosten und deren Verteilung auf Kostenstellen oder Kostenträger. Hier wird versucht, die Verteilung dieser Kosten in Analogie zum Anteil der Einzelkosten den Kostenstellen zuzuschlagen. Danach bedarf es einer jeweils verbrauchsgerechten Verteilung auf die Kostenträger, die entweder nach einem Mengen- oder Werteschlüssel erfolgen sollte. Hier tritt jedoch das Problem auf, dass Gemeinkosten mit einem sehr hohen fixen Anteil als quasi variabel („linearisiert") betrachtet werden.

Für die Kostenerfassung gilt grundsätzlich das Prinzip der Wirtschaftlichkeit. Dieses bildet auch den Rahmen für die Forderungen nach Vollständigkeit, Genauigkeit und Aktualität.

Ein weiterer Grundsatz bildet hier das Prinzip der Flexibilität, was besagt, dass neu auftretende Verbrauchsvorgänge auch mit dem bestehenden System der Kostenarten zu erfassen sein sollten.

4.2.2 Traditionelle Verfahren der Kostenrechnung

Im Folgenden sollen die traditionellen Verfahren der Kostenrechnung dargestellt und diskutiert werden. Sie bilden ferner die Basis für die später kurz zu diskutierenden neueren Verfahren der Kostenrechnung. Unter den traditionellen Verfahren sollen in diesem Zusammenhang verstanden werden:
- Kostenartenrechnung
- Kostenstellenrechnung
- Kostenträgerrechnung.

Diese Verfahren stehen in keinem Konkurrenzverhältnis, sondern sie bauen aufeinander auf.

4.2.2.1 Kostenartenrechnung

Mit der Kostenartenrechnung sollen sämtliche Kosten der Leistungs- und Finanzprozesse, die in der Abrechnungsperiode angefallen sind, systematisch, vollständig und überschneidungsfrei erfasst werden.

Eine Gliederung der Ressourcenverbräuche nach Kostenarten soll sowohl erfassungs- als auch verwendungsorientiert sein. Die zusammenfassende Klassifikation von Untergruppen der Kostenartenrechnung bildet dann die Grundlage zur Verteilung der Kosten auf Kostenstellen und/oder Kostenträger. Die Ziele der Kostenstellen- und -trägerrechnung fließen damit in die Frage der Bildung von Kostenarten(gruppen) ein.

Inhalt der Kostenartenrechnung ist auch die Abgrenzung gegenüber der Aufwandsrechnung in der Finanzbuchhaltung. Hierbei sind insbesondere kalkulatorische Kostenblöcke zusätzlich zu berücksichtigen, während neutrale Aufwendungen nicht in die Betrachtung einfließen dürfen.

Um den Aufwand für die Kostenrechnung und Finanzbuchhaltung insgesamt zu begrenzen, bietet es sich dabei an, für die Finanzbuchhaltung einen Kontenrahmen zu verwenden, der weitgehend auch den Ansprüchen des internen Rechnungswesens zu genügen vermag.

Abb. 5: Kontenrahmen nach PBV, Kontenklasse 6

Konto-Gruppe	Kontonummer	Bezeichnung
60		**Löhne, Gehälter**
	6000000	Löhne und Gehälter
	6001000	Löhne und Gehälter kalkulatorisch
	6002000	Behindertenlohn WfBM
	6003000	Taschengeld Wohnheim
	6040000	Honorare
	6060000	Entgelte Bufdi

61			**Gesetzliche Sozialabgaben**
	6100000		Gesetzliche Sozialabgaben
	6101000		Gesetzliche Sozialabgaben, kalkulatorisch
	6102000		Berufsgenossenschaft
	6103000		Ausgleichsabgaben
62			**Aufwendungen für Altersversorgung**
	6200000		Zusatzversorgung
	6201000		Zusatzversorgung, kalkulatorisch
63			**Sonstige Personalaufwendungen**
	6300000		Beihilfen
	6320000		Personalfortbildung
	6321000		Supervision
	6330000		Sonstige Personalaufwendungen

In der Literatur werden Probleme der Kostenartenrechnung, insbesondere im Hinblick auf die Erfassung und Bemessung von Ressourcenverbräuchen diskutiert.

Grundsätzlich gilt es hier zwischen Primär- und Sekundärkosten zu unterscheiden. Primärkosten entstehen durch Hinzuziehung fremderstellter Ressourcen, sekundäre Kosten durch den internen Ressourcenverbrauch. Weiterhin kann der Verbrauch von Gütern nach dessen Ursachen aufgeteilt und entsprechenden Kostenarten zugeordnet werden:

Art des Ressourcenverbrauchs	Kostenarten
I. Kurzfristiger Verbrauch	
1. Verbrauch von materiellen Gütern (Sachgütern)	Material- bzw. Stoffkosten
2. Verbrauch von immateriellen Gütern	
a) Verbrauch eigener Arbeitsleistungen	Kosten der Betriebsarbeit
b) Verbrauch fremder Dienstleistungen	Kosten des Fremddienstes
c) Verbrauch von Informationen	Informationskosten
d) Verbrauch von Gütern, die auf Rechten beruhen	Kosten der Rechtsgüter
II. Langfristiger Verbrauch (von Sachgütern und Gütern, die auf Rechten beruhen	Abschreibungen
III. Zwangsverbrauch	
1. Technisch-ökonomische Vernichtung	Wagniskosten
2. Staatlich-politische Abgaben	Abgaben
IV. Zeitlicher Vorrätigkeitsverbrauch	Zinsen

Bei der Erfassung der Kostenarten bieten sich grundsätzlich zwei Verfahren an:
- Differenzierte Erfassung der Mengen- und Preiskomponente
- Undifferenzierte Erfassung des gesamten Kostenbetrags

Sehr transparent und nachvollziehbar ist das erstere Verfahren. Es setzt jedoch voraus, dass die Mengen tatsächlich genau erfasst wurden oder werden konnten.

Wo dies nicht möglich ist, bietet sich die undifferenzierte Werterfassung an. Hier werden beispielsweise Ausgaben als Werteverzehr näherungsweise angenommen, auch wenn sie nicht aufwands- oder kostengleich sind (z.B. Gas- und Stromrechnungen, Postgebühren, Wasser, Miete, etc.). Eine undifferenzierte Erfassung des Werteverzehrs liegt im Übrigen auch der Abschreibung zugrunde.

Bei der Erfassung der Mengen im Bereich des differenzierten Verfahrens können Probleme auftreten, wobei dann auch mit unterschiedlichen Schätzmethoden gearbeitet werden kann.

Als sehr schwierig erweist sich teilweise das Problem der Preisbemessung. Hier bietet es sich nicht immer an, diese aufwandsgleich, d.h. in Anlehnung an die einschlägigen handels- und steuerrechtlichen Vorschriften, zu gestalten.

Von ausschlaggebender Bedeutung ist auch die Frage, wie sich unterschiedliche Kostenarten im Verhältnis zur Leistungsmenge verhalten. Verlaufen sie analog zur Leistung und sind sie damit mengensensibel, so spricht man von variablen Kosten, andernfalls von Fixkosten.

4.2.2.2 Kostenstellenrechnung

Die Kostenstellenrechnung basiert auf der Kostenartenrechnung. Sie beantwortet die Frage, wo welche Kosten in welcher Höhe im Unternehmen entstanden sind. Wesentliche Zwecke der Kostenstellenrechnung können sein:
- Kostenplanung (kostenstellenspezifisch)
- Wirtschaftlichkeitskontrolle
- Informationsbasis für Entscheidungen

Diese drei Zwecke sollen die Führung und Organisation von Partialbereichen des Unternehmens ermöglichen bzw. erleichtern.

- **Verteilung der Kosten auf Kostenträger**
  Hierbei kommt der Kostenstellenrechnung lediglich die Funktion eines Bindeglieds zwischen Kostenarten- und Kostenträgerrechnung zu. Die besondere Schwierigkeit liegt bei der Kostenträgerrechnung in der un-

mittelbaren Verteilung der Gemeinkosten auf die Leistungseinheiten. Praktisch ist dies nur über den Zwischenschritt der Kostenstellenrechnung möglich, weshalb nach der traditionell orientierten betriebswirtschaftlichen Literatur bei der Kostenstellenrechnung lediglich Gemeinkosten zu berücksichtigen sind. Umgesetzt wurde dieser Anspruch früher (teilweise noch heute) durch den so genannten BAB (Betriebsabrechnungsbogen).

Entsprechend der Ziele, die mit der Kostenstellenrechnung verfolgt werden, wird ein ganzes komplexes Unternehmen in viele kleine „Abrechnungsbezirke" zergliedert. Diese Zergliederung muss nur dann möglichst nahe der der Verantwortungs- und Führungsbereiche entsprechen, wenn damit auch die kostenstellenspezifische Planung und die Wirtschaftlichkeitskontrolle erreicht werden soll. In diesem Falle finden auch so genannte Kostenstelleneinzelkosten Berücksichtigung.

Sollte die Kostenstellenrechnung lediglich eine „Scharnierfunktion" zwischen Kostenarten- und Kostenträgerrechnung einnehmen, so müssen die „Abrechnungsbezirke" sehr nahe entlang der einzelnen Kostenträger definiert werden.

In diesem Falle muss zwischen den so genannten *Vorkostenstellen* und den *Endkostenstellen* unterschieden werden. Dabei erbringen die Endkostenstellen Leistungen, die direkt den Kostenträgern belastet werden können. Als Beispiel können hierfür die Pflegestationen in den stationären Altenpflegeheimen dienen. Die dort anfallenden Kosten können direkt den Leistungseinheiten, beispielsweise der Grund- und Behandlungspflege zugeschlagen werden. Anders sieht es mit den so genannten *Vorkostenstellen* aus. Sie erstellen Leistungen für andere Kostenstellen und können somit nicht direkt den Kostenträgern zugeordnet werden. Hier kämen als Beispiel die Verwaltung oder die Hausmeisterfunktionsdienste in Frage. Diese Differenzierung nach der Abrechnungsart kann unter Umständen zu grob sein. Wenn es z.B. Kosten an Unterordnungsordnungssysteme zu verteilen gilt, die als organisatorische Einheiten gar nicht existieren, benötigt man eine stärker differenzierte Einteilung. Dies geschieht immer dann, wenn eine Abteilung auf mehrere Gebäude mit ganz spezifischer Kostenstruktur verteilt wird. Hinzu kommt hier häufig, dass in diesen Gebäuden gleich mehrere andere Abteilungen untergebracht sind. Um die Kosten dann verteilen zu können, müssen nun örtliche determinierte Kostenstellen geschaffen werden, die sich so organisatorisch gar nicht wiederfinden lassen. Weiterhin kann es vorkommen, dass es zum Beispiel Kosten für das betriebliche Bildungssystem insgesamt gibt, die man unterteilen muss in Kosten für die Ausbildung einerseits und Kosten für die Fortbildung andererseits. Sowohl Ausbildung als auch Fortbildung werden zwar als eigenständige Stellen geführt, aber eine Stelle „Betriebliche Bildung" gibt es gar nicht. In diesen Fällen müssen hilfsweise Kostenstellen kreiert werden, die, wie erwähnt, im Unternehmen gar nicht als Stellen oder Abteilungen existieren. Man spricht in diesem Zusammenhang deshalb auch von *„Hilfskostenstellen"*. Man untergliedert in diesem Zusammenhang weiter in *Haupt- und Nebenkostenstellen*. Hauptkostenstellen erbringen Leistungen entlang des originären Unternehmenszweckes. Nebenkostenstellen erbringen interne Service-Leistungen, die nicht unmittelbar dem Unternehmenszweck entsprechen. Hier könnte man sich z.B., wie bei den Vorkostenstellen (s.o.), Hausmeister- und Verwaltungsdienstleistungen eines Pflegeheims vorstellen.

In der Praxis der Sozialwirtschaft dient die Kostenstellenrechnung in erster Linie dem Ziel der Planung und der Wirtschaftlichkeitskontrolle, weswegen auch in nahezu allen Fällen die Gliederung der Aufbauorganisation den „Abrechnungsbezirken" der Kostenstellenrechnung entspricht und zudem teilweise verstärkte Anstrengungen zur Erfassung der Kostenstelleneinzelkosten unternommen werden. Je besser dieses Vorhaben gelingt, desto weniger fallen die folgenden beiden Kardinalprobleme der Kostenstellenrechnung ins Gewicht:
– Wahl der verursachungsgerechten Gemeinkostenschlüssel
– Verrechnung innerbetrieblicher Leistungen

Verursachungsgerechte Gemeinkostenschlüssel ergeben sich in der Regel durch Hinzuziehung von so genannten Bezugsgrößen. Diesen Bezugsgrößen liegt jeweils die Hypothese zugrunde, dass sie tatsächlich ursächlich die Höhe der Gemeinkosten beeinflussen und dass sie ein lineares Verhältnis zu den Gemeinkosten aufweisen. Solche Bezugsgrößen können sein:

- **Mengenschlüssel:**
  - Zählgrößen (Stückzahlen, Zahl der Buchungen)
  - Zeitgrößen (Dauer der Pflegevorgänge, Nutzungszeit einer Anlage, Transportzeiten)
  - Raumgrößen (Rauminhalt, Fläche, Entfernung)
  - Technische Maßgrößen (Temperatur, Leistung, Gasdruck, etc.)

- **Werteschlüssel:**
  - Kostengrößen (Einzelkosten)
  - Absatzgrößen (Warenumsatz, etc.)
  - Bestandsgrößen (Bestand an fertigen und unfertigen Erzeugnissen, Hilfs- und Betriebsstoffen)
  - Verrechnungsgrößen, z.B. Verrechnungspreise, etc.

Auf der anderen Ebene geht es um die Frage der Erfassung und Verteilung der Kosten, die durch innerbetriebliche Leistungserstellungsprozesse angefallen sind.

Hierfür kommen grundsätzlich zwei Verfahren in Frage:
- sukzessiv und
- simultan

Bei den sukzessiven Verfahren wird von einer linearen Leistungsbeziehung ausgegangen, wobei immer nur bestimmte Kostenstellen Leistungen für nachgeordnete erbringen und sich dieses Verhältnis niemals umkehrt. In diesem Falle können die Kosten näherungsweise nach dem Verursachungsprinzip sukzessive auf die nachfolgenden Kostenstellen verteilt werden.

Wird hingegen zwischen mehreren Hilfskostenstellen ein Leistungsaustausch in beiden Richtungen vollzogen, so kann nur noch ein Simultanverfahren hinreichend genau die internen Verrechnungssätze ermitteln. Hierbei ergeben sich komplexe Sachverhalte, die durch Determinanten- oder Matrizenrechnung aufgelöst werden können.

Ein weiterer Ansatz könnte darin bestehen, die interne Leistungsverrechnung in Form der so genannten Sekundärkostenrechnung, weitgehend in einer Quasi-Primärkostenrechnung, also in Form von Verrechnungspreisen, abzubilden. Hier würden sich die Kostenstellen, so als würde es sich um selbständige Wirtschaftssubjekte handeln, für ihre Leistungen gegenseitig Rechnungen ausstellen.

4.2.2.3 Kostenträgerrechnung

Die Kostenträgerrechnung beantwortet die Frage, wofür welche Kosten entstanden sind.

Hier kommt eine ganze Reihe von Klassifizierungsschemata von Kostenträgern in Frage, je nach intendiertem Ziel der Kostenrechnung.

> So können Kostenträger nach ihrem Herstellungsverfahren (Massenfertigung, Sortenfertigung, Serienfertigung und Einzelfertigung) unterschieden werden. Andererseits kann auch der Marketingaspekt des Produktprogramms ein Gliederungssystem bilden (Verwendungszweck, Absatzgebiete, vertikale oder horizontale Diversifizierungssysteme). Ein gebräuchliches Verfahren der Differenzierung stellt auch die Unterscheidung zwischen Halb- und Fertigprodukten und die Zusammenfassung von Gruppen nach ihrer technischen Verbundenheit (Kuppelprodukt) dar. Bei all den „Traditionen" der Kostenträgerrechnung, die insbesondere aus der Industriebetriebslehre stammen, ist die Unterscheidung zwischen materiellen und immateriellen Produkten relevant. Hierbei stellt sich die Frage, in welchen Bereichen eine Übertragung von Erkenntnissen aus der Produktion von Gütern auf die der Produktion von Dienstleistungen möglich und angebracht ist.

Da es sich bei der Betriebsabrechnung um eine Periodenerfolgsrechnung handelt, ist hierfür auch der Begriff der *„Kostenträgerzeitrechnung"* gebräuchlich. Wenn es darum geht, Angebotspreise für spezifische Leistungen zu kalkulieren oder nachzukalkulieren ist im Gegensatz dazu von der *„Kostenträgerstückrechnung"* die Rede.

In einer ersten Phase soll zunächst die Kostenträgerzeitrechnung im Vordergrund der Betrachtung stehen. Hier treten in aller Regel Probleme bei der zeitlichen Abgrenzung von Ressourcenverbräuchen auf, da es sich bei der Kostenträgerzeitrechnung in erster Linie um eine kurzfristige Erfolgsrechnung handelt. Dies bezieht sich beispielsweise auf Personalkosten und auf Ressourcenverbräuche an Hilfs- und Betriebsstoffen. Demgegenüber können die Erlöse häufig erst in einer späteren Periode (z.B. Pflegegelderlöse) realisiert werden.

Wird bei der internen Leistungsverrechnung zwischen den Kostenstellen eine Orientierung am Prinzip der Primärkostenrechnung verfolgt, so kann die Kostenträgerzeitrechnung als Ausbringungserfolgsrechnung unternehmensumfassend gestaltet werden. D.h. dass in diesem Falle z.B. alle Verwaltungsfunktionen und die Hauswirtschaft jeweils eigene Kostenträgerrechnungen durchführen könnten.

Allgemein muss jedoch festgehalten werden, dass die Kostenträgerrechnung als Bezugssystem der Endkostenstellen bedarf.

In Anlehnung an den Jahresabschluss des externen Rechnungswesens (GuV), kann die Kostenträgerzeitrechnung als Gesamtkostenverfahren oder als Umsatzkostenverfahren angelegt werden. In die Abschlusskonten fließen dann jeweils die nicht kostengleichen Aufwendungen ein und es müssen die nicht aufwandsgleichen Kosten „herausgefiltert" werden.

Von der Kostenträgerzeitrechnung ist die Kostenträgerstückrechnung abzugrenzen. Hier werden die Kosten ermittelt, die zur Herstellung und Verwertung einer Leistungsmengeneinheit entstehen. Hier steht dann kein Periodenbezug mehr im Vordergrund, wie bei der Kostenträgerzeitrechnung. Durch Einbeziehung der Erlöse kann die Kostenträgerstückrechnung jedoch zu einer Erfolgsrechnung, getrennt nach Leistungsarten, ausgebaut werden. Hier spielt der zeitliche Bezug der Kosten eine wichtige Rolle, denn die Kostenträgerstückrechnung dient der Preiskalkulation von Dienstleistungen oder Produkten. Die Nachrechnung auf Istkostenbasis gibt dann Aufschluss darüber, ob die intendierten Effekte tatsächlich eingetreten sind.

Ferner kann die Kostenträgerstückrechnung als Voll- oder Teilkostenrechnung durchgeführt werden.

Im ersteren Fall (Vollkostenrechnung) werden sämtliche angefallenen oder anfallenden Kosten einer Teilmenge betrieblicher Leistungen zugerechnet. Im zweiten Fall (Teilkostenrechnung) erfolgt eine Zurechnung nur bei den Bestandteilen der gesamten Kosten, die durch die Herstellung einer Teilmenge auch direkt verursacht wurden bzw. werden (variable Kosten).

Für die Kostenträgerstückrechnung wurde eine Reihe von Kalkulationsverfahren entwickelt, die im Folgenden kurz zur Sprache kommen sollen:

- **Divisionskalkulation.** Sie stellt das einfachste Kalkulationsverfahren dar. Die Kosten pro Kostenträgereinheit werden bestimmt, indem man die Gesamtkosten einer Periode durch die Zahl der Leistungseinheiten dividiert:

$$\text{Kosten je Leistungseinheit} = \frac{\text{anfallende Gesamtkosten}}{\text{Leistungseinheiten des Kostenträgers}}$$

Die Divisionskalkulation ist bei der Erzeugung eines oder weniger (homogener) Produkte (bzw. einer oder weniger homogener Dienstleistungen) geeignet.

- **Äquivalenzziffernkalkulation.** Bei der Äquivalenzziffernkalkulation werden die Kosten der Produkte (oder Dienstleistungen) entsprechend festgelegter Verhältniszahlen verteilt .Dabei wird von einer Referenzdienstleistung oder eines Referenzproduktes ausgegangen. In der Folge werden Verhältniszahlen aufgebaut, die sich bei gleichen Produktionsmengen auf die Kosten beziehen. Betragen beispielsweise die Äquivalenzziffern von A=1 und B=0,8, so besagt dies, dass bei gleichen Produktionsmengen für B lediglich 80% der Kosten von A dafür entstehen.
Für fiktive Produktionsmengen müssen die Kosten je Leistungseinheit nach der Divisionskalkulation ermittelt werden. In der Folge können dann die mengenspezifischen Äquivalenzziffern errechnet werden. Wie bei der Divisionskalkulation, eignet sich die Äquivalenzziffernkalkulation ausschließlich bei eng verwandten Produkten oder Dienstleistungen.

- **Zuschlagskalkulation.** Die Zuschlagskalkulation beruht auf der Trennung zwischen Kostenträgereinzelkosten und Kostenträgergemeinkosten. Ferner liegt ihr im Bereich der Gemeinkosten eine Trennung zwischen den Kostenstellen des Materialbereichs, des Fertigungsbereichs und des Produktionsbereichs zugrunde. Die Einzelkosten können direkt von der Kostenartenrechnung übertragen werden, wogegen die Gemeinkosten der Kostenstellenrechnung zu entnehmen sind. (In diesem Zusammenhang wird deutlich, dass die Kostenstellenrechnung auch eine Servicefunktion für die Kostenträgerrechnung innehaben kann).Die einzelnen Gemeinkosten werden dabei traditionell mit Zuschlagsätzen (in Prozent) auf die jeweiligen Einzelkosten bedacht (siehe folgendes Kalkulationsschema).
Für die Kalkulation der Stückkosten würde dies heißen, dass alle Gemeinkosten sich aus einem entsprechenden Zuschlag in Prozent auf die Einzelkosten errechnen lassen (z.B. Materialeinzelkosten + Zuschlag für Materialgemeinkosten auf die Einzelkosten = Materialkosten, etc.)

Auch hier wird deutlich, wie stark die traditionelle Kostenträgerstückrechnung von der Industriebetriebslehre dominiert wird. Für Dienstleistungsbetriebe stehen bisher weinig adäquate Verfahren zur Verfügung. Diese müssen teilweise erst (ggf. unter leichter Modifizierung der oben dargestellten) ermittelt und erprobt werden.

Materialeinzelkosten	Materialkosten		
+ Materialgemeinkosten			
+ Fertigungslohneinzelkosten	Fertigungskosten	Herstellkosten	Selbstkosten
+ Fertigungslohngemeinkosten			
+ Sondereinzelkosten der Fertigung			
+ Verwaltungsgemeinkosten			
+ Vertriebsgemeinkosten			
+ Sondereinzelkosten des Vertriebs			

4.2.3 Neuere Verfahren der Kostenrechnung

Die oben geschilderten Verfahren im Rahmen der Kostenarten-, Kostenstellen- und Kostenträgerrechnung stellen die „Standardversionen" der Kostenrechnung dar, die in erster Linie auf Vollkosten basieren. Derzeit tritt der Zweck der Kostenrechnung, aussagefähige Informationen bereitzustellen für
- die Fundierung unternehmenspolitischer Entscheidungen und für
- die Wirtschaftlichkeitskontrolle und Budgetierung

immer mehr in den Vordergrund. Dies bedarf Teilkostenrechnungen, die wegen ihrer Eignung für dispositive Zwecke auch als „moderne" Systeme der Kostenrechnung bezeichnet werden können.

Im Folgenden sollen folgende Ansätze der Teilkostenrechnung kurz zur Sprache kommen:
- Direct Costing
- Die stufenweise Fixkostendeckungsrechnung
- Die relative Einzelkostenrechnung

4.2.3.1 Direct Costing

Das System des Direct Costings wird ins Deutsche teilweise als „Grenzkostenrechnung" oder aber auch als „Proportionalkostenrechnung" übersetzt.

„Direct" soll heißen, dass auf die Kostenträger nur solche Kosten weiterverrechnet werden, die mit der Beschäftigung variieren. „Direct Costs" sind damit keine Einzelkosten, sondern *variable Kosten*. Hierbei sollen Fehler bei der Kostenträgerrechnung vermieden werden, die sich aus einer „künstlichen" Proportionalisierung fixer Kosten ergeben.

Daher finden für die Kostenstellenrechnung und die Kostenträgerrechnung ausschließlich variable Kosten Berücksichtigung. Fixe Kosten werden lediglich als Kostenarten erfasst. Die variablen Einzelkosten können danach direkt den Kostenträgern, die variablen Gemeinkosten über eine Schlüsselung den Kostenstellen und danach erst den Kostenträgern zugeteilt werden.

Durch Gegenüberstellung mit den Umsätzen können dann die jeweiligen Deckungsbeiträge unterschiedlicher Produkte oder Dienstleistungen ermittelt werden. Die Summe aller Deckungsbeiträge und der fixen Kosten ergibt dann den kurzfristigen Betriebserfolg der Kostenträgerzeitrechnung. Dieser ist jedoch nur auf den ersten Blick genauso hoch wie bei einer Vollkostenrechnung. Differenzen entstehen bei der Bewertung fertiger und unfertiger Bestände, denn hierbei fließen beim Direct Costing lediglich die variablen Herstellkosten ein.

Der Erfolg einer Produktlinie lässt sich beim Direct Costing beispielsweise in so genannten Deckungsbeitragswerten ausdrücken. Dieser ergibt sich aus der Differenz zwischen Verkaufserlösen und variablen Kosten $(X = P - K_v)$[38]. Relativ lässt sich der Deckungsbeitrag wie folgt ausdrücken:

$$X \text{ (in \%)} = \frac{X \cdot 100}{P}$$

Das Direct Costing weist folgende Nachteile auf:
- Kurzfristig sind nicht alle variablen Kosten beeinflussbar und damit beschäftigungsgradabhängig, obwohl dies so gehandhabt wird (z.B. Fertigungslöhne).
- Nicht alle variablen Kosten haben einen proportionalen Verlauf. Von daher vereinfacht das Direct Costing teilweise zu stark.
- Auch beim Direct Costing werden variable Gemeinkosten per Schlüssel verrechnet. Hier lässt sich die gleiche Kritik wie bei der Vollkostenrechnung anbringen.
- Der Fixkostenblock wird nicht differenziert betrachtet, z.B. nach seiner Zuordenbarkeit zu spezifischen Produktgruppen oder nach seiner Beschäftigungsgradsensibilität (absolut bzw. relativ fix) oder gar nach seiner Abbaufähigkeit).

---

38 (X = Deckungsbeitrag; P = Verkaufserlös; K_v = Variable Kosten)

4.2.3.2 Die stufenweise Fixkostendeckungsrechnung

Insbesondere die letztgenannte Kritik beim Direct Costing führte dazu, den „monolithischen" Block der Fixkosten etwas differenzierter zu betrachten. Unterschiedliche Fixkosten stehen in einem unterschiedlichen Verhältnis zu den sehr verschiedenen Dienstleistungen des Betriebs. (Abschreibungskosten für medizinische Geräte im Krankenhaus versus Kosten für den Pförtner). Diese dürfen keinesfalls in „einen Topf" geworfen werden.

Die Fixkosten müssen demnach wie folgt unterschieden werden:
- Fixkosten einzelner Erzeugnisarten
- Fixkosten einzelner Erzeugnisgruppen
- Fixkosten einzelner Kostenstellen
- Fixkosten einzelner Betriebsbereiche und
- Fixkosten der Gesamtunternehmung.

Diese stehen in einer quasi hierarchischen Beziehung zueinander. Dies kann anhand eines Beispiels kurz dargestellt werden:

Bereich	I					II		Σ
Erzeugnisgruppe	1		2			3		
Erzeugnis	A	B	C	D	E	F	G	
Nettoerlös ÷ var. Erzeugniskosten	3000 2300	3500 2825	4750 2575	3650 1550	5000 3200	2000 700	3250 1500	25150 14650
Deckungsbeitrag I ÷ Erzeugnisfixkosten	700 –	675 175	2175 375	2100 100	1800 –	1300 750	1750 200	10500 1600
Deckungsbeitrag II ÷ Erzeugnisgruppen-Fixkosten	700	500 1200 750	1800	2000 5600 4000	1800	550	1550 2100 2000	8900 6750
Deckungsbeitrag III ÷ Bereichsfixkosten		450		1600 1000			100 50	2150 1050
Deckungsbeitrag IV ÷ Unternehmensfixkosten				1050			50	1100 300
Periodenergebnis = Nettoerfolg								800

Hier wird deutlich, wie ein solches System bei der Kostenträgerzeitrechnung die einzelnen Fixkostenkategorien besser zu berücksichtigen vermag, als dies beispielsweise beim Direct Costing der Fall ist. In der Kostenträgerstückrechnung entfällt jedoch eine derart differenzierte Betrachtung.

4.2.3.3 Die relative Einzelkostenrechnung

Sowohl beim Direct Costing als auch bei der stufenweisen Fixkostenrechnung werden die variablen Gemeinkosten nach „Schlüsseln" verteilt. Bei der relativen Einzelkostenrechnung wird nicht nur auf eine Proportionalisierung der fixen Kosten (wie bei allen gängigen Teilkostenrechnungen), sondern auch auf eine Schlüsselung und Verteilung der Gemeinkosten vollkommen verzichtet. Dem System liegen folgende sechs Prinzipien zugrunde:

- Nur solche Kosten und Leistungen sind einander gegenüber zu stellen, die durch die selbe (identische) Entscheidung verursacht worden sind (Identitätsprinzip).
- Sämtliche Kosten sollen als Einzelkosten erfasst und ausgewiesen werden, sofern nicht die Wirtschaftlichkeit dagegen spricht. Einzel- und Gemeinkosten können nicht absolut, sondern nur relativ voneinander abgegrenzt werden. Entscheidend ist dabei die so genannte Bezugsgröße. Diese lässt sich im System der Unternehmenshierarchie als die Stelle definieren, auf die die jeweilige Entscheidung zurückzuführen ist. Sämtliche Kosten sind daher stets einer dieser Stellen in einer dieser Ebene als Einzelkosten zuzurechnen. Als „Faustregel" gilt dabei, dass die Stelle mit den spezifischen Einzelkosten zu „belasten" ist, die in der Hierarchie am weitesten „unten" angesiedelt ist.
- Sämtliche Kosten sind nach zweckabhängigen Merkmalen zu gliedern und in einer Grundrechnung zu erfassen. Die Grundrechnung ist eine kombinierte Kostenarten-, -stellen- und -trägerrechnung. Als wichtigste Gliederungsmerkmale können verwendet werden:
  - Ausgabencharakter der Kosten (ausgabennah .... ausgabenfern .... nicht ausgabewirksam)
  - Zurechenbarkeit auf Perioden (Monat, Quartal, Jahr)
  - Unterscheidung der Kosten in Leistungs- und Bereitschaftskoten
- Vermeidung jedweder (künstlicher) Proportionalisierung und Schlüsselung von Kosten, da dann die Kostenrechnung ihren Charakter als „Entscheidungsrechnung" einbüßt.
- Die Grundrechnung dient als „Datenpool", aus dem für Auswertungsrechnungen, je nach Entscheidungsaufgabe oder Kontrollproblem, Kosteninformationen gemäß dem Prinzip der relevanten Kosten abzuleiten sind.

- Für nicht den Dienstleistungen (und Produkten) oder Aufträgen zurechenbaren Kosten und für den kalkulatorischen Betriebserfolg sind Deckungsbudgets zu bestimmen, die den einzelnen Unternehmensbereichen nach Maßgabe unternehmenspolitischer Gesichtspunkte vorgegeben werden.

Das System der relativen Einzelkostenrechnung kommt den an Kostenrechnungssysteme zu stellenden Anforderung am nächsten. Es eignet sich ganz besonders für eine retrograde Erfolgsrechnung.

Kapitel 5
Controlling

Zunächst soll auf die Frage, was Controlling eigentlich ist und sein soll, eingegangen werden. Dabei sollen theoretisch fundierte – und damit auch für die Praxis relevante und umsetzbare – Controllingansätze im Vordergrund der Betrachtung stehen. Unter der Intention der Umsetzbarkeit des Gelernten soll jedoch nicht die Vermittlung des praxisnahen „Dornröschenschlafs" verstanden werden, der gegenwärtig noch beim Gros Sozialer Dienstleistungsunternehmen im Bereich des Controllings festzustellen ist. Hier geht es meist über die Frage und die Problematisierung der Dokumentation der Ergebnisse von Kostenstellen- und -trägerrechnungen nicht hinaus. Als Orientierungsrahmen soll vielmehr eine sich gegenwärtig abzeichnende und in relativ naher Zukunft allgemein übliche innovative Praxis gelten.

Darauf folgend soll aufgezeigt werden, welchen Stellenwert die Controllingfunktion innerhalb der Führungsaufgaben im Unternehmen inne hat. In diesem Zusammenhang wird auch deutlich, warum das Thema Controlling, z.B. in gewerblichen Unternehmen, in den letzten Jahren einen derartigen Aufschwung erfahren hat.

Im Anschluss daran sollen Methoden und Instrumentarien vorgestellt und diskutiert werden, die im Rahmen des strategischen bzw. operationalen Controllings eingesetzt werden können. Hierbei sollen fallbeispielhaft „Werkzeuge" aus der „Kiste" des Controllings vorgestellt werden.

Schließlich sollen neue Ansätze mit einer hohen Verbreitungsrate vorgestellt werden, die insbesondere darauf zielen, die Lücke zwischen strategischem und operativem Controlling zu schließen, ohne den Anwendern eine zu hohe Komplexität zumuten zu müssen.

5.1 Definitionsansätze des Controllingbegriffs

Der erste Controller wurde im Englischen Königshof im 15. Jahrhundert unter der Stellenbezeichnung „Countroller" erwähnt. Ab 1778 wurden in den USA zur Überwachung der Staatshaushalte so genannte „Comptroller" eingesetzt. Bis hinein in das frühe 20. Jahrhundert wurden dem Controlling nahezu ausschließlich finanzwirtschaftliche und im Rechnungswesen anzusiedelnde Überwachungs- und Überprüfungsfunktionen zugeschrieben. Der

Controller war damit in erster Linie ein Revisor, der bereits abgeschlossene Transaktionen nachzuvollziehen hatte. Von einem modernen Controllingbegriff ist dies weit entfernt. In Deutschland, nicht zuletzt wegen der Versuchung das Wort Controlling mit „K" zu schreiben, hält sich diese revisionsnahe Auffassung der Controllingfunktion in weiten Teilen bis zur Gegenwart. Demgegenüber bedeutet das englische Verb „to control" übersetzt ins Deutsche primär „steuern" oder „regeln", wobei auch im Englischen ein Spielraum der Bedeutungen von „to check" (kontrollieren) bis „to manage" (führen, organisieren) durchaus üblich ist.[39]

Die inter- und intrakulturelle „babylonische Sprachverwirrung" in Bezug auf den Controllingbegriff spiegelt sich auch im Controllingverständnis unterschiedlicher Vertreter in Wissenschaft und Praxis wider:
- Von sehr einfachen, „werkzeugorientierten" Vorstellungen (Controlling als Soll-Ist-Vergleich)[40] bis hin zu sehr komplexen, systemorientierten Vorstellungen (Controlling als ein aufeinander abgestimmtes System von Zielen, Maßnahmen, Prinzipien, Methoden und Techniken, um erfolgszielorientiertes Steuern und Kontrollieren zu ermöglichen)[41].
- Von sehr bildhaften („Controlling als der Navigation zu wirtschaftlichen Zielen mit Fahrplan und Planverfolgung, als Steuerung, als Ortsbestimmung...") [42] bis zu sehr abstrakten („...Subsystem der Führung, das Planung und Kontrolle sowie Informationsversorgung systembildend und systemkoppelnd ergebniszielorientiert koordiniert und so die Adaption und Koordination des Gesamtsystems unterstützt...")[43]
- Von sehr umfassenden Vorstellungen, wie z.B. im vorhergenannten Punkt bis hin zu sehr eingeschränkten Auffassungen (C. als Zusammenfassung des herkömmlichen Rechnungswesens mit den analytischen Abteilungen [z.B. Finanzanalyse])[44]

---

39 vgl. hierzu Rathe, A.W.: Management controls in business, in : Melcom, D.G., Rowe, A.J. (Hrsg.): Management Control Systems, New York, London 1963, S.32
40 vgl. ebenda, S. 36 und 41
41 vgl. Krüger, W.: Controlling: Gegenstandsbereich, Wirkungsweise und Funktionen im Rahmen der Unternehmenspolitik, in: BFuP, 31 (1979), S.161bv
42 Deyle, A.: Geleitwort, in: Mayer, E. (Hrsg.): Controlling-Konzepte. Perspektiven für die 90er Jahre, Wiesbaden 1986, S VII
43 Horváth, P.: Controlling, 12. vollständig überarbeitete Aufl., München 2011, S.129
44 vgl. hierzu z.B. Dworak: Die Funktion und Arbeitsweise des Controlling und der Controller-Organisation, in: Jacob, H. (Hrsg.): Unternehmenskontrolle, Wiesbaden 1973, S.14ff.

5.2 Kernaufgaben, Stellenwert und Funktion des Controllings

Der Versuch einer Begriffsdefinition hat gezeigt, dass es *das* Verständnis oder die eine richtige Auffassung über Controlling nicht gibt[45]. Im Folgenden soll daher eine Festlegung auf eine spezifische Controllingauffassung eruiert und begründet werden.

Dem Controlling kann die Aufgabe zugeschrieben werden, die Führungsfunktion im Unternehmen zu unterstützen. Dies geschieht in erster Linie durch die Beschaffung und Aufbereitung spezifischer, für eine Zielerreichung unabdingbarer, Informationen, kann jedoch auch bis zur entscheidungsreifen Verarbeitung solcher Informationen, einschließlich der für eine Entscheidung unabdingbaren Bewertungsvorgänge im Vorfeld gehen.

Die Aktivitäten des Controllings orientieren sich primär am biokybernetischen Modell, das eine ständige proaktive Anpassung von Systemen an die sich verändernden Umweltbedingungen annimmt. Bei einem solchen Controllingverständnis werden jedoch spezifische Aspekte besonders betont, die bisher einerseits den meisten Überlegungen zur Unternehmensführung und -organisation oder aber andererseits auch im Rahmen einer moderneren Auffassung der Funktionen des betrieblichen Rechnungswesens bereits eingeflossen sind. Controlling hätte damit eine Aufgabe inne, die lediglich längst Bekanntes unter einer neuen Begrifflichkeit und unter Betonung ganz spezifischer Aspekte subsumieren würde.

Weil die oben erwähnten Definitionsmerkmale in der aktuellen Literatur sehr häufig (meist in einer integrierten, seltener in einer polarisierenden Form) vorzufinden sind, wird dem Controlling zwischen den Zeilen eine eigene, unverwechselbare Identität abgesprochen. Hinzu kommt, dass – nach eigener Recherche – im Vergleich zu den 1970er Jahren nur noch wenig aktuelle Literatur zur Funktion der Unternehmensplanung in der Betriebswirtschaftslehre vorzufinden ist. Dieser gesamte Themenbereich wurde neuerdings in der Regel zusätzlich der Funktion des Controllings untergeordnet. Damit würde sich Controlling aus Elementen der Unternehmensführung, der Unternehmensorganisation, der Unternehmensplanung und des betrieblichen Rechnungswesens zusammensetzen.

In der einschlägigen Literatur wurden aus diesen Gründen ergänzende Überlegungen zu einer eigenständigen Identität des Controllings in unterschiedlicher Weise angestellt.

Weber[46] schrieb zum Beispiel dem Controlling eine zusätzliche Koordinationsfunktion zu, die sich aus dem zunehmenden Grad an Spezialisierung

---

45 vgl. Ausführungen oben
46 vgl. Weber, J.: Einführung in das Controlling, Teil 1: Konzeptionelle Grundlagen, 3. Aufl., Stuttgart 1991, S. 29

und Ausdifferenzierungen von autonomen Entscheidungs- und Verantwortungsbereichen in Unternehmungen ableiten ließ. Diese Funktion hätte sich in relativ zentral und autoritär geführten Unternehmungen erübrigt und setzte damit einen demokratischen Führungsstil in dezentralen Strukturen voraus. Es konnte jedoch schon immer bestritten werden, ob diese Koordinationsfunktion ein wirklich originärer Kernaspekt des Controllings sein konnte, denn einschlägige systemisch orientierte Ansätze der Organisationslehre betonten diese Koordinationsfunktion des Managements schon zu Zeiten, in denen „Controlling" noch lange keine anerkannte Disziplin in der BWL war. Weber hat unter anderem deswegen auch seine Auffassung weiter spezifiziert und definiert neuerdings Controlling als eine Funktion zur Sicherstellung der Rationalität der Führung.[47] Horváth vertritt demgegenüber die Auffassung, dass seine immer noch an der Koordinationsfunktion orientierte Controllingauffassung in Übereinstimmung mit der Controllingrealität liege[48].

Nach Einschätzung des Verfassers ergibt sich die Eigenständigkeit des Controllings damit aus einer Zusammenfassung von bekannten Elementen der Betriebswirtschaftslehre unter einem spezifischen Blickwinkel. Dieser Blickwinkel lässt sich insbesondere aus dem kybernetischen Modell ableiten. Notwendige Elemente sind dabei

- Planung, ohne – wegen der ausgeprägten Umweltorientierung – die Fehler einer „Planwirtschaft" zu begehen,
- Steuerung, ohne auf autoritäre und zentralistische Führungs- und Organisationssysteme bauen zu müssen,
- Kontrolle, ohne in erster Linie Schuldige damit bestrafen zu wollen, sondern Planvorgaben zu korrigieren, oder „Gegensteuerungsmaßnahmen" zu beschließen und umzusetzen zu können.

Controlling findet innerhalb bestimmter Systeme statt, die u.a. durch eine formale Organisation (und weil darin Menschen arbeiten) mit Führungsgrundsätzen, spezifischen Kulturen und Leitbildern, aber auch durch das Definieren und Institutionalisieren von Verantwortungen für spezifische betriebswirtschaftliche Funktionen zu charakterisieren sind. Eine solche – zumeist institutionalisierte – Funktion stellt das betriebliche Rechnungswesen dar. Zunehmend setzt sich auch in der Literatur durch, dass ein vernetztes und kybernetisches Denken, das charakteristisch für das Controlling ist, über das Operieren mit konkreten Zahlen (z.B. denen aus dem betrieblichen Rechnungswesen) hinausgehen kann und auch für so genannte „weiche"

---

[47] vgl. Weber, J., Schäfer, U.: Einführung in das Controlling, 13. Aufl. Stuttgart 2011, S.41ff.
[48] vgl. Horváth, P., a.a.O., S.131

Daten (z.B. für Leitbildbezüge oder pädagogisch orientierte Konzeptionen) durchaus anwendbar ist[49].

Für ein qualifiziertes Operieren bei zunehmender Komplexität der Unternehmensinnen- und -umwelt, scheint das dem Controlling zugrunde liegende biokybernetische Modell eine wichtige Unterstützungsfunktion zu bilden. Um einen solchen Prozess in die Wege zu leiten und permanent aufrecht zu erhalten, spielt jedoch das betriebliche Informationssystem eine herausragende Rolle. Es muss daher als eine wichtige zusätzliche Funktion des Controllings besonders hervorgehoben werden. Dabei steht weniger die Frage der Generierung von „Rohmaterial" als vielmehr die Sammlung, Aufbereitung und (entscheidungsrelevante, zielgruppenspezifische und verdichtete) Verarbeitung von Informationen im Vordergrund der Betrachtung.

Das betriebliche Controlling hat zusammenfassend folgende Aufgaben zu erfüllen:
- **Planungsaufgabe.** Aufstellen und Koordination von Unternehmens- und Teilplänen
- **Kontroll- und Steuerungsaufgabe.** Laufende Beobachtung der Erreichung der Planziele. Analyse von Abweichungen, Anregen von Gegenmaßnahmen, ggf. auch Plankorrektur
- **Informationsaufbereitungsaufgabe.** Entscheidungsorientierte Aufbereitung von relevanten Informationen, Bereitstellung geeigneter Instrumente zur Entscheidungsfindung
- **Informationsversorgungsaufgabe.** Sicherstellung der Erfassung aller erforderlichen Basisdaten

5.2.1 Organisationsformen des Controllings

Da – wie erwähnt – die Controllingfunktion sich auf nicht quantifizierbare Zielgrößen inhaltlich erweitert, fällt die Abgrenzung zu originären Managementaufgaben ungemein schwer. Mit einer Unterstützungsfunktion des Managements durch das Controlling, sozusagen als „Königsweg", um diesem funktionalen Dilemma zu entrinnen, kann dieses Problem jedoch keiner befriedigenden Lösung zugeführt werden. Hier drängt sich sofort die Frage auf, wo denn Management anfange und wo Unterstützung aufhöre. In neueren Ansätzen wird (zu Recht) die Frage gestellt, warum sich überhaupt die Funktion des Controllings von der Funktion der Führung abgrenzen lassen müsse. In diesem Verständnis wäre Controlling elementarer Bestandteil der Führungsaufgaben, der ggf. in Form einer Unterstützung des Managers

---

49 vgl. Mayer, E.: Controlling als Führungskonzept – vom Reagieren zum Agieren –, in: Mayer, E., Weber, J.: Handbuch Controlling, Stuttgart 1990, S.39ff.

oder der Managerin durch eine Stabsstelle „Controlling" zum Ausdruck kommen könnte.

Doch mit dem „Trick" einer Stabsstelle für das Controlling hat man es – quasi durch die Hintertür – wieder institutionalisiert und man muss sich die Frage gefallen lassen, ob es dann in der Natur des Controlling liegen müsse, es zwangsweise den Managementaufgaben als Querschnittsfunktion zuzurechnen.

Ist damit nicht auch die Voraussetzung für eine eigenständige Institutionalisierung des Controllings gegeben?

Dieses institutionale Controllingverständnis ist im anglo-amerikanischen Sprachraum tatsächlich sehr stark vertreten und wird dort mit dem Terminus „Controllership" belegt. Wenn jedoch Schlüsselfunktionen des Controllings in der Befugnis des Managements verbleiben sollen, dann kann das institutionalisierte Controlling letztlich nur noch „untergeordnete" Aufgaben übernehmen. Tatsächlich steht in einem solchen „Controllership" der Aspekt der Informationssammlung und -aufbereitung im Vordergrund. Dies gilt auch dann, wenn in der formalen Organisation eine solche Unterordnung sich nicht widerspiegelt und der Aufgabenbereich des Controllings auf oberster Unternehmensebene, beispielsweise neben Marketing, Rechnungswesen, Finanzen, Entwicklung und Produktion vertreten ist. Eine Abgrenzung zum betrieblichen Rechnungswesen und zur Revision fällt zudem in Teilen sehr schwer. Ähnlich gelagerte Probleme ergeben sich derzeit im Krankenhausbereich, in dem schon etablierte Controllerstellen konstatiert werden können. Die folgende Übersicht soll die wesentlichen Aspekte der funktionalen und institutionalen Auffassung des Controllings darstellen:

Controlling

Institutionale Sichtweise	Funktionale Sichtweise
Controlling ist als Organisationseinheit im Unternehmen zu institutionalisieren	Controlling = Pool von Methoden und Instrumenten, die der wirtschaftlichen Planung, Steuerung und Kontrolle von Unternehmen dienen
Dabei bekommt das Controlling Führungsaufgaben und Führungsaufgabenbereiche mit entsprechender Verantwortung zugewiesen	Controlling für spezielle Aufgabenbereiche im Unternehmen
	→ Controlling-Funktion lässt sich prinzipiell von unterschiedlichen Aufgabenträgern wahrnehmen, ist jedoch originärer Bestandteil aller Führungsaufgaben

5.2.2 Spezifika des Controllings in Sozialen Dienstleistungsunternehmen – Stand der Entwicklung

Zurzeit werden neue Formen der Finanzierung Sozialer Dienste sukzessive eingeführt, erprobt und umgesetzt. Das vor dieser Übergangsphase seit Jahrzehnten praktizierte Selbstkostendeckungsprinzip für die Refinanzierung sozialer Dienste, z.B. bei frei gemeinnützigen Trägern, bedurfte nicht unbedingt eines professionell ausgerichteten Controllings.

Das Selbstkostendeckungsprinzip erforderte den exakten Nachweis von Ausgaben durch die Institution. Ihre Angemessenheit oder auch Refinanzierbarkeit wurde nach folgenden Kriterien von den so genannten Trägern der freien Wohlfahrt (oder auch Kostenträgern) beurteilt:[50]

- Einhaltung der tariflichen Regelungen, die an den TVÖD angelehnt sein müssen,
- Einhaltung vorgegebener Personalschlüssel, getrennt nach „Dienstarten",
- Einhaltung formaler Richtlinien (z.B. Pflegesatzvereinbarungen) bei der Sachkostenbemessung (z.B. Abschreibungen, Zinsaufwendungen, Instandhaltungen ...),
- exakte und nachvollziehbare Trennung zwischen Personal- und Sachkosten.

Es schien in weiten Kreisen der Experten Konsens darüber zu bestehen, dass das „Gewinnziel" als unabdingbarer Bestandteil einer Controllingkonzeption zu gelten habe. Gemeinnützigkeit und Gewinnstreben schließen sich zwar generell nicht aus, jedoch ist in diesem Zusammenhang der Stellenwert des Gewinnziels ein anderer als z.B. im Bereich der gewerblichen Wirtschaft.

In den letzten Jahren trat bei der Fachdiskussion über die primäre Intention des Controllings zunehmend das Ziel der Wirtschaftlichkeit an die Stelle des Gewinnziels. Bei der Entwicklung der gesetzlichen Grundlagen zur Finanzierung sozialer Arbeit rückt parallel dazu zunehmend ein eher leistungsbezogener Pflegesatz an die Stelle des selbstkostenbezogenen. Das Streben nach Wirtschaftlichkeit wurde für Soziale Dienstleistungsunternehmen nicht nur „salonfähig", sondern überlebensnotwendig. Die Philosophie, die Instrumentarien und die Techniken, die dieses Streben nahhaltig zu unterstützen und umzusetzen vermögen, sind unter dem Begriff „Controlling" zusammenzufassen. Die Hauptschwierigkeit besteht derzeit nicht nur darin, diesen „rasanten" Wandel durch ebenso rasante organisatorische und personale Entwicklungen der Controllingfunktionen in der Praxis nachzuvollziehen, sondern vielmehr in einer theoretischen Anpassung des be-

---

50 vgl. hierzu auch Kap. 2.2.3

triebswirtschaftlichen Controllings an die spezifischen Erfordernisse von Sozialen Dienstleistungsunternehmen.

Als Besonderheit von Dienstleistungsunternehmen allgemein[51], insbesondere jedoch von Sozialen Dienstleistungsunternehmen, kann dabei gelten, dass eine Ausrichtung und Orientierung an quantifizierbaren betrieblichen Aufwendungen und Erträgen in einem weitaus geringeren Maße möglich, wünschenswert und angebracht ist als beispielsweise in Produktionsbetrieben (der gewerblichen Wirtschaft). Hier muss das Controlling entlang eines erweiterten Wirtschaftlichkeitsbegriffes angelegt werden, der in hohem Maße schwer oder nicht quantifizierbare Leistungs- und Kostenfaktoren zu berücksichtigen hat.

5.3 Grundzüge der Unternehmensführung im Zusammenhang mit Controlling

Einige Entwicklungen, dies steht zu befürchten, werden in den nächsten Jahren einen derart dramatischen Verlauf nehmen, dass auch Soziale Dienstleistungsunternehmen der freien Wohlfahrtspflege in hohem Maße vor Existenzproblemen nicht verschont bleiben werden.

So wird es beispielsweise bereits in naher Zukunft erforderlich, hierarchische Strukturen abzubauen und in hohem Maße Entscheidungsbefugnisse in die unteren Ebenen zu delegieren.

Das Prinzip „Befehl und Gehorsam" hat – nicht zuletzt aus wirtschaftlichen Gründen – ausgedient. Werte, Normensysteme und Unternehmensleitbilder setzen die internen Rahmenbedingungen für den Aufbau einer zukunftsorientierten und controllinggestützten Führungskultur.

Grundsätzliche Entwicklungsrichtungen eines Unternehmens können unter dem Begriff der „Unternehmenspolitik oder auch „Unternehmensstrategie" zusammengefasst werden

5.3.1 Gestaltung der Unternehmenspolitik/-strategie als primäre Führungsaufgabe

Idealtypisch kann bei der Gestaltung der Unternehmenspolitik oder -strategie davon ausgegangen werden, dass die allgemeinen Verhaltensgrundsätze und groben Orientierungsrahmen im Sinne einer Unternehmensphilosophie oder eines Unternehmensleitbildes bereits erarbeitet wurden. In ihrer Eigen-

---

51 vgl. hierzu insbesondere Pepels, W.: Qualitätscontrolling bei Dienstleistungen, München 1996, S.9ff.

schaft als primäre Zielfunktionen, dienen diese Rahmenbedingungen als Maßstab für alle internen Entscheidungsträger.

Darauf aufbauend können dann Strategien entwickelt werden. Die strategische Planung zeichnet sich durch folgende Eigenschaften aus:
- Hoher Allgemeinheits- und Abstraktionsgrad unternehmenspolitischer Entscheidungen bei sehr geringer Operationalisierbarkeit
- Langfristiger Charakter
- Kontrollfunktionen sind auch in der strategischen bzw. unternehmenspolitischen Planung erforderlich. Daraus folgt auch, dass sie mit Maßnahmenplanungen ergänzt werden muss und in den abgeleiteten Plänen erkennbar ist.
- Unternehmenspolitik und -strategie muss der Öffnungsfunktion des Controllings im Sinne der Berücksichtigung von Umweltfaktoren ganz besonders Rechnung tragen. („Rollierende Planung")

Exkurs: Rollierende Planung

Die rollierende Planung hängt eng mit dem Begriff der Planungsperiode zusammen. Diese beschreibt den Zeitraum, indem eine (offiziell verabschiedete) Planung unverändert Gültigkeit hat. Planungen laufen permanent Gefahr, dass sie Starrheit und Bürokratisierungsprozesse begünstigen.

Mit Hilfe der rollierenden Planung soll versucht werden, dieser Tendenz entgegen zu wirken, indem die Pläne zu einem bestimmten festgelegten Zeitpunkt immer wieder neu erstellt und damit revidiert werden. Dies könnte schematisch wie folgt dargestellt werden:

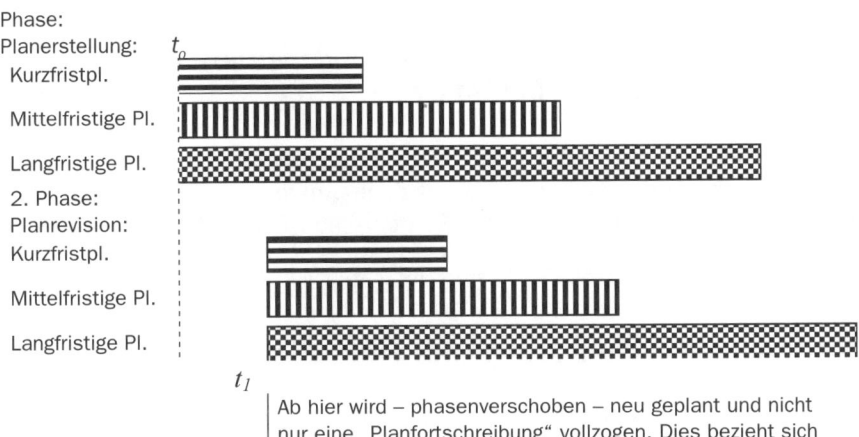

5.3.2 Entwicklung der Unternehmenspolitik und -strategie

Die Entwicklung der Unternehmenspolitik und -strategie vollzieht sich in zwei Hauptphasen:
- Analyse- und Prognosephase
- Phase der Entscheidungsfindung

Analyse- und Prognosephase. In einem ersten Schritt müssen hier primär relevante Umweltentwicklungen analysiert und prognostiziert werden. Diese setzen sich zum Beispiel aus folgenden Daten zusammen:
- Wirtschaftliche Entwicklungen
- Soziale Trends
- Wertewandel
- Technologische Entwicklungen
- (Sozial-)Politische Entwicklungen
- Ökologische Entwicklungen

Diese Ausgangsdaten werden im Anschluss daran in Form von unterschiedlichen Szenarien auf das Unternehmen bezogen.

Phase der Entscheidungsfindung. Auf Basis spezifischer Analyse- und Prognoseverfahren erfolgt im Anschluss die Entscheidungsfindung. Sie umfasst folgende Inhalte:
- Allgemeine Umschreibung der zukünftigen Unternehmung
- Grundlegende Prinzipien, an denen die Einzelentscheidungen auszurichten sind
- Unternehmensleitbilder
- Grundsatzentscheidungen zur Ausgestaltung des Führungsstils und der Anwendung bzw. Unterlassung bestimmter Methoden und Instrumentarien

5.4 Aufbau, Konzeption, Methoden und Instrumente des Strategischen Controllings

Im Folgenden sollen Aufbau und Konzeption des Strategischen Controllings näher beschrieben werden, bevor dann einige beispielhafte Methoden und Instrumente (Werkzeuge) des Strategischen Controllings zur Sprache kommen.

5.4.1 Aufbau und Konzeption des Strategischen Controllings

Insbesondere im Kapitel 5.3 wurde die zentrale Bedeutung der Planung für das Controlling herausgearbeitet. Dies trifft in einem ganz besonderen Maße auf das Strategische Controlling zu.

Soll die Strategische Planung ihrer fundamentalen Rolle gerecht werden können, so muss sie folgende drei Teile beinhalten[52]:
- Der erste Teil betont die Ausgangslage des Unternehmens unter besonderer Berücksichtigung seiner Potentiale, seiner Individualität, seiner spezifischen Kultur und seines Leitbildes.
- Der zweite Teil beschäftigt sich mit den Unternehmenszielen. Hier gilt es zwischen qualitativen und quantitativen Zielen zu unterscheiden.
- Der dritte Teil beinhaltet die Strategie-Formulierung im engeren Sinne. Dabei können Strategien als „Richtungsentscheidungen zum Ziel" verstanden werden. Auf welchem Wege sollen beispielsweise neue Dienstleistungen die potentielle Kundengruppe erreichen? Was muss innerhalb des Unternehmens geschehen, um diese Marketing-Strategien umsetzen zu können? Ein solches Strategie-Papier sollte erfahrungsgemäß den Umfang von ca. 20 Seiten nicht überschreiten.

Die Integration der o.g. Planung in ein Strategisches Controlling bedarf noch weiterer zwei Bausteine[53]:
- Umsetzung der Strategie. Das bedeutet, dass hierbei die Strategien in konkrete Projekte heruntergebrochen werden. Die bedarf ferner beispielsweise der Ermittlung der dafür erforderlichen Strategischen Kosten.
- Im Sinne des biokybernetischen Modells, muss noch der „Kontrollbaustein" hinzugefügt werden. In diesem Zusammenhang ist dies in erster Linie der so genannte „Strategische Plan-Ist-Vergleich". Im Gegensatz zum operativen Plan-Ist-Vergleich beschränkt er sich im Wesentlichen auf qualitative Merkmale, die „vor" Fakten und Zahlen bereits erkennbare Tendenzen aufzuzeigen vermögen. Mit anderen Worten besteht seine Hauptfunktion darin, Signale für zukünftige Erfolge und Misserfolge systematisch zu erfassen und frühzeitig aufzuzeigen. Im Ergebnis soll dabei transparent werden,
  - ob die Grundprämissen des Strategie-Konzeptes noch gelten,
  - ob die Strategie erste Erfolge zeigt und
  - ob die Kernaussagen der Strategie weiterverfolgt werden können.

Exkurs: Strategische Kontrolle und Strategische Frühwarnsysteme

Je weniger feststeht, welche Einflussgrößen in der Planung zu berücksichtigen sind und welche Ausprägungsformen diese in der Zukunft einnehmen werden, desto mehr kommt den Kontrollin-

---

52 vgl. Mann, R.: Strategisches Controlling, in Mayer, E., Weber, J., a.a.O., S.100ff.
53 vgl. ebenda, S.101ff.

formationen die Funktion zu, die Planung zu aktualisieren und die Planwerte zu revidieren.

Wichtige Einflussgrößen können sich z.B. schlagartig und nicht vorhersehbar durch einen „Börsenkrach" oder durch neue Krisen, wie z.B. einer Energiekrise ergeben. Neue Ausprägungsformen von Einflussgrößen können sich beispielsweise durch unerwartete Trendbrüche ergeben.

Die reinen Feed-back-Kontrollen der operativen Planung verlieren in diesem Zusammenhang an Bedeutung, weil die Vorgabewerte in der strategischen Planung keinen fixen Charakter einnehmen dürfen. Daraus folgt, dass die Planungsprämissen der strategischen Planung eines permanenten Soll-Ist-Vergleiches bedürfen. Damit ist die strategische Kontrolle ein Instrument der permanenten Anpassung der strategischen Planung an die sich ändernde Umwelt. Ein weiteres Ziel der strategischen Kontrolle besteht darin, Fehler bei der strategischen Planung, z.B. unzureichende Einbeziehung der Mitarbeiter in die Planungsprozesse, aufzuzeigen und diese bei neuen Planungszyklen (siehe „Rollierende Planung") nicht mehr zu wiederholen.

Der Horizont der strategischen Kontrolle basiert – paradoxer Weise – weniger auf Erkenntnissen aus der Vergangenheit, sondern ist zukunftsgerichtet. Daher ist auch der Terminus Feedback, wie bei der operativen Planung nicht angebracht, sondern der eines Feed-forward. Das heißt, dass die strategische Kontrolle in einem erheblichen Umfang zur Steuerung der strategischen Planung eingesetzt wird.

Ein weiterer wichtiger Baustein bildet die strategische Überwachung. Sie soll die sehr selektive Sichtweise der Steuerungskomponenten der strategischen Kontrolle (Feed-forward) durch die ganzheitliche Betrachtungsebene einer Gesamtkontrolle ersetzen. In der strategischen Überwachung soll eine vollkommen ungerichtete Beobachtung der Unternehmensumwelt (idealer Weise) vollzogen werden. Ihr Augenmerk liegt auf der Abschätzung von Chancen und Risiken der in der strategischen Planung gewählten Konzeptionen und Geschäftsfelder. Das Beobachten der augenblicklich auftretenden Veränderungen kann jedoch lediglich ein Ausdruck kleiner und relativ bedeutungsloser Diskontinuitäten sein, die langfristig kaum ins Gewicht fallen. Daher ist es für Entscheidungsträger ein besonders schwieriges Problem, wie auf Informationen aus dem Bereich der strategischen Überwachung konkret reagiert werden soll.

Von der strategischen Überwachung, wie oben ausgeführt, bis zu einem strategischen Frühwarnsystem, ist es nur ein kleiner Schritt.

Individualpsychologisch könnte das strategische Frühwarnsystem mit Ausprägungsformen von Angstneurosen verglichen werden. Soll doch ein Frühwarnsystem mögliche, jedoch real noch nicht eingetretene Gefährdungen bzw. Gefährdungspotentiale aufzeigen. Damit wird der Entscheidungsträger in die Lage versetzt, drohende Gefahren für das Unternehmen abzuwenden und bereits eingetretene Gefahren in ihren Auswirkungen abzumildern.

Das Frühwarnsystem soll ferner helfen, dass sich die Unternehmensleitung objektiv eingetretener wahrnehmbarer krisenhafter Zustände bewusst wird. Dass Unternehmen „unheilbar krank" werden, liegt häufig daran, dass die Verantwortlichen krisenhafte Zustände in ihrer Anfangsphase verdrängen und auch gar nicht wahrnehmen wollen.

Als dritten wichtigen Aufgabenbereich soll das Frühwarnsystem nicht nur Symptome erfassen und darüber informieren, sondern auch Ursachenanalyse betreiben.

Ergänzt man die Krisenperspektive der Frühwarnsysteme um die Analyse von Chancenpotentialen, so ist in der Literatur häufig auch von Früherkennungs- oder Frühaufklärungssystemen die Rede.

In der Anfangsphase der Frühwarnsysteme wurde die vergangenheitsorientierte Perspektive präferiert. Diese bezog sich insbesondere auf die Insolvenzforschung und auf Zahlen des externen Rechnungswesens (Bilanzanalysen und Kennzahlensysteme).

Solche vergangenheitsorientierte Systeme werden zunehmend ergänzt um Systeme der strategischen Frühaufklärung. Diese stützen sich zumeist auf das Theorem der „schwachen Signale". Dabei handelt es sich um unscharf strukturierte Informationen, die auf die Möglichkeit strategischer Diskontinuitäten, also auf „Trendbrüche", hinweisen. Solche schwachen Signale können somit – wie die Ruhe vor dem Gewitter – auf nicht in Erwägung gezogene Entwicklungen hinweisen.

Neue Entwicklungen senden jedoch häufig „weiche Signale" aus, für die es bisher noch keine Empfänger gibt. D.h. dass es für eine Vielzahl neuer potentieller Trendbrüche noch keine Erfahrungen aus der Vergangenheit abzuleiten gibt und von daher auch die weichen Signale im Vorfeld nicht identifiziert werden können.

Man kann also bei völlig neuen Situationen nur hypothetisch versuchen, das „Gras wachsen zu hören". Es ist völlig unklar, wie viele unterschiedlich zu wertende Strömungen im Vorfeld letztlich zusammenspielen, und was im Resultat dann den Ausschlag gibt, dass ein Trend sich – trotz allem – fortsetzt, oder eben doch abbricht.

Letztlich gilt es sich jedoch auch über einen Umstand im Klaren zu werden: Die Zukunft – und damit auch das Eintreten potentieller Krisensituationen – kann immer nur mit einer gewissen Wahrscheinlichkeit vorhergesehen werden. Schließlich sollten auch solche „weißen Felder" nicht verschwiegen werden, bei denen Erklärungsmuster nur mit Hilfe der Chaostheorie im Nachhinein gefunden werden können.

5.4.2 Beispielhafte Methoden und Instrumente des Strategischen Controllings

Für Analysezwecke im Rahmen des strategischen Controllings kommen unterschiedliche Methoden und Instrumente zur Anwendung. Einige sollen beispielhaft kurz aufgezeigt werden:

5.4.2.1 SOFT-Analyse

S O F T = *S*trength (Stärken); *O*pportunities (Chancen);
*F*ailors (Schwächen); *T*hreats (Gefahren)

Abb. 6: SOFT-Analyse

Kriterien	1	2	3	4	5	6
Dienstleistungen:						
Absatzentwicklung						
Angebotsvielfalt						
Preis						
Qualität						
Ressourcen:						
Personelle Ressourcen						
Finanzielle Ressourcen						
Führung:						
Führungssystem						
Organisationskonzept						
Führungspotential						
Risiko:						
Personalrisiko						
Qualitätsrisiko						
Konkursrisiko						

Mit Hilfe der SOFT-Analyse wird versucht, die Stärken, Schwächen und Chancen eines Unternehmens zu ermitteln. Die SOFT-Analyse kann inhaltlich nicht als ein völlig neuer Ansatz der strategischen Analyse bzw. Prognose bezeichnet werden. Sie stellt vielmehr ein sehr geeignetes Mittel zur Visualisierung dar. Hier gehen die Empfehlungen auseinander. Einmal soll der beste Wert bei „5" angesiedelt werden, ein anderes Mal – in Anlehnung an Schulklausuren – bei „1".

Die Methode eignet sich im Übrigen als Medium für eine Mitarbeiter(gruppen-)orientierte Vorgehensweise beim Versuch, das Unternehmen strategisch zu positionieren.

5.4.2.2 Strategische Bilanz:[54]

Die strategische Bilanz kann – streng genommen – dem Methodeninventar der SOFT-Analysen zugeordnet werden, weist jedoch eine Reihe von Besonderheiten auf[55]. Bei der strategischen Bilanz geht es beispielsweise darum, den für die Weiterentwicklung eines Unternehmens vermeintlich maßgeblichen Engpass zu finden[56].

Die Entwicklung der strategischen Bilanz geht auf Mann zurück. Er beschreibt im Wesentlichen fünf „Produktionsfaktoren":
- Kapital
- Personal
- Material
- Absatz
- Know-how

Der originäre Ansatz des Konzeptes von Mann besteht nun darin, eine Gegenüberstellung von Bewertungsfaktoren in Form einer Bilanz vorzunehmen.

Die Aktivseite kennzeichnet dabei aktive Abhängigkeiten des Unternehmens von bzw. mit seiner Umwelt, was gleichbleibend ist mit Attraktivität, Nützlichkeit, Vertrauen, Lebenskraft, Stärken, Chancen, Vorteil, etc.

Auf der anderen Seite steht dann die „passive Abhängigkeit", die als Knappheit, Belastung, Schwierigkeit, Druck, Misserfolg, Begrenzung, Mangel, Ballast, Schwäche, Nachteil oder Risiko zum Ausdruck kommt.

Bewertet wird jeweils von einer Skala von 0 bis 100.
- Auf der Aktivseite bedeutet 100%, dass eine sehr hohe Attraktivität für die Umwelt besteh und dass die Unternehmung sehr stark von Partnern

---

54 vgl. ebenda, S. 107f.
55 vgl. Weber, J.: Einführung in das Controlling, Teil 2: Instrumente, 3. Aufl., 1991, S. 21
56 vgl. ebenda

der Umwelt gebraucht wird. Der Wert 0 bedeutet das Gegenteil: Die Unternehmung ist in diesem Punkt unbedeutend für die Umweltpartner.
- Umgekehrt funktioniert die Bewertung auf der Passivseite. 100% Abhängigkeit heißt hier, dass die Unternehmung z.B. von einem Monopolisten vollkommen abhängig ist. Andererseits bedeutet 0, dass keine Negativabhängigkeit besteht, sondern die Unternehmung vollkommen autonom ist.

Anschließend wird der Abstand der jeweiligen Skalenwerte gebildet. Der „Produktionsfaktor" mit dem geringsten Abstand ist im Ergebnis der Engpass.

Den enormen Stärken dieser strategischen Bilanz steht der Schwachpunkt der Definition dieses Engpassfaktors gegenüber. Hier kann angezweifelt werden, dass einerseits durch geringe oder keine Negativausschläge und andererseits aber auch nur sehr geringe Positivausschläge tatsächlich „der Flaschenhals" eines Unternehmens zu definieren ist.

Abb. 7: Beispielhafte Kriterien einer „Strategischen Bilanz"

Aktiva	Passiva
100 80 60 40 20 0	80 60 40 20 0
Kapital	
1. Gesunde Firmenstruktur 2. Unausgeschöpfte Kreditlinien 3. Kapitalreserven	1. Überkapazitäten 2. Wachsende Fixkostenbelastung 3. Sinkendes Spendenaufkommen
100 80 60 40 20 0	80 60 40 20 0
Personal	
1. Gut ausgebildetes Personal 2. Kooperativer Führungsstil 3. Innovationsfreude	1. Sehr hohe Personalkosten 2. Hohe Fluktuation
100 80 60 40 20 0	80 60 40 20 0
Absatz	
1. Deckungsbeitragsstarke Produkte 2. Wachsende Märkte 3. Marktkompetenz	1. Unsicherheit über Preisentwicklung 2. Steigender Preiswettbewerb 3. Marktmacht des Wettbewerbs

Ergebnis:
- Engpassfaktor = Faktor mit dem geringsten Abstand
- Er bildet den Mittelpunkt unternehmerischer Aktivitäten

Die hier aufgeführten Instrumente (SOFT-Analyse und Strategische Bilanz) fasst Weber neuerdings unter der Rubrik „SWOT – Analysen zusammen. SWOT heißt dann so viel wie: *S*trength (Stärken), *W*eakness (Schwächen),

*O*pportunities (Chancen), *T*hreats (Gefahren)[57]. Diese Instrumente bedürfen jedoch noch in einem höheren Maße der Anpassung an die Erfordernisse von Unternehmen im Bereich Soziales, Gesundheit und Pflege. Erste Versuche hierzu wurden jedoch schon erfolgreich fallstudienhaft umgesetzt.[58]

5.4.2.3 Produkt-Markt-Portfolio-Analyse

Die Produkt-Markt-Portfolio-Analyse ist im Gegensatz zu anderen beiden Verfahren nicht auf die gesamte Breite des Unternehmensgeschehens, sondern lediglich auf die Analyse des Angebots- bzw. Produktionsprogramms ausgelegt.

Die vier Felder symbolisieren vier strategische Geschäftseinheiten, die als Stars, Question Marks Cash Cows und Dogs bezeichnet werden.[59]

Abb. 8: Produkt-Markt-Portfolio-Analyse

Niedrig	CASH COWS	(poor) DOGS
Marktwachstum		
Hoch	STARS	QUESTION-MARKS

hoch	niedrig
Marktanteil	

Die Question Marks sind in der Regel Nachwuchsangebote oder -produkte. Diese stehen am Anfang ihres „Lebenszyklus". Derzeit benötigen diese Angebote bzw. Produkte noch mehr Geld als sie abwerfen. Bei wenigen Aussichten auf Änderung dieses Zustands sollten diese Produkte bzw. Angebote aus dem Programm gestrichen werden. Die Stars hingegen bringen Gewinne hervor und erfreuen sich eines zunehmenden Wachstums. In Zeiten wirtschaftlicher Rezession können diese Stars zu Cash Cows „mutieren".

---

57 vgl. Weber, J., Schäfer, U.: Einführung, a.a.O., , S.406
58 Vgl. Pracht, A., Bachert, R.: Strategisches Controlling, München, Weinheim 2005, S.29ff.
59 vgl. ebenda, S. 407

Diese Cash Cows profitieren im Allgemeinen von ihrem hohen Marktanteil und der damit verbunden Fixkostendegression. Mit den erwirtschafteten Überschüssen können neue Strategische Geschäftseinheiten aufgebaut und finanziert werden.

Die Dogs, schließlich, befinden sich in der Sättigungsphase. Sie bieten sich in naher Zukunft für eine Produkt- oder Angebotsbereinigung an.

5.5 Aufgaben, Ziele, Instrumente und Methoden des operativen Controllings

Während im Bereich des Strategischen Controllings die Aufgabenbeschreibung sehr eng mit grundlegenden Führungsaufgaben für ein gesamtes Unternehmen verbunden ist, bedarf es beim operativen Controlling einer genaueren Aufgaben- und Zielbeschreibung, bevor dann im Einzelnen auf beispielhafte Instrumente und Methoden eingegangen werden kann.

5.5.1 Aufgaben und Ziele des operativen Controllings

Mit der Eigenschaftszuschreibung „operativ", soll angedeutet werden, dass hierbei mittel- und maßnahmenorientiert konkret zu planende, umzusetzende und zu kontrollierende Aktivitäten im Vordergrund der Betrachtung stehen.

Ferner hat das operative Controlling die Aufgabe, operative Ziele mit strategischen Zielen zu vernetzen[60].

Auch wenn theoretisch das Vorhandensein eines strategischen Controllings die inhaltliche Basis für die Konzeption eines operativen Controllings bilden sollte, so liegt in der Praxis in aller Regel die Einführung des operativen zeitlich vor der Einführung des strategischen Controllings[61].

Das operative Controlling nimmt dabei in erster Linie die Aufgaben der traditionellen Unternehmensplanung wahr und konzentriert sich dabei insbesondere auf die operative und kurzfristige Planung sowie auf die Koordination der Teilpläne. Eine weitere wesentliche Aufgabe des operativen Controllings besteht in der Informationsversorgungs- und -aufbereitungsaufgabe zur Unterstützung der Führungsfunktion im Unternehmen. Darüber hinaus nimmt sie eine Analyse- und Kontrollfunktion wahr.[62]

---

60 vgl. Kraus, H.: Operatives Controlling, in: Mayer, E., Weber, J., a.a.O., S. 120
61 vgl. Schröder, E.F.: Modernes Unternehmenscontrolling, 7. Aufl., Ludwigshafen 2000, S. 107
62 vgl. hierzu Kraus, H.: Operatives Controlling, in: Mayer, E., Weber, J., a.a.O., S. 121ff.

5.5.2 Beispielhafte Methoden und Instrumente des operativen Controllings

Im Folgenden sollen zwei Methoden und Instrumente des operativen Controllings dargestellt werden. Die eine soll der kurzfristigen und operativen Budgetierung dienen und die andere der Analyse- und Kontrollfunktion.

5.5.2.1 Das Zero-Base-Budgeting als innovative Budgetierungstechnik für Soziale Dienstleistungsunternehmen

Das Zero-Base-Budgeting (ZBB) ist eine Budgetierung der Gemeinkosten „von Grund auf" und gehört damit zu einer Form der analytischen Aufgabenplanung. Da es – zumindest vordergründig – nicht darum geht Gemeinkosten einzusparen, wird diese Methode auch den sogenannten Outputorientierten Instrumenten[63] zugerechnet. Sie ist sehr gut geeignet für die Umsetzung in Sozialen Dienstleistungsunternehmen. Dies gilt vor allen Dingen vor dem Hintergrund, dass mit hoher Dienstleistungsqualität die Gewinngröße kaum positiv beeinflusst werden kann. Daraus folgt, dass aus rein betriebswirtschaftlicher Sicht eine Optimierung des Ergebnisses immer dann erfolgversprechend ist, wenn Gemeinkostenosten reduziert werden, ohne dass der Frage der Auswirkungen auf die Outputgröße allzu große Aufmerksamkeit beizumessen ist. Das Ziel dieser Methode besteht darin, die Kostenströme im Hinblick auf ihren Leistungsbezug zu verifizieren und damit „Luft" zu bekommen für erforderliche Ressourcen für die Ansteuerung von strategischen Zielen.

Idealtypisch läuft der Prozess in neun Stufen ab:
- Die erste Stufe dient der Vorbereitung der Mitarbeiter und Mitarbeiterinnen, indem Informationen erteilt werden und Teamschulungen durchzuführen sind.
- In der zweiten Stufe wird der Untersuchungsbereich eingegrenzt. Dies geschieht, indem sogenannte Entscheidungsbereiche festgelegt werden. Je nach Detaillierungsgrad des Rechnungswesens können dies Kostenstellen sein oder auch nur Aufgabenkomplexe. Diese können als Summe einzelner – zu analysierender Aktivitäten beschrieben werden. Die Aufgabe des Leiters der Entscheidungseinheit besteht nun darin,
  – Die Ziele der Entscheidungseinheit zu beschreiben.
  – Die einzelnen Aktivitäten und Arbeitsergebnisse zu beschreiben.
  – Die Personal- und Sachkosten den einzelnen Aktivitäten zuzuordnen.
  – Die Adressaten der Leistung zu benennen.

---

63 vgl. hierzu Horváth P.: Controlling, 10. Aufl., München 2006, S.253

- In der dritten Stufe erfolgt daraufhin eine Einstufung der Ergebnisse der jeweiligen Aktivitäten in sogenannte Leistungsniveaus. Hier empfiehlt es sich, drei Leistungsniveaus festzulegen:
  - Wünschenswert (im Hinblick auf kurz-, mittel- und langfristige Zielsetzung),
  - Ist-Zustand, wie er durch bestehende Regelungen gegeben ist,
  - Minimalanforderungen, wie sie (unbedingt) zwingend geboten erscheinen.
- In der vierten Stufe sollen nun alternative Verfahrensweisen für jedes einzelne Leistungsniveau ausgemacht und – damit – die Kostensenkungspotentiale festgelegt werden.
- Im Rahmen der fünften Stufe werden die Entscheidungspakete festgelegt. Diese enthalten eine genaue Beschreibung der Leistungsniveaus pro Aktionseinheit, die Verfahrensweisen und die spezifischen Kosten. Dieses bildet die Grundlage für die Entscheidungsfindung für das Management.
- In der sechsten Stufe wird eine Rangordnung der einzelnen Entscheidungspakte vorgenommen. Methodisch geschieht dies, indem jedes einzelne mit dem festgelegten Leistungsniveau gegenüber den anderen nach den Kategorien „Kosten" und „Nutzen" verglichen wird.
- Im Rahmen dieses Schrittes erfolgt der Budgetschnitt, in dem die Unternehmensleitung die Rangordnung der Entscheidungspakete endgültig festlegt und das Budget für operative und strategische Aufgaben bestimmt.
- In Stufe 8 werden die konkreten Maßnahmen zur Umsetzung der Veränderungen und das dafür erforderliche Budget beschlossen.
- Ausgehend von den Ergebnissen dieses Prozesses, soll im Rahmen der neunten Stufe eine permanente Steuerung der Gemeinkosten in dieser Entscheidungseinheit erfolgen.

Zu beachten sind beim ZBB folgende Merkmale:
- ZBB wird zumeist nicht sofort auf das gesamte Unternehmen angewendet. Aufgrund der nicht unerheblichen Kosten beschränkt man sich auf die wichtigsten Bereiche, in denen zudem vermeintlich die größten Wirtschaftlichkeitspotentiale brach liegen.
- ZBB kommt nicht für die Bewältigung aktueller Krisensituationen in Frage.

Das ZBB erlaubt es, das bisher Praktizierte zu bewerten und es einem „Neuen" gegenüberzustellen. Dies kann zum einen neue Handlungsalternativen bei bestehenden Aufgabenblöcken und zum anderen aber auch völlig neue Aufgaben betreffen.

Mit Hilfe des ZBB können im Ergebnis inhaltliche und monetäre Aspekte in eine notwendige Beziehung gebracht werden.

5.5.2.2 Kennzahlen und Kennzahlensysteme

Die BWL beschäftigt sich seit langem sehr intensiv mit Kennzahlen. Dies führte in der Vergangenheit dazu, das gesamte Controllingkonzept auf diese Kennzahlensysteme zuzuschneiden.

Bei Kennzahlen handelt es sich um verdichtete quantitative Daten, die die Komplexität der Realität betriebswirtschaftlicher Sachverhalte zu reduzieren vermögen.[64]

Im Zusammenhang mit Controlling erfüllen Kennzahlen folgende Funktionen:
- **Operationalisierungsfunktion:** Bildung von Kennzahlen zur Operationalisierung von Leistungen
- **Anregungsfunktion:** laufende Erfassung von Kennzahlen zur Erkennung von Auffälligkeiten und Veränderungen
- **Vorgabefunktion:** Ermittlung kritischer Kennzahlenwerte als Zielgrößen für unternehmerische Teilbereiche
- **Steuerungsfunktion:** Verwendung von Kennzahlen zur Vereinfachung von Steuerungsprozessen
- **Kontrollfunktion:** Laufende Erfassung von Kennzahlen zur Erkennung von Soll-Ist-Abweichungen

Kennzahlen sollen nicht Selbstzweck sein, sondern verlangen Vergleichsmaßstäbe. Beispiele hierfür sind:
- Soll-Ist-Vergleiche
- Betriebsvergleiche (z.B. Bench-Marking)

Darüber hinaus ist es erforderlich, Kennzahlen benutzerorientiert so aufzubereiten, dass Fehlinterpretationen ausgeschlossen werden können. Grundsätzlich ist es möglich, zwischen
- mengenmäßigen („Personalschlüssel", Belegungszahl pro Station, Anzahl Bewohner mit Pflegstufe 1,2 oder 3 pro Monat)
- wertmäßigen (Pflegegelderlöse in Euro/Monat) und
- qualitätsbezogenen (Grad der Zufriedenheit der Heimbewohner mit dem Mittagessen im Verhältnis zu den Kosten)

Kennzahlen zu unterscheiden.

Die nach bestimmten Systemen gebildeten spezifischen Kennzahlen, können als ein wichtiges Beispiel dafür herangezogen werden, dass die Controllingfunktion eine Informationsversorgungs- und -aufbereitungsaufgabe für die Wahrnehmung der Führungsfunktionen eines Unternehmens zu er-

---

64 vgl. in ähnlicher Weise Lochnitt, L.: Systemorientierte Jahresabschlussanalyse, Wiesbaden 1990, S.15ff.

füllen hat. Allerdings wurden bereits in der Vergangenheit Kennzahlensysteme auch für Unternehmensvergleichszwecke herangezogen. Hier ist vor allem das zu Beginn der 70er Jahre entwickelte Verfahren des betriebswirtschaftlichen Ausschusses des ZVEI (=„Zentralverband der Elektrotechnischen Industrie") zu nennen. Inspiriert wurden die verantwortlichen Betriebswirte dabei durch das bereits im Jahre 1919 von der Firma DuPont in den USA entwickelte Kennzahlensystem. Dieses – vom Aufbau relativ einfache – System soll im Folgenden schematisch dargestellt werden:

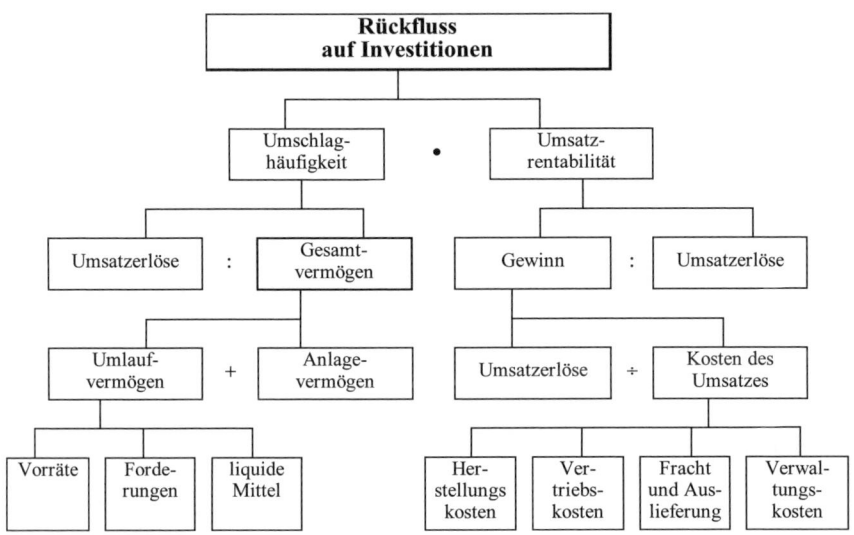

Im Bereich der Leistungen aus der Pflegeversicherung sind solche und ähnliche Betriebsvergleiche konzipiert und werden, wie bereits im Krankenhauswesen, in naher Zukunft, auch im Rahmen von Pflegesatzverhandlungen zur Anwendung kommen. Insgesamt wird diesem Verfahren wiederum Modellcharakter für die öffentlich finanzierten institutionellen Formen der Sozialhilfe zukommen.

Aber auch für interne Zwecke setzen sich bei Sozialen Dienstleistungsunternehmen Kennzahlen im Bereich des operativen Controllings derzeit spürbar durch. Das Diakonische Werk Württemberg plant beispielsweise einen solchen Datenpool, aus dem sich dann die einzelnen Mitgliedseinrichtungen, falls erwünscht, positionieren können. Bisher ist jedoch eine größere Offenheit für eine entsprechende Umsetzung eher bei konkurrierenden Handwerksbetrieben als bei Sozialen Dienstleistungsunternehmen, beispielsweise im Spitzenverband „Diakonie" festzustellen.

Bei der Johanniter-Unfall-Hilfe, Landesverband Baden-Württemberg, werden jedoch Kennzahlen für den Vergleich der einzelnen Kreisverbände und deren wirtschaftliche Steuerung schon seit langem herangezogen.

5.6 Das Problem der Strategischen Lücke und die Systeme des Performance Measurement als Lösungsansatz

Seit Mitte der 1980er Jahre beginnt das Controlling zu realisieren, dass es immer mehr auch auf den sogenannten Non-Profit-Bereich angewendet wird. Dies hat zur Folge, dass die traditionelle Orientierung an eindimensionalen und stark wertmäßigen Faktoren nicht oder nur sehr eingeschränkt in diesen Bereichen umgesetzt werden können. Hier bedarf es neuer Kennzahlen, die auch nichtmonetäre Leistungsgrößen berücksichtigen. Ähnliche Probleme entstanden nahezu zeitgleich in der gewerblichen Wirtschaft, als z.B. die Intentionen eines umfassenden Qualitätsmanagements oder etwa die Erträge im Humanvermögen und in der Sozialbilanz im Controllingsystem abzubilden waren[65].

Eine sogenannte strategische Lücke entstand immer dann, wenn Einigkeit darüber bestand, welche Richtung das gesamte Unternehmen einschlagen sollte, aber keine konkreten nachvollziehbaren und messbaren Größen für deren Umsetzung vorgegeben und ermittelt wurden. Das heißt, die Strategie blieb immer das was sie war: eine Strategie! Sie wurde nie Wirklichkeit, weil sie nie mit dem konkretem und umsetzbarem verschränkt wurde. Es ist daher schwer, die Ansätze des Performance Measurement entweder den strategischen oder den taktischen Instrumenten des Controllings zuzuordnen. Sie stehen, sozusagen als Scharnier, dazwischen.

Das bekannteste Performance-Measurement-Instrument ist die von Kaplan und Norton entwickelte Balanced-Scorecard[66]. Diese „Scorecard" heißt „balanced", weil sie ein Kennzahlensystem aus vier unterschiedlichen Perspektiven in einer ausgewogenen Form beinhaltet[67]:

- **Finanzwirtschaftliche Perspektive.** Diese Kennzahlen sollen offen legen, dass die Strategie zu einer Verbesserung des Ergebnisses im Unternehmen führt. Typischer Weise werden hier Rentabilität, Wachstum und Unternehmenswert angesprochen.
- **Kundenperspektive.** Hier soll der Blickwinkel des Kunden eingenommen werden. Es geht darum, das Unternehmen aus Sicht des Kunden

---

65 vgl. hierzu z.B. Gleich, R.: Performance Measurement, DBW 38 (1997)1, S.114ff.
66 vgl. Kaplan, R.S., Norton, D.P.: Balanced Scorecard, Strategien erfolgreich umsetzen. Stuttgart 1997, S.5ff.
67 vgl. im Folgenden ebenda, S.9

einzuschätzen. Die verwendeten Kennzahlen beziehen sich auf die Faktoren Zeit, Qualität, Produktleistung, Service und Preis.
- **Betriebsablaufinterne Perspektive.** Diese Kennzahlen informieren über betriebliche Ablaufprozesse. Sie geben darüber Auskunft, was intern getan werden muss, um die Kundenerwartungen zu erfüllen. Fertigungszeiten des Personals, Zykluszeiten, Produktivität und Produktqualität sind hier wichtige Kennzahlen.
- **Innovations- und Wissensperspektive (oder „Lernen und Entwicklung").** Sie informiert über die Fähigkeit des Unternehmens sich zu verbessern und Innovationen einzuführen. Das Spektrum der Kennzahlen reicht hier von produktionstechnischer und informationsbezogener Orientierung (z.B. Innovationszyklen, Leistungsfähigkeit des Infosystems) bis hin zu stärker mitarbeiterbezogen ausgerichteten Kennzahlen, wie z.B. Qualifizierung und Motivation der Mitarbeiter[68]

Abb. 9: Balanced Scorecard[69]

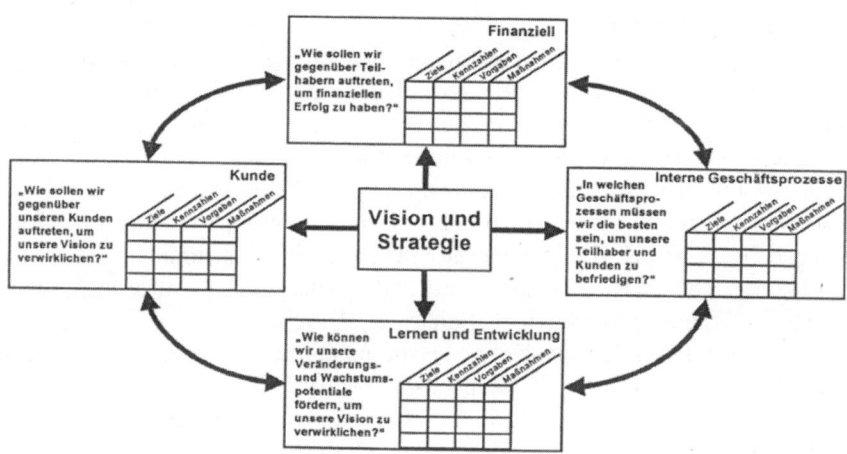

Kaplan und Norton legen viel Wert darauf, bei Unternehmen des produzierenden Gewerbes diese vier Perspektiven beizubehalten, wenn auch die Messgrößen im Einzelnen variieren können. Diese relativ starre Haltung mag auch daran liegen, dass sie dieses Instrumentarium als ein komplexreduzierendes sehen möchten. Die Möglichkeit ein Unternehmen zu führen und sich dabei im Wesentlichen auf vier „ausgewogene" Erfolgsperspektiven stützen zu können erscheint auch sehr fesselnd. Andere „Interpreten"

---

[68] vgl. hierzu auch Weber, J, Schäfer, U., a.a.O., S. 168f.
[69] vgl. Kaplan, R.S., Norton, D.P: a.a.O., S.9

diese Ansatzes, die sich auf die Balanced Scorecard berufen, haben dann auch in der Folge immer neue, immer mehr strategische Erfolgsfaktoren intuitiv entdeckt[70]. Sie haben damit die Balance insgesamt aber auch das Mix zwischen Finanz- und anderen Leistungsgrößen aus dem Gleichgewicht gebracht.

Die Welt von Non-Profit-Organisationen ist jedoch mit der von produktionsorientierten Gewerbebetrieben nicht immer zu vergleichen. Wie könnte beispielsweise eine Balanced Scorecard (BSC) für ein Unternehmen der Behindertenhilfe oder einen Spitzenverband der Wohlfahrtspflege aussehen? Was sind hier die wesentlichen strategischen Erfolgsfaktoren und wie können diese in Form einer BSC dargestellt werden?

Diese Fragen sind – mit Ausnahme der oben erwähnten eher intuitiven (und nach Auffassung des Verfassers samt und sonders sehr unbefriedigenden) Ansätze – bisher noch keiner Antwort zugeführt worden.

---

70 vgl. z.B. Friedag, H.R., Schmidt, W.: Balanced Scorecard – mehr als ein Kennzahlensystem, 4. Aufl., Freiburg u.a. 2002, S.27f.

Kapitel 6
Organisation

Dieser Themenbereich soll zunächst klären, von welchen Traditionen der Organisationsbegriff unter dem Blickwinkel der Betriebswirtschaftslehre geprägt ist. Schließlich soll darauf aufbauend ein Organisationsverständnis abgeleitet werden, das eine Basis für die weitergehenden Überlegungen bilden kann. In einem zweiten Schritt werden dann Möglichkeiten aufgezeigt, wie Arbeit menschengerecht zu gestalten ist. In einer weiteren Phase steht die Überlegung wie Organisationen geregelt und gestaltet werden können, wenn es primär um die Umsetzung eher rationaler Anforderungen, wie z.B. der Verbesserung der Wirtschaftlichkeit geht. Die Frage stellt sich dann erneut, ob es denn nicht dann einen Zielkonflikt geben muss zwischen der humanen und wirtschaftlichen Organisation. Eine Antwort auf diese Frage sollen unterschiedliche Konzepte der Beteiligung von Mitarbeitern in Form von Kleingruppenkonzepten geben. Diese wiederum bilden eine Basis für eine Variante von Veränderungen von Organisationen: Dem Organisationsentwicklungsansatz. Als eine zweite Variante der Organisationsveränderung wird das eher dem Primat der Rationalität und Wirtschaftlichkeit im engeren Sinne unterworfene Strategische Veränderungsmanagement kurz umrissen.

Moderne Managementkonzepte, die mehr oder weniger intensiv schon in Sozialen Dienstleistungsunternehmen diskutiert werden, sollen darauf hin im Hinblick auf ihre Kompatibilität mit einem eher humanorientierten Organisationsentwicklungsansatz oder einem eher struktural-technisch orientierten Ansatz des Veränderungsmanagements diskutiert werden.

Schließlich sollen Merkmale herausgearbeitet werden, die eine moderne lernfähige Organisation auszeichnen, die über so viele Selbsthilfepotentiale verfügt, dass sie die Mehrzahl der auftretenden Veränderungserfordernisse selbständig, d.h. „organisch" zu bewältigen vermag.

6.1 Menschenbilder und Organisationsauffassungen

Zunächst soll geklärt werden, von welchen Menschenbildern beim Organisieren ausgegangen wird und werden kann und welche unterschiedlichen Auffassungen von Organisation in Wissenschaft und Praxis vertreten werden.

6.1.1 Menschenbilder in Organisationen

Im Zusammenhang mit der Arbeits- und Organisationsgestaltung spielt das Menschenbild, zumindest solange man davon ausgehen kann, dass Menschen in Organisationen arbeiten werden, eine zentrale Rolle.

Die Frage, ob eine Organisation in sich schlüssig oder weniger schlüssig gestaltet wurde, hängt wesentlich von den Vorstellungen ihrer „Architekten" über die Menschen ab, die in solchen arbeitsteiligen Institutionen arbeiten. Daher gibt es die richtige oder die falsche Organisation, sofern sich ihre Spielregeln an den gesetzlichen Rahmenbedingungen oder an einem allgemein üblichen ethischen Standard orientieren, nicht. Die aktuell in der Literatur diskutierten Menschenbilder in Organisationen können dabei auf folgende Entwicklungen zurückgeführt werden:

In der Frühgeschichte der Industrialisierung herrschte der Primat der Arbeitsergiebigkeit und damit die Reduktion des Menschen auf seine Physis vor. Charakteristisch war dabei die Ausübung von Druck durch Verelendungsstrategien. Wie bei der Investition in Maschinen wurde der Mensch für vordergründig ökonomische Motive bei der Beschäftigung in Unternehmen (mechanistisches Menschenbild)[71] eingesetzt.

Danach wurden zunehmend die Verelendungsstrategien durch Wohlstandsperspektiven ersetzt. Dies ist theoretisch im Wesentlichen auf Taylor zurückzuführen. Ford machte dies zu seiner Unternehmensphilosophie und setzte es im großen Rahmen um. Das ökonomische Motiv des Arbeitnehmers wurde versucht mit dem des Arbeitgebers in Einklang zu bringen. Ihm wurde eine Schlüsselstellung in der Hierarchie der Motive zugesprochen. (Menschenbild des homo oeconomicus). Der Verelendungsdruck wurde durch den Leistungsdruck abgelöst. Der arbeitende Mensch war – sieht man von seinem ökonomischen Motiv ab – jedoch in der zugrunde liegenden Theorie ansonsten nur in seiner Physis relevant[72]

Der äußere Druck und die immer noch starke Reduktion des Menschen auf rein physische Funktionen, wurde in der Folge durch psychologische Ansätze mit dem Ziel der Schaffung von „innerer Befriedigung" bei der Arbeit ersetzt.[73] Hier stand die Vorstellung im Vordergrund, den passenden Menschen für spezifische Arbeitsaufgaben mit Hilfe von Eignungs- und Charakterprüfungsverfahren auswählen zu können. Die Methodik entstand

---

71 vgl. Zink, K.J., Pracht, A.: Arbeitswissenschaftliche Technikfolgenabschätzung – Innovations- und Risikopotentiale neuer Technologien für die Humanisierung der Arbeit, in: Zwierlein, E. (Hrsg.): Arbeit und Humanität – Wege in eine humane Arbeitswelt, Idstein 1992, S. 74

72 vgl. Taylor, F.W.: Die Grundsätze wissenschaftlicher Betriebsführung, neue Ausgabe, in: Volpert, W., Vahrenkamp, R. (Hrsg.), Weinheim, Basel 1977, S. 12ff.

73 vgl. Schallberger, U.: Menschenbilder und das Bild menschengerechter Arbeit, in: Frei, F., Udris, I. (Hrsg.): Das Bild der Arbeit, Bern 1990, S. 60

in Zeiten des aufkommenden Behaviorismus, der Lösungen in Reiz-Reaktions-Kausalitäten anstrebt. Ihm liegt das „psycho-technische Menschenbild" zugrunde.[74]

Alle bisher diskutierten Menschenbilder konzentrierten sich auf beobachtbare äußere Merkmale. Ihnen lag im Grund eine sehr verkürzte und mechanistische Auffassung (in physischen und/oder psychischen Wenn-Dann-Kausalitäten) zugrunde. Im Rahmen der sogenannten „Hawthorne-Studie" wurden solche externen Merkmale kontinuierlich verschlechtert, was nach der Logik des psychotechnischen Menschenbilds zu Unzufriedenheit und Minderleistung hätte führen müssen. Doch das Gegenteil trat ein. Dies konnte nur damit erklärt werden, dass der soziale Status der Arbeiter, von Wissenschaftlern ernst genommen zu werden, einen weitaus größeren Einfluss auf die subjektiven Empfindungen und die Arbeitsleistung hatte als die objektiven Arbeitsbedingungen. Aus diesen Erkenntnissen entwickelte sich in der Folge die sogenannte Human-Relations-Bewegung. Sie zeichnete das Menschenbild des „social man"[75].

Neben den Menschenbildern des homo oeconomicus, der psychotechnischen Vorstellungen und des social man, rückte in der Folge – motiviert durch die Herzberg-Studie – in zunehmenden Maße ein neues Menschenbild in den Vordergrund, das insbesondere durch die dort festgestellte hohe Relevanz der Arbeitsinhalte (für die Arbeitszufriedenheit) zum Ausdruck kommt.[76] Auf eine Gesellschaft mit steigendem Bildungs- und Wohlstandsniveau konnten physisch oder psychotechnisch reduzierte Menschenbilder keinesfalls mehr passen. Das Festhalten an diesen überholten Vorstellungen führte zu steigenden Fluktuationsraten, Fehlzeiten und sinkender Produktivität und Produktqualität. Durch die Formen der immer noch vorherrschenden Arbeitsteilung konnten andererseits die hohen volkswirtschaftlichen Investitionen in den Bildungsbereich nicht zum Tragen kommen. Die daraus resultierenden Veränderungsnotwendigkeiten, bestanden insbesondere in einer Reduktion der vorherrschenden Arbeitsteilung. Zunehmend wurde postuliert, der Mensch strebe nach Selbstverwirklichung, Autonomie und Selbstkontrolle bei der Arbeit. Demzufolge bedarf er weder des äußeren Drucks noch der psychotechnischen Konditionierung. Er wird aus sich selbst heraus aktiv. Damit wurde das Menschenbild des „selfactualizing man" gezeichnet, verbunden mit Ansätzen die dem Entwicklungsaspekt von Menschen, auch im Erwachsenenalter, einen hohen Stellenwert beigemessen haben[77].

---

74 vgl. hierzu auch Münsterberg, H.: Psychologie und Wirtschaftsleben, Leipzig 1912, S. 30
75 vgl. hierzu Ulich, E.: Arbeitspsychologie, 6. neu überarbeitete und erw. Aufl., Stuttgart 2005, S. 39 f.
76 vgl. Herzberg, F. u.a.: The Motivation of Work, Second Edition, New York 1959 (Sixth Printing 1967), S. 44ff.
77 vgl. ebenda, S. 43

Zeitlich parallel zur Entwicklung dieses Menschenbildes kam der Amerikaner Schein auf Basis seiner Studien zu der Erkenntnis, dass die Realität der Menschen in Organisationen fallweise durch völlig unterschiedliche Menschenbilder beschrieben werden kann. Er entwickelte das Menschenbild des „complex man". Hier muss noch erwähnt werden, dass sich vorherrschende Motive, die solchen „Menschenbildern" zugrunde liegen, sich auch zeitabhängig intraindividuell verändern können.[78]

6.1.2 Unterschiedliche Auffassungen von Organisationen

In Analogie der Menschenbilder bzw. auch in Abhängigkeit davon, entstanden auch unterschiedliche Organisationsansätze, die im Folgenden kurz darzustellen sind:
- Betriebswirtschaftlich-pragmatische Ansätze
- Verhaltenstheoretisch orientierte Ansätze
- Entscheidungsorientierte Ansätze
- Systemtheoretisch-kybernetisch orientierte Ansätze
- Integrative Ansätze

- **Betriebswirtschaftlich-pragmatische Ansätze.** Die Grundlagen für diese Ansätze wurden von Fayol[79] und Taylor[80] gelegt. Der Schwerpunkt der Überlegungen liegt dabei auf der Analyse von Arbeitsprozessen. Deren (Neu-)Gestaltung soll im Ergebnis zu einer erhöhten Effektivität der Aufgabenerfüllung führen. Dies geschieht vor dem Hintergrund eines mechanistischen Menschenbildes. Bevorzugte Wege zur Zielerreichung sind insbesondere Spezialisierung, Standardisierung und Mechanisierung.

- **Verhaltenstheoretisch-orientierte Ansätze.** Diese Ansätze gehen zurück auf Max Weber. Kern der Überlegungen ist dabei, dass ein Verhalten (auch ein Arbeitsverhalten) von situativen Bedingungen beeinflusst oder gar determiniert werden kann.[81]
Bei den weiterentwickelten Ansätzen versuchte man in der Folge Organisationen anhand typischer Merkmale zu klassifizieren und Aussagen darüber zu machen, wie sich die Effizienz in Abhängigkeit dieser Merkmale gestaltet.

---

78 vgl. Schein, E.H.: Organizational Psychologie, Engelwood Cliffs, N.J., 1965, S. 47ff.
79 vgl. Fayol, H.: Allgemeine und industrielle Verwaltung, Berlin 1929, S. 1ff.
80 vgl. Taylor, F.W.: Grundsätze wissenschaftlicher Betriebsführung, München, Berlin 1913, S. 1ff.
81 vgl. Weber, M.: Wirtschaft und Gesellschaft, Tübingen 1922, S. 1ff.

In einer weiteren Variante wird das Verhalten von Individuen und Gruppen in Organisationen erforscht. Daraus erwuchs die sogenannte „Human-Relations-Bewegung". Im Zentrum des Interesses steht hier das Arbeitsverhalten in Abhängigkeit der Arbeitsbedingungen aufzuzeigen.[82]

Diese Forschungsansätze können als Ausgangspunkt der Motivationsforschung in Organisationen schlechthin bezeichnet werden.

Die Überlegungen wurden in der Folge erweitert um die Aspekte des Führungsverhaltens und der Mitarbeiterpartizipation an betrieblichen Entscheidungsprozessen. Völlig vernachlässigt wurde in dieser Phase jedoch der Einfluss der formalen Organisationsstruktur. In der Folge trat dann wieder ein eher situativ orientierter Ansatz in den Vordergrund, der das Verhalten von Individuen und Gruppen wieder stärker im Kontext zur formalen Organisationsstruktur gesehen hat.

Das Modell impliziert – bei allen unterschiedlichen Ausprägungsformen – einen Zusammenhang zwischen Arbeitszufriedenheit (ggf. Arbeitsmotivation) und Effizienz der Mitarbeiter. Die Gestaltungserfordernisse dienen demzufolge – im Gegensatz zu den betriebswirtschaftlich–pragmatischen Ansätzen – unmittelbar dem Ziel die psychischen Zustände der Mitarbeiter (positiv) zu beeinflussen.

- **Entscheidungsorientierte Ansätze.** Hier stehen Überlegungen zu der Frage im Vordergrund, wie qualitativ hochstehende Entscheidungen zur Zielerreichung in Organisationen begünstigt und gefördert werden können.

Grundsätzlich kann zwischen entscheidungslogischen und entscheidungsverhaltensorientierten Ansätzen unterschieden werden.

Entscheidungslogische Ansätze bedienen sich im Wesentlichen mathematischer Modelle der linearen Optimierung (Operations Research). Die bekannteste Variante dieser Ansätze dürfte die Spieltheorie sein.

Unterstellt wird dabei dass der Mensch oder Gruppen von Menschen ihre Entscheidungen jeweils nach den Gesetzen der Logik treffen.

Der entscheidungsverhaltensorientierte Ansatz hat demgegenüber einen eher deskriptiven Charakter. Das heißt, dass hier das Entscheidungsverhalten und die Gründe, die in spezifischen Situationen zu bestimmten Entscheidungen geführt haben, analysiert und beschrieben werden.

- **Systemtheoretisch-kybernetisch orientierte Ansätze.** Bei diesem Ansatz wird die Organisation als ganzheitliches System betrachtet, bei dem es

---

82 vgl. z.B. Roethlisberger, F.J., Dickson, W.J.: Management and the Worker, 10. Aufl., Harvard University Press 1950

vor allem darum geht, die Regeln, nach denen dieses System „funktioniert" bzw. gesteuert wird, zu verstehen und zu beschreiben.
Die grundlegenden Modelle sind dabei den Naturerkenntnissen, insbesondere aber der Biologie entnommen, wonach organische Systeme häufig einem Regulationsmechanismus unterliegen.
Einige Modelle eines solchen Mechanismus können mit der Kybernetik beschrieben werden. Im Vordergrund steht dabei die Anpassung, Selbstregulierung, Lernfähigkeit und Automatisierbarkeit sozialer Systeme.

- **Integrative Ansätze.** Im Tavistock Institute of Human Relations wurde ein Modell entwickelt, das den Rahmen einer vorrangig einseitigen Betrachtung der Organisation verlässt und sich um einen stärker umfassenden Ansatz bemüht hat. Im Ergebnis entstand der Erklärungsansatz, die Organisation als sozio-technisches System zu betrachten. Hier wurde eine Integration ingenieurwissenschaftlicher in verhaltenswissenschaftlichen Ansätzen angestrebt.
Die wesentlichen Bestandteile dieses Modells sind dabei:
  – Integration sachlicher und menschlicher Aspekte
  – Differenzierung von Subsystemen mit eindeutig abgrenzbaren Aufgabenbereichen
  – Offenheit gegenüber der Systemumwelt.
Die Weiterentwicklung dieses sozio-technischen Ansatzes führte im deutschsprachigen Raum zum sozio-technologischen Systemansatz. Hier wurden – in Ergänzung zum sozio-technischen Modell – in stärkerem Maße ökonomische und organisationsstrukturelle Bedingungen der Sachsphäre einbezogen.

6.2 Beispielhafte Techniken und Verfahren humaner Arbeitsgestaltung

Soziale Aspekte und die Bedürfnisse des Menschen bei der Gestaltung von organisatorischen Bedingungen erfordern, dass ein Konsens über die Kriterien vorherrscht, nach denen diese Anforderungen konkret umgesetzt bzw. gemessen werden können.

Hier bietet die Arbeitswissenschaft eine Reihe von Definitionsansätzen, wobei im Zusammenhang mit Fragen der Organisationsgestaltung insbesondere solche im Vordergrund stehen sollen, bei denen auch die Arbeitsinhalte mit berücksichtigt werden. Arbeitsinhalte werden in der Regel vor dem Hintergrund eines handlungs- oder tätigkeitstheoretischen Ansatzes thematisiert.

Beispielhaft können hier die Kriterien
- Ausführbarkeit,
- Schädigungslosigkeit,

- Beeinträchtigungslosigkeit,
- Persönlichkeitsförderlichkeit,

in Anlehnung an Hacker genannt werden.[83]

Der Begriff der Ausführbarkeit bezieht sich dabei auf die Grundvoraussetzungen einer menschengerechten Arbeit. So ist zum Beispiel eine Arbeitsaufgabe nicht ausführbar, wenn sie die erforderlichen physischen Kräfte eines Individuums übersteigt.[84]

Schädigungslosigkeit der Arbeit meint die Vermeidung von arbeitsbedingten Verschleißerscheinungen des Körpers, wobei wichtige Hinweise durch Arbeitsschutzbestimmungen und ergonomische Gestaltungsleitfäden gegeben werden.[85] Beeinträchtigungslosigkeit einer Arbeit ist gegeben, wenn der Beschäftigte keiner negativen psychischen und sozialen Beeinträchtigung, wie z.B. ständiger Zeitdruck, unklare Anweisungen oder „Mobbing" ausgesetzt ist.[86]

Persönlichkeitsförderlich ist eine Arbeit, wenn sie dem arbeitenden Menschen Möglichkeiten anbietet
- etwas Neues dazuzulernen,
- vermehrten Einblick in technische und organisatorische Gesamtzusammenhänge zu erhalten,
- die Arbeit selbst gestalten zu können,
- Spielräume nutzen und erweitern zu können,
- den eigenen Interessen und Bedürfnissen nachkommen oder aber auch
- sich Erfahrungen anzueignen, die außerhalb der Arbeitssituation von Bedeutung sind.[87]

Der arbeitsinhaltlich akzentuierte Aspekt der Persönlichkeitsförderlichkeit von Arbeit wurde vornehmlich in Anlehnung des oben diskutierten Menschenbildes des „selfactualizing man" entwickelt. Ein Ansatz zur praktischen Umsetzung persönlichkeitsförderlicher Arbeit stellt das Konzept der Arbeitsstrukturierung dar.

---

83 vgl. Hacker, W.: Allgemeine Arbeitspsychologie, 2. Aufl., Bern 2005, S. 800
84 vgl. Ulich, E., a.a.O., S.144 ff.
85 vgl. Duell, W., Frei, F.: Leitfaden für qualifizierende Arbeitsgestaltung, Köln 1986, S.16
86 vgl. ebenda
87 vgl. ebenda, S.11

6.2.1 Das Konzept der Arbeitsstrukturierung

Das Konzept persönlichkeitsförderlicher Arbeit zielt auf Verbesserungen der sozialen und organisatorischen Bedingungen der Arbeit ab. Die Gestaltung der organisatorischen Bedingungen der Arbeit beinhaltet dabei
- den Zuschnitt der Arbeitsaufgaben und die Arbeitsteilung zwischen den Menschen,
- die Formen der Zusammenarbeit,
- die Arbeitsteilung zwischen Mensch und Betriebsmittel,
- die Optimierung von Informationsverarbeitungs- und Kommunikationsprozessen,
- die Regelung der Arbeitszeit sowie
- die Form der Entlohnung.

Die Gestaltung der sozialen Bedingungen beinhaltet demgegenüber eine angemessene Berücksichtigung von
- Bedürfnissen,
- Interessen,
- Einstellungen und
- Fähigkeiten

der Mitarbeiter. Maßnahmen der Arbeitsgestaltung, die gerade die letztgenannten Aspekte in den Vordergrund ihrer Bemühungen stellen werden als Arbeitsstrukturierungsmaßnahmen bezeichnet.

Zusammenfassend wird unter Arbeitsstrukturierung die Organisation und Gestaltung von Arbeitsinhalten und -abläufen unter besonderer Berücksichtigung der Fähigkeiten und Bedürfnisse von Mitarbeitern verstanden.[88]

Ein zentrales Anliegen wird dabei in der Überwindung des tayloristischen Prinzips gesehen, dem traditionell die Trennung zwischen Hand- und Kopfarbeit bzw. zwischen Denken und Tun zugrunde liegt.

Tab. 8: Zergliederung der Arbeitstätigkeit nach dem tayloristischen Prinzip[89]

Kopfarbeit	Handarbeit	Kopfarbeit
Planung und Vorbereitung	Ausführung	Wartung und Kontrolle

---

[88] vgl. Ulich, E., Baitsch, Ch.: Arbeitsstrukturierung, in: Roth, E. (Hrsg.): Organisationspsychologie – Enzyklopädie der Psychologie, Göttingen, 1989, S.493
[89] Ulich, E. u.a.: Technologie und Organisation, in: Roth, E. (Hrsg.), a.a.O., S.125

Eine Überwindung dieses tayloristischen Prinzips hätte damit zur Folge, dass vorbereitende, instandhaltende und kontrollierende Arbeit mit den dazugehörigen ausführenden Tätigkeiten zu verbinden wären.

Denkbar sind folgende Arbeitsstrukturierungsmaßnahmen:
- Arbeitserweiterung
- Arbeitsbereicherung
- systematischer Arbeitsplatzwechsel
- teilautonome Arbeitsgruppen.

Unter Arbeitserweiterung wird verstanden, dass seither auf mehrere Mitarbeiter verteilte gleichartige Arbeitsaufgaben in die Hände nur eines Mitarbeiters gelegt werden.

Arbeitsbereicherung bedeutet, dass bisher strukturell verschiedene Aufgeben (wie z.B. rüsten und vorbereiten, durchführen, instand halten und prüfen zu einem Aufgabenkomplex zusammengefasst werden. In der Folge entstehen dann neue und größere Handlungs- und Entscheidungsspielräume in einem überschaubaren Verantwortungsbereich für die Menschen in der Organisation.

Nach dem Prinzip des systematischen Arbeitsplatzwechsels übernehmen Mitarbeiter in vorgeschriebener oder selbstgewählter Reihenfolge die Tätigkeiten von Kollegen. Dies kann letztlich zu einem „Rundumwechsel" aller Arbeitskräfte führen.

Bei der Diskussion der Konzepte wird deutlich, dass letztlich nur die Arbeitsbereicherung einen „echten" qualitativen Fortschritt im Sinne einer Überwindung der Trennung zwischen Hand- und Kopfarbeit darstellt.

Bei der Berücksichtigung gleichartiger Tätigkeiten (Arbeitsplatzwechsel und Arbeitserweiterung) ist daher von „horizontalen" Arbeitsstrukturierungen, bei der Arbeitsbereicherung von „vertikalen" Arbeitsstrukturierungen die Rede.

Unter teilautonomen Gruppen werden Kleingruppen mit bis zu 7 Personen verstanden, denen ein möglichst abgeschlossener Aufgabenbereich zur eigenverantwortlichen Bearbeitung übertragen wird.

Der Autonomiegrad einer Gruppe lässt sich in der Regel darin ermessen, ob die Gruppe über
- die Arbeitsmethode,
- die interne Aufgabenverteilung,
- die Ernennung ihres Sprechers und
- die Zusammensetzung ihrer Mitglieder

selbst entscheiden kann oder nicht.

Auch diese Maßnahme kann der vertikalen Arbeitsstrukturierung zugerechnet werden.

6.2.2 Das Konzept der differentiell-dynamischen Arbeitsgestaltung

Bereits im Rahmen des ersten Kapitels konnte das Menschenbild des „complex man" in Anlehnung an Schein kurz andiskutiert werden. Seine Erkenntnisse sind Ableitungen aus den grundsätzlichen Überlegungen, wie sie in der differentiellen Psychologie zum Ausdruck kommen.[90]

Hier steht nicht die Frage im Zentrum, welche Merkmale den Menschen gemein sind, sondern – im Gegenteil – es werden ihre individuellen Differenzen in das Zentrum des Interesses gerückt. Die Euphorie der neuen Formen von Arbeitsorganisation, insbesondere der Arbeitsstrukturierung, wich der Ernüchterung. Weder die hochgesteckten Ziele im Bereich der Produktivitätssteigerung noch die der Steigerung der Arbeitszufriedenheit konnten auch nur annähernd erreicht werden.

Da z.B. Arbeitsinhalte eine wesentliche Rolle im Zusammenhang mit Motivation, Leistung und Zufriedenheit spielen können, sollen hier die ersten Ansätze zur differentiellen Arbeitsgestaltung hergeleitet und dargestellt werden.

Die individuelle Reaktion auf einfache oder komplexe Arbeitsaufgaben kann personenspezifisch sehr unterschiedlich sein.

Es kann also keine für alle Mitarbeiter optimale Aufgabenstruktur geben. Dies ist zumindest für die Gestaltung der betrieblichen Abläufe (und damit für die Organisation) äußerst relevant, versucht man die Bedürfnisse der Menschen im Organisationsdesign (sozio-technologische Systemgestaltung) mit zu berücksichtigen.

Die Grundüberlegungen, die zu einer Form der Arbeitsorganisation nach dem „Fix-Vario-Prinzip" geführt haben, sollen im Folgenden kurz angeschnitten werden:

In einem fertigen komplexen technischen Produkt gibt es in der Regel, über alle Varianten hinaus, bestimmte Teile, die überall, sozusagen als Standardversion enthalten sind.

Bei der Organisation der Montage muss jeder einzelne Mitarbeiter sich in organisierter und fest vorgegebener Form an der Standardvariante beteiligen. Dabei handelt es sich um die fixen Bestandteile der Arbeitsplätze.

Daneben gibt es variantenbedingt variable Anteile der Montagetätigkeiten. Diese sind wiederum sehr unterschiedlich nach Häufigkeit und Komplexität. Diese zusätzlichen Aufgaben können nun von Mitarbeitern bewältigt werden, die sich komplexere Inhalte in ihrer Arbeit wünschen.

Neben der Frage der Arbeitsinhalte, können ähnliche Verknüpfungspunkte zwischen individuellen und eher gruppenorientierten Arbeitsplätzen geschaffen werden.

---

90 vgl. z.B.: Hofstätter, P.R.: Differentielle Psychologie, Stuttgart 1971

Das Fix-Vario-Prinzip lässt sich im Übrigen sehr gut auf indirekte Aufgabenbereich übertragen. Dies betrifft insbesondere die Verwaltungsarbeit.

Das Fix-Vario-Modell ist zudem so flexibel, dass damit den Überlegungen zum Menschenbild des „complex man" zusätzlich Rechnung getragen werden kann, indem die zeitabhängigen Veränderungen berücksichtigt werden können.

Im positiven Sinne handelt es sich dabei um eine sogenannte progressive Arbeitsgestaltung, die dem Lernaspekt von Individuen durch und über die Arbeit Rechnung trägt. Das heißt, dass über die Zeitachse betrachtet, ein Individuum immer mehr und immer komplexere variable Aufgabenbestandteile übernimmt und die Anteile der einfachen und fixen Tätigkeiten entsprechend reduziert werden können. Insofern beinhaltet dieses Fix-Vario-Modell auch eine dynamische Komponente.

Dieses Modell lässt sich auf folgende soziale und inhaltliche Aufgabenbereiche anwenden:
- Fixe und variable Anteile des geführt Werdens bzw. der Selbststeuerung von Gruppen
- Fixe und variable Anteile der Sozialleistungs- und Belohnungssysteme („Cafeteria-Prinzip")
- Fixe und variable Anteile der Arbeitszeitregelungen
- Fixe und variable Anteile der Aus- und Weiterbildung (Zielgruppen, „Lernzeitbudgets", Lernmotivation, Lernmethoden).

Darüber hinaus lassen sich moderne Konzeptionen, die auf eine stärkere organisationale Berücksichtigung unterschiedlicher Zielgruppen in Unternehmen abzielen, mit Hilfe des Fix-Vario-Prinzips umsetzen. Besonders hervorzuheben ist dabei das Konzept des „Diversity Managements".[91]

6.2.3 Reflexion der Konzepte im Zusammenhang mit der sozio-technologischen Systemgestaltung

Schon bei der „starren" Variante der Arbeitsstrukturierung wird deutlich, dass sozio-technologische Systemgestaltung zu einer zunehmenden Komplexität von Organisationen beitragen kann. An die Grenze der Berücksichtigung sozialer und humaner Aspekte bei der Organisationsgestaltung trifft man jedoch bei der Umsetzung des Fix-Vario-Prinzips.

---

91 vgl. hierzu insbesondere Pracht, A.: Unübersichtlichkeit managen: Das „Cafeteria – Prinzip" – Diversity Management, in Wöhrle, A. (Hrsg.): Auf der Suche nach Sozialmanagementkonzepten und Managementkonzepten für und in der Sozialwirtschaft, Band 3, S. 37 ff.

In der Praxis treten hier noch eine Vielzahl von Zuordnungsfehlern zwischen Personen und Situationen auf. Dies trifft insbesondere auf das bisher sehr eingeschränkte Maß der dabei erforderlichen partizipnativen Führungsstile und an bereichernden Tätigkeitsformen zu.[92]

Ein zu einheitliches Ausmaß an Individualansätzen kommt in der Praxis zudem unter anderem schon dadurch zum Ausdruck, dass die Mitarbeiter bei der Gestaltung ihrer Arbeitssituation nicht mitwirken dürfen.

Darüber hinaus gilt es zu erwähnen, dass entsprechende Ansätze in Sozialen Dienstleistungsunternehmen, wie auch in öffentlichen Verwaltungen – mit wenigen Ausnahmen – nicht oder nur sehr unzureichend umgesetzt wurden.

6.3 Grundlagen formaler Organisation und Gestaltungsoptionen

Nach Abschluss der Überlegungen, wie in Organisationen völlig unterschiedliche menschliche Bedürfnisse, Neigungen, Kompetenzen und Interessen grundsätzlich berücksichtigt werden können, sollen im Folgenden zunächst strukturelle Gesichtspunkte im Vordergrund stehen. Hier geht es vor allem darum, unterschiedliche Organisationsdesigns zu erklären und darauf aufbauend mögliche Gestaltungsansätze zu diskutieren. Diese müssen allerdings nicht immer mit den tatsächlich entstehenden oder bereits entstandenen Strukturen oder Abläufen innerhalb eines Unternehmens übereinstimmen.

Daher ist in der betrieblichen Praxis die formale Organisation von der informellen abzugrenzen. Im Vordergrund der folgenden Betrachtungen soll jedoch die formale Organisation stehen.

6.3.1 Grundlagen der formalen Organisation

Grundsätzlich ist davon auszugehen, dass mit dem formalen Organisieren Festlegungen verbunden sind, die den Handlungsrahmen von Individuen einengen. Hier sollte das Substitutionsgesetz der Organisation beachtet werden, das empfiehlt, nur generelle Regelungen in solchen Fällen anzustreben, wo ein hohes Maß an Gleichartigkeit und Periodizität von Vorgän-

---

92 vgl. Zink, K.J.: Begründung einer zielgruppenspezifischen Organisationsentwicklung auf Basis der Untersuchung zur Arbeitszufriedenheit und Arbeitsmotivation, in: Dokumentation Arbeitswissenschaft Bd. 1 Köln 1979 (Anhang)

gen zu erwarten oder sinnvoller Weise zu gestalten ist[93]. In diesem Zusammenhang wird dafür plädiert, den Grad der Variabilität zu beachten mit dem Ziel, eine „Überorganisation" zu vermeiden. Eine besondere Herausforderung für ein Unternehmen oder eine Institution besteht demzufolge darin, das organisatorische Gleichgewicht anzustreben bzw. zu finden.[94] Innerhalb dieses Optimierungsrahmens bedürfen sowohl die Struktur der betrieblichen Stellen als auch der Aufbau des Betriebsgeschehens einer angemessenen Regelung.

Traditionell unterscheidet man daher zwischen der Ablauf- und der Aufbau- (Struktur-)Organisation.

Als Aufbauorganisation bezeichnet man dabei die statische Strukturierung des Aufbaus des Unternehmens. Dies sind in der Regel arbeitsteilige Gebilde, die nach Stellen und Abteilungen gegliedert sind. Des Weiteren vermittelt das Gebilde einer Aufbauorganisation einen Überblick im System von Über- und Unterordnungsverhältnissen innerhalb der Unternehmenshierarchie. Die Aufbauorganisation soll das dauerhafte Gefüge des Unternehmens widerspiegeln.

Unter Ablauforganisation soll demgegenüber die raum-zeitliche Gestaltung von Arbeitsabläufen oder Prozessen innerhalb der Aufbauorganisation verstanden werden. Praktisch geht es dabei um Fragen der Gestaltung von Arbeitsgängen, der Zusammenfassung von Arbeitsgangfolgen, der Leistungsabstimmung und der zeitlichen Belastung von Arbeitsträgern[95].

6.3.1.1 Ablauforganisation

Die wichtigste Aufgabe der Ablauforganisation besteht darin, Prozesse im Ablauf zu sichern. Dies gilt sowohl für Produktions- und Dienstleistungsprozesse als auch für Informationsverarbeitungsprozesse, beispielsweise in der Verwaltung.

Die Organisation des Informationssystems spielt in diesem Zusammenhang gar eine herausragende Rolle. Dies ist insbesondere dadurch zu erklären, dass mit der Definition von Sollabläufen mit Hilfe des Informationssystems Soll-Ist-Abweichungen erfasst und bei Bedarf schnelle Reaktionen ermöglicht werden können.

Die Ablauforganisation stand bisher stark unter vornehmlich quantitativen Optimierungsaspekten. Hier ging es zum Beispiel darum, den Durchlauffaktor zu minimieren. [DLF(Durchlauffaktor)= Gesamte Durchlaufzeit dividiert durch Einwirkzeit). Ein hoher Durchlauffaktor bei gleichzeitig ge-

---

93 vgl. Gutenberg, E.: Grundlagen der Betriebswirtschaftslehre, Band I, Produktion, 23. Aufl., Berlin u.a. 1984, S.240
94 vgl. Wöhe, G., Döring, U., a.a.O., S.109f.
95 vgl. Kosiol, E.: Organisation der Unternehmung, 2. Aufl., Wiesbaden 1976, S32ff.

ringer Einwirkzeit hat einen Einfluss auf den Kapitalumschlag im Unternehmen und damit auf die Rendite.

Diese in der Vergangenheit sehr stark auf quantitative Aspekte ausgerichtete Gestaltung der Ablauforganisation, wird mit zunehmender Relevanz der Ansätze des Total Quality Managements um qualitative Aspekte ergänzt.

Es hat sich herausgestellt, dass viele Qualitätsprobleme Schnittstellenprobleme zwischen einzelnen Abteilungen sind. Nicht wie in der Theorie gefordert, steht in der Praxis häufig die Präferenz der Aufbauorganisation im Vordergrund. Die daraus resultierenden, häufig nahezu unüberbrückbaren Schnittstellenprobleme zwischen einzelnen Abteilungsgrenzen verhindern die Erreichung wesentlicher Ziele, wie z.B. eine konsequente Kundenorientierung. Damit werden prozessorientierte Organisationsformen in Zukunft immer wichtiger. Dies hat jedoch unweigerlich Auswirkungen auf die (neuen) Gestaltungsformen der Aufbauorganisation.

6.3.1.2 Aufbauorganisation (bzw. Strukturorganisation)

Bei der Gestaltung der Aufbauorganisation gilt, dass „ organisatorische Strukturierungsaspekte letztlich darin bestehen, eine zur Erfüllung der Gesamtaufgabe notwendige Menge von Teilaufgaben auf Aktionseinheit (Stellen) so zu verteilen, dass ein im Sinne der betrieblichen Zielsetzung effizientes Beziehungsgefüge (Struktur) entsteht."[96]

Wesentliche Gestaltungselemente der Aufbauorganisation sind dabei[97]:

Tab. 9: Gestaltungselemente der Organisation

Art der Arbeitsteilung
Die Zerlegung einer Gesamtaufgabe in Teilaufgaben kann nach verschiedenen Kriterien erfolgen:
• Verrichtungszentralisation
Sie ist hoch, wenn die Aufgabenerfüllung auf vielen Stellen nach dem Verrichtungsprinzip zu Einheiten (Abteilungen) zusammengefasst wird.
• Objektzentralisation
Sie ist hoch, wenn auf vielen Ebenen Stellen nach Objekten (Produkte, Sparten, Vertriebsbereiche etc.) zu Einheiten zusammengefasst werden.
Koordination
Diese Dimension regelt die Abstimmung zwischen der Aufgabenerfüllung der Teilaufgaben und dem Gesamtziel des Unternehmens. Dabei stehen insbesondere die Klärung folgender Fragen im Vordergrund:

---

96 Grochla, E.: Organisation und Organisationsstruktur, in: Grochla, E., Wittmann, W. (Hrsg.): Handwörterbuch der Betriebswirtschaft Band I, 4. Aufl., Stuttgart 1975, Sp. 2851
97 vgl. im Folgenden Kieser, A., Walgenbach, P.: Organisation, 6. Aufl., Stuttgart 2010, S. 71ff.

- Verteilung der Kompetenzen
- Gestaltung der Leitungsbeziehung
  Einlinien- oder Mehrliniensystem
- Entscheidungszentralisation
  Sie ist hoch, wenn nachgeschaltete Stellen nur geringfügig am Entscheidungsprozeß beteiligt sind.
- Formalisierung
  Festlegung von Methoden der Aufgabenerfüllung

Konfiguration
Sie ist die abgeleitete Dimension, die sich als Ergebnis der Arbeitsteilung und Koordination in Form horizontaler und vertikaler Werte als Leitungsspanne bzw. Gliederungstiefe aufzeigen lässt.

6.3.2 Gestaltungsmöglichkeiten der Organisation

Im Vordergrund sollen im Folgenden die Ansätze zum Design der Aufbau- oder Strukturorganisation. stehen. Hier kann man grundsätzlich zwischen
- funktionaler sowie
- spartenorientierter

Strukturen und einer Mischform aus beiden Ansätzen, der Matrixorganisation, unterscheiden.

Darüber hinaus stellt sich die Frage, wie neuere organisatorische Ansätze in solchen Strukturen einbezogen und dargestellt werden können. Dies bezieht sich insbesondere auf Fragen der Projektorganisation und der Einbeziehung betrieblicher Kleingruppen.

6.3.2.1 Formen funktionaler Strukturorganisationen

Die funktionale Struktur ist das Ergebnis der Gliederung einer Organisation nach dem Verrichtungsprinzip.

Häufig einher geht mit diesem Prinzip ein starker Hang zur Entscheidungszentralisation. Dies führt bei zunehmend komplexen Entscheidungserfordernissen, verbunden mit steigendem Informationsbedarf unweigerlich zu einer Überlastung der Führungskräfte.

In der Praxis versucht man diesem Problem entweder durch Mehrfachunterstellungsverhältnisse von Mitarbeitern (z.B. Trennung zwischen disziplinarischer und (bzw. zwischen einzelnen fachlichen) fachlicher Vorgesetztenfunktion (en)) oder der Einrichtung von Stabsstellen zu begegnen.

Bei der ersten Variante der Trennung von Verantwortungsbereichen wird das sogenannte Einliniensystem aufgehoben und es entstehen Mehrfachunterstellungsverhältnisse.

Abb. 10: Funktionalorganisation, Einliniensystem

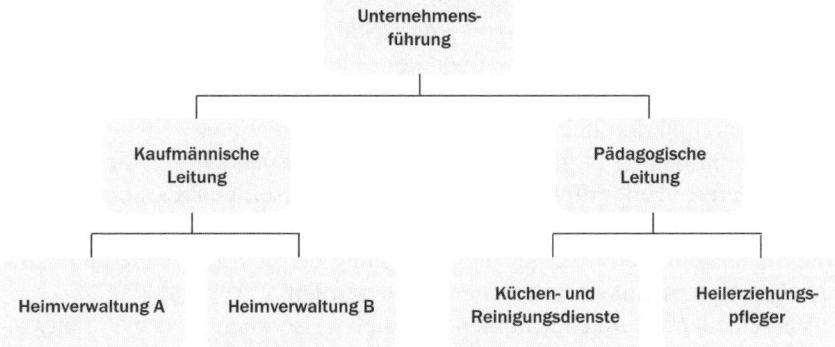

Abb. 11: Funktionalorganisation, Mehrliniensystem

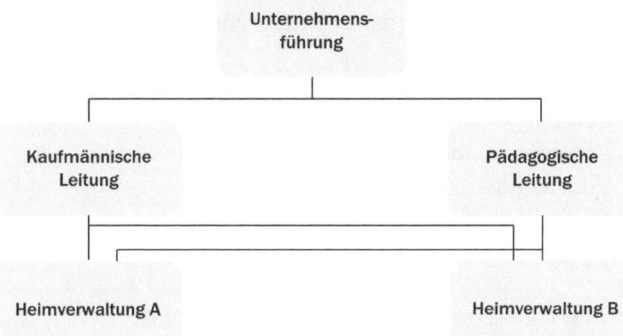

Soll das Einliniensystem erhalten bleiben, so kann das Problem der Überforderung von Vorgesetzten auf der Managementebene durch die Schaffung von Stäben einer Lösung zugeführt werden:

Abb. 12: Funktionalorganisation, Stab-Liniensystem

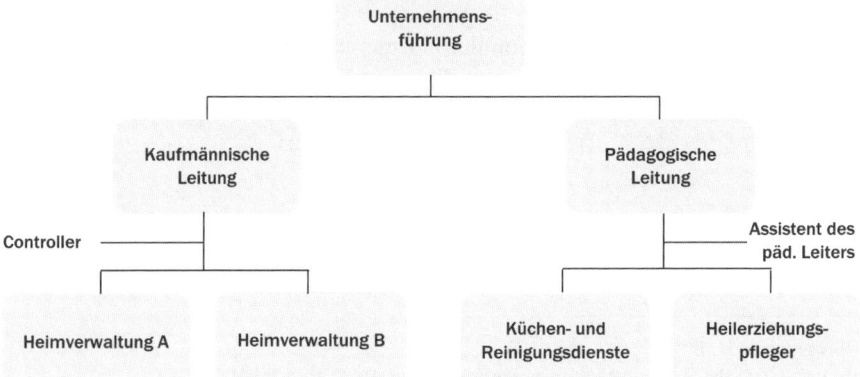

Der Begriff der „Stäbe" kommt aus dem militärischen Bereich. Hier sollen die klaren Kommandostrukturen (Einliniensystem) durch Beratungsfunktionen auf höchster Ebene ergänzt werden (Stäbe).[98]

Stäbe verfügen demzufolge über keine horizontale und vertikale Verbindung zu den ausführenden Stellen. Sie haben mithin eine Beratungs- oder Assistenzfunktion ihrer unmittelbar Vorgesetzten inne.

Alle funktionalen Organisationssysteme haben jedoch gemein, dass sie Gefahr laufen, Teiloptimierungen nach sehr einseitigen Gesichtspunkten anzustreben, die insgesamt nicht unbedingt zum Wohle des gesamten Unternehmens beitragen oder gar die Erreichung der übergeordneten und strategischen Unternehmensziele begünstigen würden.

Verschiedene Bereiche müssen beispielsweise auch in der Verantwortung für eine Produkt- oder Dienstleistungslinie weiterhin koordiniert werden und dies hat zumeist auf höchster Unternehmensebene zu erfolgen.

Eine solche Organisationsform ist demzufolge, wenn überhaupt, dann nur in kleineren und überschaubaren Unternehmen zu empfehlen.

Zusammenfassend kann die funktionale Organisationsform wie folgt charakterisiert werden:
- Typ des vorherrschenden Verrichtungsprinzips
- Typ der Entscheidungszentralisation
- Typ des vorherrschenden Einlinienprinzips

6.3.2.2 Formen divisionaler Strukturorganisationen

Typisch für die divisionale Organisationsform ist das Objektprinzip, wobei eine solche Ausrichtung dann auch als Spartenorganisation bezeichnet wird. Beim Objektprinzip erfolgt eine Abteilungsgliederung nicht nach Funktionen, wie oben geschildert, sondern nach
- Produkt- oder Dienstleistungslinien oder nach
- Marktgebieten.

Weiterhin wird in der divisionalen Organisationsform in der Regel das Prinzip der Entscheidungsdezentralisation verfolgt. Die Spartenmanager verfügen über weitreichende Autonomie in ihren Entscheidungen.[99]

---

98 vgl. ebenda, S.135f.
99 vgl. Grochla, E.: Unternehmungsorganisation, 9. Aufl., Opladen 1983

Abb. 13: Divisional- oder Spartenorganisation, Einliniensystem

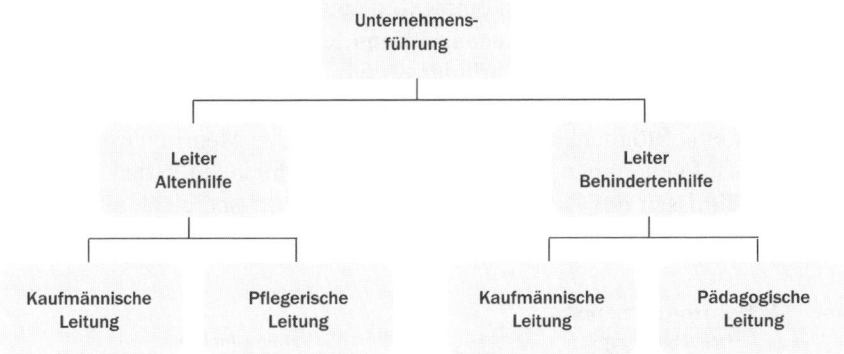

In der Praxis tritt die divisionale Organisationsform selten in Reinkultur auf. Meist sind die Zentralbereiche (Zentralverwaltungen) weiterhin funktional strukturiert. Dies führt – selbst bei Divisionalorganisationen – häufig zu Matrixstrukturen, die im folgenden Kapitel angesprochen werden sollen. Neuerdings wird versucht, die divisionale Organisationsform bis in die höchste Managementebenen aufrecht zu erhalten, indem Verantwortungsbereiche mit einem eher funktionalen Charakter (z.B. Verwaltung) mit denen eines divisionalen Charakters (z.B. Altenhilfe) gekoppelt werden. Der Gefahr der fachlichen Überforderung der Führungskräfte kann auch hier ggf. durch die Bildung von Stabsstellen begegnet werden.

Bei den Formen der divisionalen Struktur herrschen folgende Merkmale vor:
- das Objektprinzip,
- das Einlinienprinzip,
- die Entscheidungsdezentralisation.

6.3.2.3 Matrixorganisationsformen

Bei der Matrix-Organisation überlagern sich funktionale und objektorientierte Organisationsformen.

Traditionell herrschte bei der Objektorientierung die Gliederung nach Produkten oder Dienstleistungen vor. Mit der zunehmenden Internationalisierung von Unternehmungen setzte sich in letzter Zeit aber auch zunehmend eine Gliederung nach Märkten durch.

Es entstehen sich überschneidende hierarchische Gebilde, weil z.B. ein Produktmanager, sein produktbezogenes Verantwortungsfeld gegenüber Funktionsverantwortlichen zu vertreten hat.

Entscheidungsprobleme kristallisieren sich dann jeweils in den Schnittstellen beider Verantwortungskomplexe heraus. Hier wird in der Praxis so verfahren, dass die Funktionsmanager dann letztlich alleinige Weisungsbefugnis erhalten, wenn ein Mehrliniensystem aufrechterhalten werden soll. Die Produktmanager hätten dann lediglich ein Vorschlagsrecht inne.

Die zweite Möglichkeit besteht darin, dass ein Mehrliniensystem bewusst in Kauf genommen wird. Hier wäre die Fachlichkeit in den Unterstellungsverhältnissen auf die jeweiligen Verantwortungsbereiche aufzuteilen. Im Ergebnis hätten dann die meisten Mitarbeiter zwei fachliche Vorgesetzte.

Abb. 14: Matrixorganisation

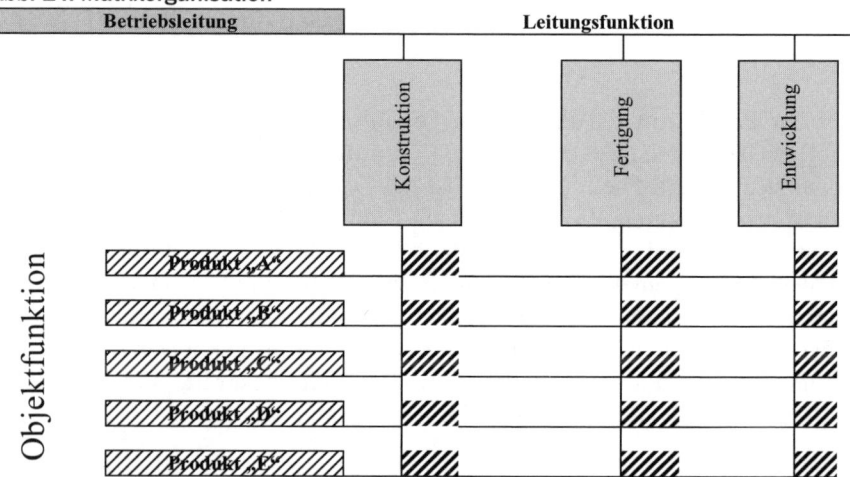

Theoretisch wird davon ausgegangen, dass der Zwang zur Einigung in den Schnittstellenbereichen  zu einer Stimulierung der Beteiligten im Hinblick auf eine permanente Ideensuche und Produktverbesserung führt.

Hier tritt jedoch eine Reihe von kritischen Fragen auf, die letztlich noch nicht beantwortet sind oder aber eindeutig gegen eine solche Konzeption sprechen:
- Sollen Konfliktpotentiale in Organisationen bewusst geschaffen oder aber eher vermieden werden?
- Wer trägt die letzte Verantwortung?

Neben den Vorteilen einer fachlichen Optimierung und der Koordination funktions- und objektorientierter Belange, treten insbesondere die Nachteile der Gefahr der Kompetenzstreitereien im Zusammenhang mit ineffizienten Arbeitsweisen und unklaren Zuständigkeiten auf.

Eine Abwendung der Gefahren bzw. Abmilderung der Nachteile der Matrixorganisation birgt wiederum eine hohe Regelungserfordernis und die Institutionalisierung häufiger Informations- und Konfliktgespräche in sich.

6.4 Die Bedeutung von Kleingruppen in Unternehmen

Nach Abschluss der Betrachtungen auf Basis humaner und sozialer Gesichtspunkte sowie struktureller Aspekte der Organisationsgestaltung sollen im Folgenden Gestaltungsmaßnahmen dargestellt und diskutiert werden, die wiederum beiden Gesichtspunkten gerecht werden können. Dabei sind vor allem gruppenbezogene Organisationsansätze zu nennen
Bei gruppenbezogenen Ansätzen können im Wesentlichen drei Ausprägungsformen voneinander unterschieden werden:
- Organisationsformen, bei denen Linienstellen durch Teams vollständig ersetzt werden
- Organisationsformen, bei denen Linienstellen nur bei bestimmten Anlässen durch Teams ersetzt werden
- Organisationsformen, bei denen Linienstellen und Teams parallel installiert werden.

6.4.1 Organisationsformen, bei denen Linienstellen durch Teams vollständig ersetzt werden

Als Begründer solcher Überlegungen kann Likert gelten, der die Strukturorganisation als ein System sich überlappender Gruppen konzipierte:[100]

Abb. 15: Gruppenorientierte Organisationsstruktur nach Likert

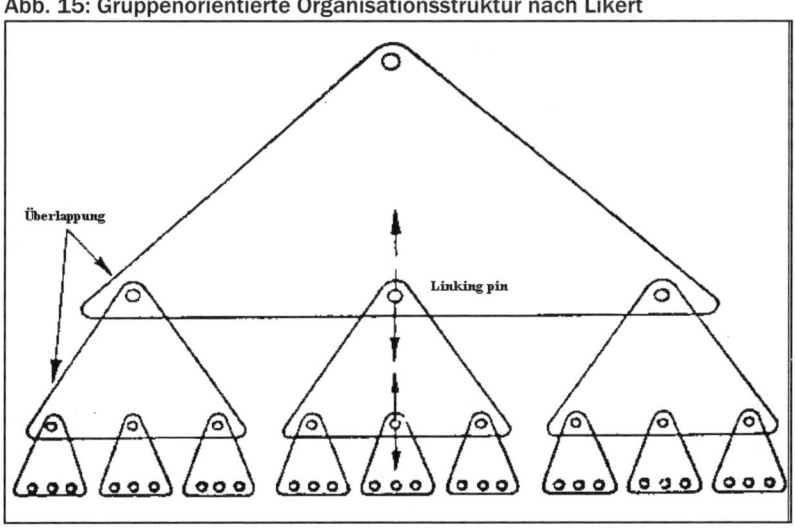

---

100 vgl. Likert, R.: New Patterns of Management, New York u.a. 1961, S. 97ff. oder Likert, R.: Die integrierte Führungs- und Organisationsstruktur, Frankfurt, New York 1975, S. 192ff.

Likert misst dabei der Arbeitsgruppe eine zentrale Bedeutung zu. Horizontale und vertikale Verknüpfungen innerhalb des Organisationsgefüges erfolgen durch sogenannte „linking pins" (Verbindungspersonen). Es wird dabei unterschieden zwischen:
- horizontalen Verknüpfungen zwischen Arbeitsgruppen auf der gleichen Stufe
- vertikaler Verknüpfung (durch den Vorgesetzten) mit einer Gruppe (Entscheidungsgruppe) auf einer höheren hierarchischen Stufe.

Diese Organisationsform wurde von Likert so angelegt, um die organisatorischen Grundprobleme der Koordination und Kommunikation zwischen unterschiedlichen Arbeitsgebieten (Abteilungen) und hierarchischen Ebenen zu erleichtern, die Vorteile selbständig arbeitender und weitgehend selbstgesteuerter Gruppen zu nutzen, ohne die fallweise erforderliche hierarchische Strukturierung einer Organisation vollkommen aufheben zu müssen.

6.4.2 Organisationsformen, bei denen Linienstellen nur bei bestimmten Anlässen durch Teams ersetzt werden

Die derzeit weit verbreitete Methode des gruppenorientierten Projektmanagements kann als typisches Beispiel eines solchen Ansatzes gelten.

Merkmal eines Projektmanagements ist, dass es für eine bestimmte Aufgabe geschaffen wird, deren Ende sich zeitlich absehen lässt. Zur Lösung dieser Aufgabe und der im Prozessverlauf auftretenden Probleme erhält die Gruppe eine begrenzte Weisungsbefugnis. Die Gruppenmitglieder werden in aller Regel für die Dauer des Projektes von ihren Stammabteilungen freigestellt und kehren nach Projektende wieder dorthin zurück.

Der Projektleiter erhält Weisungsbefugnis in fachlicher Hinsicht. In aller Regel verbleibt die disziplinarische Unterstellung in der bisherigen Stammabteilung.

6.4.3 Organisationsformen, bei denen Linienstellen und Teams parallel installiert werden

Bei dieser dritten Ausprägung gruppenbezogener Organisationsformen gilt es insbesondere zwischen solchen Formen zu unterscheiden, bei denen
- je nach Problemcharakteristik der konventionelle oder partizipative Entscheidungsweg angesprochen wird,

oder aber
- die Entscheidungswege prinzipiell in der hierarchischen Struktur verbleiben, jedoch die Mitarbeiter, insbesondere in der ausführenden Ebene

in einem hohen Maße in die betrieblichen Entscheidungen eingebunden werden sollen.

Für die Ausprägungsform fallweiser Substitution hierarchischer Strukturen durch Gruppenentscheide kann das Beispiel der Quickborner Planungsteams herangezogen werden:[101]

Hier steht der Linienorganisation eine „Schatten-Team-Organisation" gegenüber. Das Vorbereiten, Durchführen und Überwachen der Routineentscheidungen obliegt vollkommen der Linienorganisation.

Für umfassende Probleme, bei denen Erfahrungen vieler Spezialisten aus den unterschiedlichsten Bereichen erforderlich werden, erfolgt eine Bearbeitung in Planungsteams. Mitglieder sind hier sowohl Stabs- als auch Linienmitarbeiter. Dabei erfolgt eine Differenzierung zwischen
- Entscheidungsteams,
- Arbeitsteams und
- Kontrollteams.

Als ein weiteres Beispiel für den Typus fallweiser Substitution hierarchischer Strukturen kann auch das Aktionszentrum herangezogen werden.

Ein solches Aktionszentrum wird als dauerhafte Einrichtung zur ständigen abteilungsübergreifenden Zusammenarbeit eingeführt, wenn eine entsprechend permanente Kooperation unerlässlich ist. Hier werden insbesondere Kontrollen durchgeführt und kontinuierlich Schwachstellen analysiert und beseitigt. Ergebnisse sind Entscheidungen und Vorschläge:
- Vorschläge, wenn es um strukturelle Entscheidungen geht,
- Entscheidungen, wenn es um die tägliche Routine geht.

Der Vorteil von Aktionszentren liegt darin, dass sie die Schwächen der Arbeitsteilung in Linienorganisationen zu überwinden vermögen, indem sie den „Querinformationen" einen institutionellen Rahmen geben.

Neben den oben dargestellten Ausprägungsformen paralleler Institutionalisierung von Teams zur fallweisen Substitution der Entscheidungsbefugnisse durch Linienvorgesetzte treten in der Praxis zunehmend solche Konzepte auf, bei denen es weniger um die Ausübung von Entscheidungsbefugnissen, sondern vielmehr um die Einbeziehung der Mitarbeiter in der ausführenden Ebene bei Problemlösungsprozessen geht.

---

101 vgl. Schnelle, W.: Entscheidungen im Management. Wege zur Lösung komplexer Aufgaben in der Organisation, Quickborn 1966, S. 1ff.

Auch hier treten wiederum unterschiedliche Konzepte auf:[102]

- **Teilautonome Problemlösungsgruppe:** Hier setzen sich vorwiegend Mitarbeiter auf der ausführenden Ebene zu einer Gruppe zusammen, die zumeist aus einer Arbeitsgruppe kommen. In erster Linie geht es dabei darum, gemeinsam getragene Lösungen für im eigenen Arbeitsbereich festgestellte Probleme zu suchen.
  Wesentliche Gestaltungselemente sind dabei:
  – freie Themenwahl
  – Freiwilligkeit der Teilnahme
  – unbefristete Lebensdauer der Kleingruppe.

- **Task-Force-Gruppe:** Zur Lösung betrieblicher Probleme werden befristete Kleingruppen eingesetzt. Die Gruppenmitglieder können unterschiedlichen Ebenen angehören und aus verschiedenen Bereichen kommen. Sehr häufig werden die Mitglieder nach fachlichen Gesichtspunkten ausgewählt. Wesentliche Gestaltungselemente sind hier:
  – Themenstellung ist meist vorgegeben
  – bedingte Freiwilligkeit der Teilnahme
  – befristete Lebensdauer der Kleingruppen (in der Regel Auflösung der Gruppe nach Problemlösung).

- **Lerngruppen:** Primäre Zielsetzung der Gruppenarbeit ist die Informationsvermittlung, Förderung der fachlichen und sozialen Kompetenzen sowie Verbesserung der Zusammenarbeit. Lerngruppen setzen sich aus Mitarbeitern zusammen, die identische Lernziele erreichen wollen. Sie können durch folgende Gestaltungselemente charakterisiert werden:
  – Lösung arbeitsbezogener Probleme als Lernprozess, dabei freie Themenwahl (Wahl der zu bearbeitenden Problemstellung)
  – bedingte Freiwilligkeit der Teilnahme (Teilnehmer werden i.d.R. vorgeschlagen)
  – i.d.R. befristete Lebensdauer der Kleingruppen (mit der Option einer Weiterführung im Bedarfsfalle).

Bei der Ausprägungsform paralleler Institutionalisierung solcher Gruppen, die die ausführende Ebene in die Entscheidungsfindung einbeziehen sollen ist zu beachten, dass folgende Funktionen ausgefüllt werden[103]:

---

102 vgl. im Folgenden Zink, K.J., Schick, G.: Quality Circles 1 – Grundlagen, 2. überarbeitet Aufl., München, Wien 1987, S. 11ff.
103 vgl. im Folgenden Zink, K.J.: Mitarbeiterbeteiligung bei Verbesserungs- und Veränderungsprozessen, München 2007, S. 81ff.

- Bildung einer *Steuergruppe*, die sämtliche Aktivitäten mit gruppenübergreifender und grundsätzlicher Bedeutung steuern sollte,
- Ernennung eines *Koordinators* (Betreuers, Pushers), der für die Umsetzung der Vorschläge der Steuergruppe zu sorgen hat,
- Ausbildung von *Moderatoren*, die die jeweiligen Gruppen zielorientiert führen können. Im Wesentlichen sind sie für den Prozess von Problemdefinitionen und -lösungen sowie für Zielfindungs- und Umsetzungsprozesse verantwortlich. Sie sollen ferner die Mitglieder der Gruppe laufend informieren, den Kontakt zum Koordinator aufrechterhalten und an einen regelmäßigen Erfahrungsaustausch mit anderen Moderatoren teilnehmen.

In diesem Zusammenhang gilt ferner zu beachten, dass die Mitarbeit an einer solchen Problemlösungsgruppe freiwillig sein sollte, da nur auf diese Weise ein Erfolg der Arbeit möglich wird.

Ein weiterer wichtiger Punkt besteht darin, dass die Gruppengröße auf acht, maximal zehn Teilnehmer zu begrenzen ist. Dies sind Erfahrungswerte, die einerseits gewähren, dass auch bei personellen Ausfällen die Gruppenarbeit in der Regel aufrechterhalten werden kann und andererseits auch bei Vollbesetzung die Kreativität einzelner Teilnehmer noch nicht entscheidend untergräbt.

Die Höchstgrenze von zehn Teilnehmern ist dabei schwerpunktmäßig in der Praxis bei Lerngruppen vorzufinden, die von zwei Moderatoren geleitet werden. Für die „typische" Problemlösungsgruppe kann eine solche Gruppengröße nicht mehr empfohlen werden.

Von großer Bedeutung ist auch die terminliche Verbindlichkeit und Stetigkeit der Gruppensitzungen. Nur, wenn die Gruppe sich regelmäßig alle 14 Tage oder jede Woche trifft, kann sie über längere Zeit aufrechterhalten werden. Die Dauer pro Sitzung variiert in der Praxis zwischen einer Stunde und eineinhalb Stunden.

Grundsatz sollte zudem sein, dass sich Problemlösungsgruppen während der regulären Arbeitszeit treffen. Sie können aber auch, sollte dies aus organisatorischen Gründen nicht möglich sein, als Überstunden (ohne Zuschlag) betrachtet werden.

Weiterhin gilt das finanzielle Anreizprinzip, wonach die Gruppe an Lösungsvorschlägen, die zu rechenbaren Einsparungen führen, an diesem Ergebnis beteiligt werden sollte.

6.5 Veränderung von Organisationen

Nach heutigem Erkenntnisstand war die hochentwickelte Kultur des alten Ägypten durch eine erstaunliche Konstanz gekennzeichnet. Mit nur einer Ausnahme – nämlich der Regierungszeit des Pharao Echnaton – war über den Zeitraum von ca. 3000 Jahren keine nennenswerte Veränderung zu verzeichnen. Dieses kulturelle System bedurfte keiner Innovationen.

Wo es keine Veränderungen gibt, werden auch über wesentliche Lebensabschnitte von erwachsenen und berufstätigen Menschen keine nennenswerten Lernprozesse erforderlich.

Innovationsfähigkeit und Flexibilität von Unternehmen (auch von Sozialen Dienstleistungsunternehmen) wird demgegenüber in der heutigen Welt zur Überlebensfrage. Wie soll dies erreicht werden, wenn nicht die Organisationen selbst in hohem Maße flexibel, veränderungsfähig und veränderungswillig werden?

Organisationen sind insofern organische Gebilde, als dass es nicht in erster Linie darum geht die Zusammenarbeit und Kommunikation von Maschinen und elektronischen Medien zu regeln, sondern die von Menschen. Neuerungen bergen für diese Menschen häufig jedoch Gefahren. So werden beispielsweise praktizierte Fertigkeiten und notwendige Kenntnisse in kürzesten Zeiträumen nicht mehr erforderlich bzw. abgefordert.

Auf der anderen Seite müssen die Chancen von Veränderungen gesehen werden, denn „Routine" geht auch einher mit Monotonie. Es treten Sättigungszustände auf, die nicht selten als wesentliche Ursache für das sogenannte Burn-out-Syndrom gelten. Für Menschen, die in bestehenden Zuständen ungerecht behandelt wurden, mit ihrer beruflichen Situation nicht besonders glücklich waren, eröffnen sich durch Veränderungen zudem neue Chancen.

Jede Veränderung erfordert von den Menschen eine Bewältigung von Lernvorgängen. Von daher kommt es auch darauf an, ein Lernklima in Organisationen zu schaffen, das Lernprozesse innerhalb und außerhalb der Praxis begünstigt und fördert. Daraus folgt, dass die Ziele des Lernens und die von Organisationen weitgehend zu harmonisieren sind. Diese Harmonisierungsleistung ergibt sich jedoch nicht organisch, sondern sie muss bewusst und zielgerichtet angestrebt und organisatorisch verankert werden.

Veränderungen in Sozialen Dienstleistungsorganisationen werden in naher Zukunft sehr einschneidend und ausgeprägt sein. Die gesetzlichen Rahmenbedingungen für die Finanzierung der Arbeit ändern sich beispielsweise gravierend. Darüber hinaus steigen die Anforderungen an die Qualität der Arbeit.

Hier sollen mögliche organisatorische Optionen der Begegnung auf diese Herausforderung beispielhaft dargestellt und diskutiert werden.

6.5.1 Grundlagen der Organisationsentwicklung

Die Organisationsentwicklung basiert im Wesentlichen auf vier Konzepten:
- dem aktionsforschungsorientierten Vorgehen
- der gruppendynamischen Methode (auch sogenannte T-Gruppen, Laboratoriumstraining, Sensitivitätstraining)

- dem „Survey and Feedback-Ansatz" und
- dem sozio-technischen Systemansatz.

Die ersten beiden o.g. Konzepte sind untrennbar mit dem Namen Kurt Lewin verbunden.[104] Er beschäftigte sich bereits seit 1920 sehr eindringlich mit den Ideen der Organisationsentwicklung.[105]

Traditionell war es für die empirische Sozialforschung von Bedeutung, die Distanz zwischen Forscher und „Forschungsobjekt" zu bewahren. Bei der Aktionsforschung wird diese „Regel" bewusst durchbrochen, indem der Forscher sich selbst einbringt und damit auch (häufig sogar wesentlich) den „Forschungsgegenstand" beeinflusst. Typisch für dieses Vorgehen ist die Anwendung wissenschaftlicher Methoden bei einer ständigen Adaption an die vorgefundene Praxis. Die Grundlage für diese Methode legte der Philosoph Dewey.[106] Für Kurt Lewin war es nicht nur wichtig, menschliches Verhalten erklären zu können, sondern ebenso Mittel und Wege aufzuzeigen, wie dieses verändert werden kann.[107]

Von nachhaltiger Wirkung war dabei die bis in die Gegenwart zitierte Studie von Coch und French, in der typische Formen und Auswirkungen des Widerstandes von Gruppen gegenüber Veränderungen erkundet wurden.[108]

Die gruppendynamische Methode erwähnte Kurt Lewin zum ersten Mal im Jahre 1939.[109] Zum Durchbruch gelangte sie jedoch erst mit der Gründung des Research Centers For Group Dynamics am MIT im Herbst 1945. Hier ging es Kurt Lewin in erster Linie um die Erforschung von Bedingungen, die eine Veränderung des Verhaltens in Gruppen begünstigen bzw. hemmen. Beispielsweise kristallisierte sich hier per Zufall im Rahmen eines Seminars die bis dahin völlig unterschätze Wirkung der Rückkoppelung der Ergebnisse von Verhaltensanalysen an die Teilnehmer von Gruppenübungen heraus.[110]

Der Nutzung von Gruppenprozessen für die Förderung von Verhaltensänderungen kommt fortan, z.B. im Rahmen von Organisationsentwicklungsmaßnahmen, ein sehr hoher Stellenwert zu.

---

104 vgl. hierzu Schubert, H.-J.: Planung und Steuerung von Veränderungen in Organisationen, Frankfurt/M. 1998, S.20
105 vgl. Lewin, K.: Die Sozialisierung des Taylorsystems, in: Praktischer Sozialismus (1920) 4, S.1ff.
106 vgl. Dewey, J.: How we think, New York 1933
107 vgl. Marrow, A.J.: Kurt Lewin – Leben und Werk, Stuttgart 1977, S.180
108 vgl. Coch, L., French, J.R.P.: Overcoming resistance to chance, in Human Relations (1948) 1, S.512ff.
109 vgl. Lewin, K.: Experiments in Social Space, in: Harvard Educational Review (1939) 9, S.212ff.
110 vgl. Marrow, a.a.O., S.199ff.

Der „Survey- and Feedback-" Ansatz wurde nach dem Tod von Kurt Lewin von dem von Likert geleiteten Institute of Social Research der Universität Michigan entwickelt. Er basiert wiederum auf der o.e. Erkenntnis der Bedeutung von Rückmeldungen im Rahmen gruppendynamischer Forschungen. In seiner Abfolge bzw. in seinen Phasen kann der „Survey- and Feedback-" Ansatz als aktionsforschungsorientiert gelten, wobei die Planung und Durchführung von Maßnahmen zur Beseitigung definierter Probleme zwar angeregt wird aber nicht mehr impliziter Bestandteil dieser Methode sind.

Im Wesentlichen besteht dieser Ansatz aus folgenden Elementen:
- einer systematischen Datenerhebung innerhalb der gesamten Organisation,
- der Analyse und Auswertung dieser Daten,
- einer organisationsweiten Rückmeldung der Erhebungsergebnisse.

Der sozio-technische Ansatz wurde oben schon erwähnt, wobei hier die Forderung des Tavistock Institute in London nach einer Abkehr von einer einseitigen Betrachtung technisch-struktureller Komponenten der Organisation im Vordergrund stand.[111] Das soziale Teilsystem hat dabei insbesondere folgende Komponenten zu berücksichtigen:
- Bedürfnisse,
- Interessen,
- Kenntnisse und
- Fähigkeiten

der Mitarbeiter.

Zu den wichtigsten daraus ableitbaren Forderungen gehören,
- dass ein Arbeitssystem als ein funktionierendes Ganzes, bestehend aus aufeinander abgestimmter Aktivitäten, zu betrachten sei und
- dass diese Aktivitäten den Charakter möglichst ganzheitlicher Aufgabenkomplexe innehaben sollten, die wiederum in die Verantwortung weitgehend autonom arbeitender Gruppen und Einheiten zu verlagern sind.

Die Beachtung dieser Grundsätze hat im Übrigen nachweisbar in Folgestudien zu einer Steigerung der wirtschaftlichen und humanen Qualität der Arbeit geführt.[112] Inwiefern die Erkenntnisse des Tavistock Institutes direkt

---

111 vgl. Trist, E.L.: Soziotechnische Systeme: Ursprünge und Konzepte, in: Organisationsentwicklung, 8 (1990) 4, S.11
112 vgl. Trist, E.L., Higgin, L. W., Murray, H., Pollock, A.B.: Organizational Choice: Capabilities of groups at the coal face underchanging technologies, London 1963

auf Kurt Lewin zurückzuführen sind, war bisher umstritten. Ein indirekter Bezug war insofern gegeben als sich Trist und Lewin schon vor dem zweiten Weltkrieg kannten und Trist nach Kriegsende Lewin als Mitherausgeber der Zeitschrift „Human Relations" gewinnen konnte.[113]

Die bisher dargestellten „Wurzeln" der Organisationsentwicklung lassen erahnen, dass es in der Folge zu unterschiedlichen Akzentuierungen der jeweils zugrunde liegenden Theorien gekommen ist.

Dabei stand am Anfang der Verbreitung dieser Konzepte in der gewerblichen Wirtschaft die Zentrierung auf die Verbesserung der humanen Bedingungen der Arbeit im Vordergrund. Ansatzpunkte für Verhaltensänderungen waren sowohl Individuen als auch Gruppen. Quasi automatisch wurde als Resultat derartiger Interventionen auch eine höhere Effektivität erwartet.[114]

Friedlander und Brown stellten in Form einer kritischen Analyse fest, dass diese bis dahin monistische Orientierung an der gruppendynamischen Methode und am Survey- and Feedback-Ansatz die erwünschten Effekte nicht erzielen konnte. Weder traten im nennenswerten Maße Verhaltensänderungen ein noch konnte die Leistungsfähigkeit der Organisationen gesteigert werden[115].

In der Folgezeit wurde der Fokus der Interventionen nicht mehr nur alleine auf die Humanaspekte der Arbeit gerichtet, sondern es wurden auch personale, strukturelle und technische Gesichtspunkte mit einbezogen.

Dies ist auf die Intention zurückzuführen, eine Gleichwertigkeit der Entwicklung von Humanität und Produktivität in Organisationen zu erreichen[116]. Hier wurden stärker die Säulen „Aktionsforschung" und „soziotechnischer Ansatz" betont.

In dieser Phase kam es zu einer wesentlichen Verbreitung von Organisationsentwicklungsmaßnahmen. Darüber hinaus blieben sie nicht nur auf Industriebetriebe beschränkt, sondern umfassten zunehmend Schulen, Universitäten, Krankenhäuser sowie verschiedenste öffentliche Einrichtungen und

---

    sowie Rice, A.K.: Productivity and social organization: The Ahmedabad experiment, London 1958

113 vgl. Neumann, J.E.: Kurt Lewin und das Tavistock Institut, in Gruppendynamik, 29 (1998) 1, S.19ff.

114 vgl. hierzu insbesondere Schubert, H.-J., a.a.O., S.37ff.

115 vgl. Friedlander, F., Brown, L.D.: Organization Development, in: Annual Review of Psychology, 25 (1974), S.313ff.

116 vgl. insbesondere Zink, K.J.: Traditionelle und neuere Ansätze der Organisationsentwicklung, in: Krüger, K., Rühl, G., Zink, K.J. (Hrsg.): Industrial Engineering und Organisationsentwicklung im kommenden Dezennium, München 1979, S.64ff.

Verwaltungen. Diese Ausbreitung ging einher mit der Entwicklung von Professionalität und von standardisierten Konzepten.[117]

Mitte der achtziger Jahre wurde, ausgehend von den USA, die letzte, derzeit noch nicht abgeschlossene Phase der Organisationsentwicklung eingeleitet. Im Ergebnis betont sie stärker als je zuvor die technologischen, strukturellen und wirtschaftlichen Aspekte. In der Praxis neigten die bestehenden Organisationsentwicklungsansätze bis dahin immer noch zu einer Präferenz der Humanorientierung. Entwicklungsziele scheiterten zudem allzu häufig an bestehenden Machtstrukturen. Skeptiker haben deswegen die gesamte Idee der Organisationsentwicklung sterben sehen.[118]

Organisationsentwicklung hat in dieser Phase den Stellenwert als Vision und „Weltanschauung" eingebüßt, sie wurde instrumentalisiert und zur Methode herabgestuft. Sie wird gegenwärtig danach beurteilt, welchen Beitrag sie zur Erreichung von Zielen leisten kann. Darüber hinaus haben sich die Orientierungsmuster der Organisationsentwicklung geändert. Die Entwicklungslinien können wie folgt beschrieben werden:

- Von der Orientierung an Individuen und Gruppen zu einer stärkeren Orientierung an Organisationen und
- von der reinen Innenorientierung zu einer verstärkten Außenorientierung, verbunden mit einer Thematisierung von strategischen Fragen.

6.5.2 Das strategische Veränderungs- und Innovationsmanagement

Die Notwendigkeit der Außenorientierung, insbesondere aber auch einer „Kundenorientierung" von Organisationen wird in der neueren Literatur ganz besonders hervorgehoben. Die starke Dynamisierung von Prozessen des Wandels bei simultan steigender Komplexität der Außenwelt der Organisation legt es nahe, darauf strategisch zu reagieren. Der erforderliche strategische Wandel der Organisation erfolgt demnach nicht organisch, sondern er muss „gemanagt" werden.

Die traditionelle Methode der Organisationsentwicklung würde für diese Aufgaben nicht nur wegen der zuvor diskutierten Problembereiche zu kurz greifen. Sie berücksichtigt in ihrer praktischen Umsetzung bisher nicht oder kaum folgende Anforderungen, die an ein strategisches Management zu stellen sind:

---

117 vgl. Schubert, H.-J., a.a.O., S.43
118 vgl. Beer, M.: Auf dem Weg zu einer Neudefinition der Organisationsentwicklung: eine Kritik des Forschungsansatzes und der Methode, in: Zeitschrift für Organisationsentwicklung, 8 (1989) 3, S.11

- Betonung des Prinzips der Proaktivität als eine Form des vorausschauenden Planens
- Nutzung einer Vielzahl von Prognosemethoden zur Einschätzung relevanter Umfeldentwicklungen
- Die Notwendigkeit, Prognoseergebnisse (Chancen und Risiken), Unternehmensentwicklungen und Unternehmenspotentiale in Einklang zu bringen.[119]

Beim Prozess des strategischen Managements ist zwischen Strategieentwicklung und Strategieumsetzung zu unterscheiden.[120]

Während der Strategieentwicklung breite Aufmerksamkeit geschenkt wurde, kam der Frage der Umsetzung bisher ein viel zu geringer Stellenwert zu. Nach Ansoff und McDonell liegt dies im Wesentlichen an drei Fehlannahmen:
1. „Vernünftige Menschen tun vernünftige Dinge"
2. „Das Schlüsselproblem liegt im Treffen der richtigen Entscheidungen"
3. „Strategieformulierung und Strategieimplementierung sind zwei voneinander getrennte Abschnitte innerhalb des Prozesses des strategischen Managements."[121]

Grundsätzlich jedoch können zwei „Kardinalprobleme" bei der Implementierung festgemacht werden:
1. Mangelnde Akzeptanz bei den Mitarbeitern
2. Zu wenig konkretisierte und umsetzbare Aufgaben sowie unklare Ziele und Bezüge zu bestehenden Zielsystemen.

Zentral erscheint in diesem Zusammenhang die Frage der Beteiligungsintensität von unterschiedlichen Managementebenen bei den Aufgaben der Strategieentwicklung und -implementierung. Dabei kann graduell zwischen den Extrempositionen des „Führermodells" und des „Evolutionsmodells" unterschieden werden.

Beim Führermodell informiert die Unternehmensspitze die mittleren Führungsebenen nach getroffener Entscheidung und setzt voraus, dass die Strategien in der intendierten Weise umgesetzt werden.

Beim Evolutionsmodell wird davon ausgegangen, dass die Initiative strategische Entscheidungen zu treffen, nicht von der Unternehmensspitze, sondern von Verantwortlichen in einzelnen, relativ autonomen Bereichen

---

119 vgl. Schubert, H.-J., a.a.O., S. 68f.
120 vgl. Hahn, D.: Strategische Unternehmensführung – Grundkonzept, in: Hahn, D., Taylor, B. (Hrsg.): Strategische Unternehmensführung, 9. Aufl., Heidelberg 2006, S. 32ff.
121 vgl. Ansoff, H.I., McDonall, E.J.: Implanting Strategic Management, New York 1990, S. 403

ausgeht. Hier beschränkt sich die Unternehmensleitung in erster Linie auf eine koordinierende Funktion.

Bei eher zentraler und auf die Spitze sich konzentrierender Entscheidungsgewalt, kommt es darauf an, diesen Top-down-Ansatz, z.B. beim Führermodell, durch eine Bottom-up-Strömung (Evolutionsmodell) zu ergänzen. Dieser Down-up-Ansatz (oder auch das sogenannte „Gegenstromverfahren") ermöglicht es in der Folge, die Stärken zentraler und dezentral ausgerichteter Organisationssysteme für strategische Entscheidungsprozesse miteinander zu verbinden.

In ihrer modernen Ausprägung kann Organisationsentwicklung einen sehr entscheidenden Beitrag innerhalb des strategischen Managements spielen. Dies wurde oben schon angedeutet, als von einer Verschiebung der Schwerpunkte, u.a. auch hin zu eher strategischen Fragen, die Rede war.

So wurde beispielsweise vorgeschlagen, den Begriff Organisationsentwicklung durch „Management des andauernden Wandels" zu ersetzen[122]. Diese Begriffswahl wäre dann nahezu identisch mit der Definition des strategischen Managements von Kirsch, wonach es sich hierbei um eine „geplante Evolution" handele.[123]

Allerdings erscheint es zunächst nur auf dem „Papier" sehr einfach beide Ansätze zu verknüpfen. Bei der Grundausrichtung der Organisationsentwicklung, Betroffene eher zu „Gestaltern" zu machen und bei der Grundausrichtung des strategischen Managements, Mittel, Wege und Methoden für „richtige" Zukunftsentscheidungen von Führungskräften zu finden, liegen nur schwer überbrückbare Konflikte verborgen.

Ohne die Grundausrichtung des Ansatzes in Frage zu stellen, werden die Vertreter des strategischen Managements versuchen, die Organisationsentwicklung lediglich zur Steigerung der Akzeptanz ihrer Rezepte bei den Mitarbeitern konzeptionell zu instrumentalisieren.

Die Vertreter der Organisationsentwicklung werden die Verhaltensänderungen durch aktive Beteiligung von Mitarbeitern bei der Strategieentwicklung und -umsetzung hervorheben. Hier stellt sich jedoch die Frage, inwieweit diese Entscheidungen den Interessen und Zielen der Organisation entsprechen und inwieweit sie den zukünftig zu erwartenden Entwicklungen tatsächlich Rechnung tragen können.

Eine intelligente und kompatible Form der Verknüpfung der primär verhaltenswissenschaftlich ausgerichteten Organisationsentwicklung mit dem primär betriebswirtschaftlich orientierten strategischen Management zu finden, ist jedoch im Hinblick auf die zukünftigen Herausforderungen sehr

---

122 vgl. Schein E.H.: Organisationsentwicklung: Wissenschaft, Technologie oder Philosophie?, in: Zeitschrift für Organisationsentwicklung, 8 (1989) 3, S.5
123 vgl. Kirsch, W.: Grundzüge des Strategischen Managements, in: ders. (Hrsg.): Beiträge zum Strategischen Management, Herrsching 1991, S.3ff.

dringlich. Ein solches Konzept könnte die Grundlage für ein umfassendes Innovations- und Veränderungsmanagement bilden.

6.5.3 Unterschiedliche innovative Organisationsstrategien zur Begegnung aktueller Herausforderungen

Um auf Veränderungen zu reagieren, bieten sich moderne Konzepte an, die graduell entweder stärker der Tradition des OE-Ansatzes oder des Strategischen Managements zuzuordnen sind.

Fallbeispielhaft sollen im Folgenden die Ansätze des „Business Reengineering", des „Total Quality Management" und das Konzept der „Lernenden Organisation" dargestellt und diskutiert werden.

- **Business Reengineering:** Das Konzept des Business Reingeneering wurde entwickelt von Hammer und Champy.[124] Sie definieren Reingeneering als „...fundamentales Überdenken und radikales Redesign von Unternehmen oder wesentlichen Unternehmensprozessen. Das Resultat sind Verbesserungen um Größenordnungen in entscheidenden, heute wichtigen und messbaren Leistungsgrößen in den Bereichen Kosten, Qualität, Service und Zeit."[125]

  Reengineering ist die „radikalste" Form aller innovativen, derzeit sich auf dem „Markt" befindlichen, Organisationskonzeptionen.
  Es ist auf den Fortbestand von Organisationen innerhalb zunehmend schnell sich verändernder Rahmenbedingungen ausgerichtet. Darin unterscheidet es sich von klassischen Ansätzen des Krisenmanagements. Ferner soll BR[126] langfristig ausgerichtet sein. Darin unterscheidet es sich beispielsweise von Ansätzen der Gemeinkostenwertanalyse. Es zielt auch nicht unmittelbar auf eine Straffung der Aufbauorganisation ab, sondern vielmehr auf die Gestaltung einer neuen Ablauforganisation. Dies geschieht durch eine fundamentale Infragestellung bestehender Leistungserstellungsprozesse. Diese Prozesse können als Bündel von Aktivitäten, für das ein oder mehrere Inputs benötigt werden und das für den Kunden ein Ergebnis von Wert erzeugt, bezeichnet werden. Das Hauptziel des BR besteht damit in einer vollständigen Orientierung an Kundenbedürfnissen.

---

124 vgl. Hammer, M., Champy, J.: Business Reengineering, Frankfurt/M., 7. Aufl., New York 2003, S. 2ff.
125 vgl. ebenda, S. 48
126 Die Abkürzung BR wird im Folgenden für den Begriff „Business Reengineering" verwendet.

Von Bedeutung ist die Unterscheidung zwischen Primärprozessen (Kernprozesse) und Sekundärprozessen (unterstützende Prozesse). In den Primärprozessen entsteht die Wertschöpfung des Unternehmens. Sekundärprozesse haben lediglich eine unterstützende Funktion inne.
Das Ziel des Reingeneerings besteht in einer „dramatischen" Verbesserung von Leistungsdaten der Organisation, wie z.B. Kosten, Qualität und Geschwindigkeit. Dieses geschieht auf Basis einer Orientierung an Kernprozessen. Methodisch haben Hammer und Champy hierbei eine im Übrigen von ihnen nicht zitierte Anleihe vom „Zero Base Budgeting" aus dem Bereich des operativen Controllings unternommen. Auch hier wird empfohlen, dabei von einer „grünen- Wiese- Situation" auszugehen und sich dabei die Frage zu stellen: „Wie könnten wir die Umsetzung unserer Ziele anpacken, ohne uns von vorne herein wegen bestehender Rahmenbedingungen allzu sehr einschränken zu müssen?"
Transformiert auf den Ansatz des BR heißt das: „Wie können wir die Kundenanforderungen ‚ins Unternehmen' bringen?"
BR wird dabei eindeutig in Form einer „Top-down-Strategie" umgesetzt. Die Frage der Mitarbeiterorientierung wird erst in einer sehr späten Phase des BR-Prozesses aufgeworfen, und dort vorerst nur in Beziehung auf Aspekte der Gestaltung der „Humanressource".[127]
In Bezug auf die Frage der Zuordnung zu eher techno-strukturalen einerseits oder zu eher humanorientierten Ansätzen andererseits liegen hier die Akzente weitgehend im techno-strukturalen Bereich. Alle erforderlichen und auch detailliert beschriebenen humanorientierten Maßnahmen können als Ableitung der o.e. Primärorientierung verstanden werden.

- **Total Quality Management (TQM):** Hierunter versteht man ein unternehmensweites umfassendes Qualitätsmanagement.
  Die wesentlichen Ausgangspositionen und Bausteine eines umfassenden Qualitätsmanagements können wie folgt zusammengefasst werden:
  – Qualität muss als wesentliches Unternehmensziel definiert werden. TQM ist keine Modeerscheinung, sondern von strategischer Relevanz
  – Es muss ein mehrdimensionaler Qualitätsbegriff mit folgenden Elementen zugrunde liegen:
  Produkt- bzw. Dienstleistungsqualität
  Qualität der Arbeit(sbedingungen)
  Qualität der Außenbeziehungen.

---

127 vgl. insbesondere Jensen, E. E.: Reengineering – ein für die Nutzung des Mitarbeiterpotentials bedeutsames Konzept, in: Organisationsentwicklung 13 (1994) 2, S. 52ff.

- Qualität muss als unternehmensweite Aufgabe erkannt werden, auch was die Einbeziehung aller Mitarbeiter (Kleingruppenkonzepte) anbetrifft
- Qualität soll nicht hineinkontrolliert, sondern hineinproduziert werden. Die Prävention steht somit bei einer Qualitätsphilosophie im Vordergrund.

Die wichtigsten qualitativen Ziele bestehen in der Kunden- und Prozessorientierung. Das Ziel der Kundenorientierung besteht in einer dauerhaften Zufriedenheit der externen Kunden. Das Ziel der Prozessorientierung erleichtert die erforderliche Abkehr von der traditionell eher ergebnisorientierten Qualitätssicherung hin zu einer stärkeren Gewichtung der Prozesse.

Operationalisiert kann TQM beispielsweise durch den European Quality Award werden.

Im Gegensatz zum Ansatz des BR ist das TQM stärker auf Evolution des Unternehmens in kleinen Schritten und auf Konsens ausgerichtet. Einem Top-down-Ansatz werden ebenso Instrumente des Bottom-up (z.B. Qualitätszirkel und ein System von Projektgruppenstrukturen) zur Seite gestellt. Damit soll eine Philosophie des Gegenstromverfahrens umgesetzt werden. Die Frage der Entwicklung von Qualität folgt auf Basis eines sehr weit gefassten „Kundenbegriffs", der u.a. auch Mitarbeiter und deren Arbeitsbedingungen umfasst. Die komplexe Struktur eines Qualitätsmanagements läuft jedoch häufig Gefahr, missverstanden zu werden und sich ausschließlich auf den Aspekt der ergebnisorientierten *„Qualitätssicherung"* zu fokussieren. Dies führt zu sehr stark techno-strukturell ausgerichteten Ansätzen, wie sie zum Beispiel auch der Normenreihe DIN/ISO 9000ff. zugrunde liegen. Genau genommen liegt diese „Gefahr" auch in der immer lauter werdenden Forderungen nach Standards bei der Sozialen Arbeit. Das Streben nach Standardisierung (und damit auch Normierung) ist im Grunde ein sehr technisches, was nicht immer mit der Förderung, Erhaltung und Berücksichtigung jeweils einzigartiger Persönlichkeiten in Einklang zu bringen ist.

- **Das lernende Unternehmen:** Das Konzept eines lernenden und sich selbst steuernden Unternehmens hat weitgehend gemeinsame Wurzeln mit dem der Organisationsentwicklung.[128]

Es wird in der Praxis teilweise nicht nur geplant, sondern in Ansätzen auch schon umgesetzt und kann als eine Reaktion auf eine sich abzeichnende „Bürokratische Krise" gelten, die durch ein permanentes Zuspät-

---

128 vgl. Pedler, M. u.a.: Das lernende Unternehmen, Frankfurt/M., New York 1994, S. 30f.

kommen bei der Erfüllung der Anforderungen der Umwelt an das Unternehmen zu kennzeichnen ist. Lernvorgänge für Unternehmen zu initiieren (und zu beschleunigen), kann daher als ein wesentlicher Faktor gelten, in angemessener Geschwindigkeit auf sich ändernde (und oft überraschend eintretende und daher nicht planbare) Umweltbedingungen überhaupt reagieren zu können. Modellhaft soll dabei davon ausgegangen werden, dass Organisationen analog der Individuen lernen.[129] Dabei lassen sich nach Schein drei Arten des Lernens unterscheiden:
- Aneignung von Wissen und Einsichten
- Verhalten- und Fähigkeitslernen
- Emotionale Konditionierung und gelernte Angst.[130]

Die ersten beiden Arten haben durchaus positive Seiten, die letzte stellt dagegen die „Schattenseite" – jedoch, wie Schein meint, die wirkungsvollste Form – des Lernens dar.[131]
- Einsicht und Wissen ziehen nicht immer Verhaltensänderungen nach sich, während sich jedoch die Mehrzahl der Lerntheorien und didaktischer Konzeptionen stark auf diese Lernart bezieht.
- Der erforderliche Wandel von Unternehmungen bedarf insbesondere der Verhaltensänderung seiner Mitarbeiter auf allen Ebenen. Dies jedoch erfordert parallele Lernprozesse eben auf der Ebene des Verhaltens. Bis sich bleibende Verhaltensänderungen jedoch einstellen können, muss ein Weg des Übens und – damit verbunden – des Begehens von Fehlern durchschritten werden, dessen Tolerierung nicht unbedingt als wesentlicher Bestandteil unserer Kultur bezeichnet werden kann.
- Die klassische Konditionierung kann in Abwandlung der Pawlow'schen Erkenntnisse weit weniger für Lern- denn für Verlernprozesse Modell stehen. Frühere Fehler und die damit verbunden Sanktionen erzeugen häufig Ängste, die erforderlichen aktuellen Verhaltensänderungen (und somit den Lernprozessen) im Wege stehen.

Das lernende Unternehmen braucht daher in erster Linie eine Kultur der Fehlertoleranz und eine Metastrategie, wie mit vorhandenen Ängsten umzugehen ist. Hierzu macht Schein einige Vorschläge, deren Beschreibung und Kritik jedoch den Rahmen dieser Ausführungen sprengen würden.[132]

---

129 vgl. ebenda S. 30f.
130 vgl. Schein, E.H.: Wie können Organisationen schneller lernen? Die Herausforderung den grünen Raum zu betreten, in: Organisationsentwicklung 14 (1995) 3, S.5
131 vgl. ebenda, S.6f.
132 vgl. zur Ergänzung und Vertiefung: ebenda S.8ff.

Strukturmerkmale einer lernenden Organisation müssen den Erfordernissen genügen, die aus lernpsychologischen Erkenntnissen abzuleiten sind. Damit stehen eher die Fragen der Lernprozesse als die der Lerninhalte und -ziele im Vordergrund der Betrachtung. Ein Transfer didaktischer oder methodischer Erkenntnisse ist hierbei nur sehr bedingt angezeigt, weil das sogenannte inzidentielle Lernen, das Lernen durch Sozialisation und das interaktive Lernen (i.S. von Lernvorgängen in ökologischen Settings oder „im Feld") zu akzentuieren ist. Das Interesse der Didaktik gilt jedoch dem intentionalen Lernen und der Gestaltung von Unterrichts- und Unterweisungssituationen.[133]

Eine Organisation, die diesem interaktiven Lernen Vorschub leistet, damit als lernende Organisation gelten kann, sollte in folgenden Bereichen die unten aufgeführten spezifischen Merkmale aufweisen:
- Strategie:
  Strategiebildung als Lernprozess
  Partizipative Unternehmenspolitik
- Lernmöglichkeit:
  Schaffung eines positiven Lernklimas
  Möglichkeiten der Realisierung von Selbstentwicklungspotentialen für alle
- Blick nach innen:
  Freier Informationsfluss
  Formatives Rechnungs- und Kontrollwesen
  Interner Austausch
  Flexible Vergütung
- Blick nach außen:
  Umfeldkontakte zur strategischen Frühaufklärung
  Firmenübergreifendes Lernen[134]

6.5.4 Charakterisierung innovativer und flexibler Organisationen im Bereich Sozialer Dienste

Moderne Organisationskonzepte, wie z.B. Business Reingeneering, Total Quality Management oder die „Lernende Organisation" sind wegen ihrer theoretischen Fundierung oder ihrer praktischen Umsetzung entweder eher dem strukturell orientierten oder eher dem human orientierten Ansatz zuzu-

---

133 Dies gibt im Übrigen auch Anlass den in Mode gekommenen Terminus „Didaktik der Selbstorganisation", solange es sich nicht um selbstorganisiertes Lernen handelt, zu hinterfragen.
134 vgl. Pedler, M. u.a.: Das lernende Unternehmen, a.a.O., S. 33ff.

ordnen. Aufgrund der Diskussion über die Merkmale des Strategischen Innovations- und Veränderungsmanagements und der Organisationsentwicklung bietet sich der Versuch an, eine Organisation zu beschreiben, die es vermag die jeweiligen Vorteile zu nutzen, ohne gleichermaßen einen additiven Effekt bei den Nachteilen auszulösen.

Neben Merkmalen, die im Detail auf die jeweilige spezifische Organisation zugeschnitten sein müssen, sind generelle Erfordernisse zu beachten, die mit einer auf Wandlung und Flexibilität ausgerichteten Unternehmenskultur bzw. dazu passenden Leitbildern zusammenhängen.

Diese Aspekte können wie folgt zusammengefasst werden:
- Veränderungen werden als Chance begriffen,
- Kreativität und Innovation werden unterstützt und gefördert, was auch bedeutet, dass Konventionen in Frage gestellt werden, Experimente zugelassen, ja sogar angeregt werden,
- Fehler werden konstruktiv zur Weiterentwicklung genutzt,
- Konflikte und Probleme werden eher als Herausforderung verstanden denn als Störung,
- das Ziel einer ständigen Erweiterung bzw. Verbesserung von Fähigkeiten und Fertigkeiten aller Mitarbeiter wird als selbstverständlich erachtet,
- konsequente Orientierung an den Bedürfnissen der Kunden,
- regelmäßige Positionierung des Unternehmens gegenüber Konkurrenten,
- die Mitarbeiter erleben ihre Tätigkeit als sinnvollen Beitrag zur Erfüllung eines akzeptierten Auftrags der Organisation,
- die Kooperation zwischen den Organisationsmitgliedern ist insgesamt durch Vertrauen gekennzeichnet.

Strukturell weisen solche Organisationen folgende Merkmale auf:
- Prozessorganisation
- Netzwerkorganisation und
- Teilautonome Gruppen

Diese Merkmale können nicht vollkommen unabhängig voneinander betrachtet werden.

Die bestehenden Organisationsstrukturen sind meist funktional aufgebaut. Prozessorientierung setzt jedoch an den Kundenanforderungen an und verfolgt diese Systematik weiter bis zu einem komplexen System unternehmensinterner „Kunden-Lieferantenbeziehungen". Dabei stellt sich heraus, dass die wesentlichen Kernprozesse quer zur bestehenden funktionalen Aufbaustruktur liegen. Bei den bisher mehrheitlich vorzufindenden Organisationstypen, müsste daher ein starker Druck auf Soziale Dienstleistungsunternehmen ausgeübt werden, wenn sich hierbei schnell und grundsätzlich etwas ändern sollte.

Netzwerkorganisationen und teilautonome Gruppen bauen auf einem Grundverständnis komplexer Organisationen auf. Hier wird davon ausgegangen, dass sich Organisationen auch einer gewissen Eigendynamik folgend, entwickeln. Dies lässt in einem nur sehr eingeschränkten Maße Steuerung zu.[135]

In der Konsequenz bedarf dies einer Organisation, die von stark hierarchischer Orientierung mit starren Regelungen, eher zu miteinander vernetzten Lösungen führt, die durch kleine überschaubare Organisationseinheiten mit jeweils relativ großen Entscheidungsspielräumen zu charakterisieren sind. Voraussetzung ist jedoch, dass die kleinen teilautonomen Einheiten einen in sich abgeschlossenen oder ganzheitlichen Arbeitsauftrag zu bewältigen haben.

---

135 vgl. hierzu z.B. Baitsch, C.: Was bewegt Organisationen – Selbstorganisation aus psychologischer Perspektive, Frankfurt/M. 1993, S.4

Kapitel 7
Personalmanagement

In der Literatur werden eine Fülle von Gliederungsversuchen des Personalmanagements, aber auch der Personalwirtschaft diskutiert. Die meisten Themen zeichnen sich dadurch aus, dass sie sowohl eine psychologische, betriebswirtschaftlich-administrative und eine rechtliche Dimension innehaben. Bei all dem soll im Folgenden die psychologische und betriebswirtschaftliche Dimension im Vordergrund der Betrachtung stehen. Nicht etwa deswegen, weil die rechtliche und administrative nicht relevant wären, sondern aus dem Grund, weil hier weniger Lücken in der Praxis festgestellt werden können. Bisher hat sich die Frage des Personalmanagements, beispielsweise in den Sozialen Dienstleistungsunternehmen, nahezu ausschließlich auf die Aspekte des Arbeitsrechtes und der Verwaltung in der Praxis reduziert. Manche Problemfelder im Bereich Personal (z.B. den „Pflegenotstand") könnte man, wenn man es wollte, unter anderem auch auf diese sehr einseitige Orientierung zurückführen.

Die folgende Gliederungssystematik, wie sie von Wunderer vorgeschlagen wird – und unter Berücksichtigung der spezifischen Sichtweise des Verfassers modifiziert wurde – lehnt sich an folgende Aufgaben- und Gestaltungsfeldern an:[136]

- Personalpolitik
- Personalplanung
- Personalbeschaffung
- Personaleinsatz
- Personalführung
- Personalentwicklung
- Personalbeurteilung und -vergütung
- Personalmotivation und -zufriedenheit
- Personalkostenrechnung
- Personalverwaltung
- Personalforschung

Diese Gliederung soll als Rahmen dienen, wenn im Folgenden das Thema Personalmanagement – wohl gemerkt – im Sinne einer Teildisziplin der Be-

---

[136] vgl. Wunderer, R.: Personalwesen als Wissenschaft, in: Personal, 27 (1975) 8, S. 33

triebswirtschaftslehre für Soziale Dienstleistungsorganisationen und Organisationen des Gesundheitswesens bearbeitet wird.

7.1 Personalpolitik und Personalplanung

Die Personalpolitik muss aus der allgemeinen Unternehmenspolitik ableitbar sein. Hier kommen sehr abstrakte Handlungsabsichten, -normen und -grundsätze zum Ausdruck. Aus ihr sind wiederum direkt Richtziele ableitbar, die als Grundlage für die Personalplanung gelten können. Traditionell werden unter dem Thema Personalplanung folgende Aufgabenbereich zusammengefasst:[137]

- Personalbedarfsplanung
- Personalbeschaffungsplanung
- Personaleinsatzplanung
- Personalentwicklungsplanung
- Personalkostenplanung
- Freisetzungs- und Abbauplanung

Grundsätzlich können und sollen alle Aufgaben innerhalb eines Unternehmens geplant werden. Daher liegt die Planungsaufgabe in der Regel quer zu allen betrieblichen Funktionen. Sie in diesem Zusammenhang zu thematisieren kann demzufolge nur bedeuten, dass es originär planerische Fragestellungen im Bereich des Personalmanagements gibt. Dabei handelt es sich um Anforderungen, die ohne ihre auf die Zukunft gerichteten Zwecke keinen Sinn ergeben würden. Zu nennen wäre hier vor allem die Personalbedarfsplanung.

Im Gegensatz dazu beinhaltet das Problem der Personalentwicklung eine so stark auch gegenwartsbezogene Relevanz, dass es als eigenständige Aufgabe mit allen dazugehörigen zeitlichen Phasen, nicht unter dem Themenkomplex der Personalplanung „versteckt" werden sollte. Gleiches gilt für die Personalkosten.

Personalfreisetzung und Abbau zu planen macht dann Sinn, wenn die Personalbedarfsplanung fehlerhaft erfolgte oder Fusionen mit der (bekannter Weise trügerischen) Vision potentieller Synergieeffekte und für alle überraschend anstehen. Ausgehend von der ethischen Orientierung des Verfassers, muss die Notwendigkeit Personal frei zu setzen als unliebsamer „Betriebsunfall" gewertet werden. Aus der Not eine Tugend zu machen und dieses Thema – wie selbstverständlich – hier anzufügen, würde zwar die gegenwärtig vandalistische Praxis, aber nicht das Anliegen des Personal-

---

[137] vgl. hierzu auch Hilb, M.: Integriertes Personalmanagement: Ziele Strategien, Instrumente. 16. Aufl. Neuwied 2007, S. 14 sowie S. 61ff.

managements und das der (nahhaltigen) Wirtschaftlichkeit widerspiegeln. Der Personalfreisetzung wohnt legitimer Weise eher eine Perspektive inne, die unter dem Themenkomplex „Krisenmanagement" abzuhandeln wäre. Teilweise wird aus den o.g. Gründen auch in der einschlägigen Literatur dieser Baustein im „Personalmanagement" negiert[138].

Im Rahmen der folgenden Ausführungen kommen die Themenbereiche Politik und Planung in einer ersten Phase zur Sprache.

7.1.1 Personalpolitik und -zielsetzungssystem

Die Personalpolitik weist einen weiten Rahmen auf, der die wichtigsten Grundlagen für eine Strategieentwicklung bildet. Welcher Stellenwert dem Thema Personal zukommt, kann beispielhaft an neueren Konzepten des Qualitätsmanagements verdeutlicht werden. Mitarbeiterorientierung, Mitarbeiterzufriedenheit und Führung nehmen beispielsweise beim European Quality Award insgesamt einen Stellenwert von 28 von 100 ein[139]. Sie sind wichtige Themen des Personalmanagements. Da sich eine Personalorientierung des Unternehmens in einem positiven Sinne nicht nebenbei entwickelt, bedarf es grundlegender und relativ beständiger Aussagen im Sinne der Definition von Handlungsabsichten im Personalwesen. Kossbiel versteht beispielsweise unter Personalpolitik eine Menge von kompatiblen Grundsatzentscheidungen, durch die das Zielsystem und der Handlungsspielraum für den personalwirtschaftlichen Bereich abgesteckt werden. Darüber hinaus sollen Entscheidungsspielräume zur Behandlung konkreter Probleme vorgegeben werden[140]. Während Oechsler in seinen früheren Ausführungen noch davon ausging, dass personalpolitische Grundsätze in der Regel von der Unternehmensleitung in Form von Verhaltenskodices formuliert werden,[141] kommt nach Ansicht von Bisani schon immer der Personalpolitik ergänzend die Aufgabe einer weitgehend globalen Zielsetzung zu.[142] Bisani unterscheidet dabei zwischen Sachzielen –, die eine Antwort auf die Frage geben sollen: „Was soll erreicht werden?" – und Formalzielen, die eine Antwort auf die Frage geben sollen: „Wie soll es erreicht werden?".[143] Nach Bisani sollte ein solches Zielsystem folgende Elemente beinhalten:

---

138 vgl. hierzu auch ebenda
139 vgl. European Foundation for Quality Management (Hrsg.): Der European Quality Award 1997, Informationsbroschüre, Brüssel 1996, S. 14
140 vgl. Kossbiel, H.: Personalbereitstellung und Personalführung, Wiesbaden 1976, S. 1012
141 vgl. Oechsler, W. A.: Personal und Arbeit – Einführung in die Personalwirtschaft, 4. überarb. und erweiterte Aufl., München Wien 1992, S. 29
142 vgl. Bisani, F.: Personalwesen und Personalführung, 4. Aufl., 1995, S. 55
143 ebenda

Abb. 16: Personalpolitische Ziele

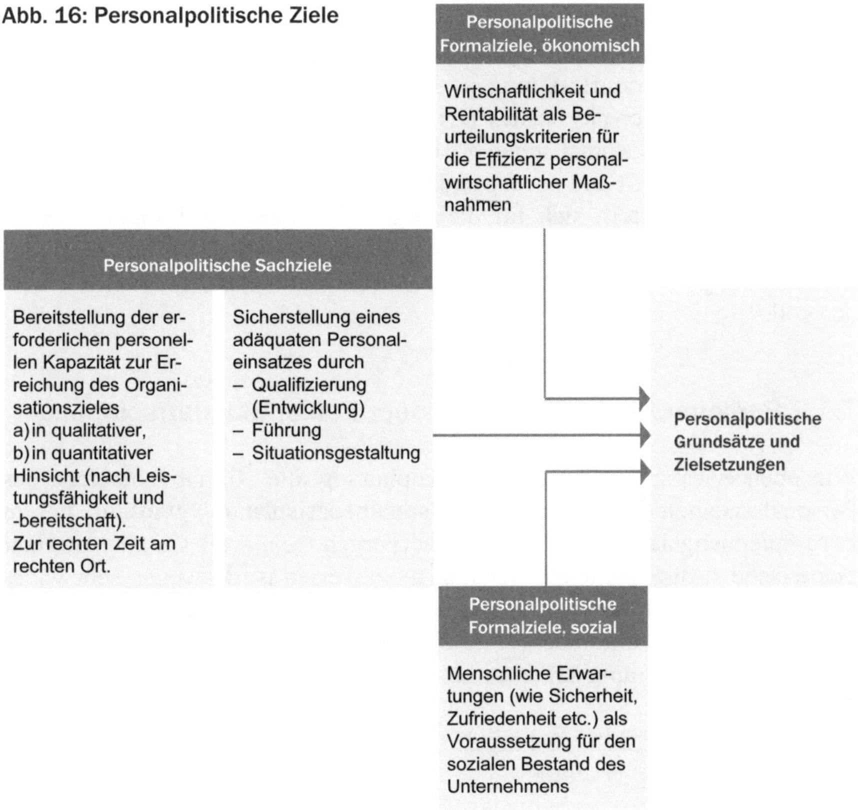

Personalpolitische Formalziele, ökonomisch

Wirtschaftlichkeit und Rentabilität als Beurteilungskriterien für die Effizienz personalwirtschaftlicher Maßnahmen

Personalpolitische Sachziele

Bereitstellung der erforderlichen personellen Kapazität zur Erreichung des Organisationszieles
a) in qualitativer,
b) in quantitativer
Hinsicht (nach Leistungsfähigkeit und -bereitschaft).
Zur rechten Zeit am rechten Ort.

Sicherstellung eines adäquaten Personaleinsatzes durch
– Qualifizierung (Entwicklung)
– Führung
– Situationsgestaltung

Personalpolitische Grundsätze und Zielsetzungen

Personalpolitische Formalziele, sozial

Menschliche Erwartungen (wie Sicherheit, Zufriedenheit etc.) als Voraussetzung für den sozialen Bestand des Unternehmens

Diese allgemeinen personalpolitischen Ziele sollten zusätzlich folgenden Forderungen genügen:
- Interessensausgleich
- Integration der Personalplanung in die gesamte Unternehmensplanung
- Verknüpfung der betrieblichen Personalplanung mit der Bildungsplanung
- Einflussnahme der Personalplanung auf die Gestaltung menschengerechter Arbeitsplätze.[144]

Hier wird deutlich, dass in aller Regel in sozialen Dienstleistungsunternehmen sowie in Pflege- und Gesundheitseinrichtungen all diese übergeordneten Aspekte bisher kaum Berücksichtigung fanden.

Die zusätzlichen Forderungen, die an eine Planung zu stellen wären, werden insbesondere in den Bereichen „Einflussnahme auf die Bildungsplanung" und „Gestaltung menschengerechter Arbeit" in hohem Maße missachtet, was bei den Einrichtungen des Gesundheitswesens und der

---

144 ebenda, S. 170f.

Pflege einerseits zu einer einseitigen Ausrichtung der (Weiter-)Bildung an der Frage tariflicher Normvorgaben führt und andererseits zu vermeidbaren oder verminderbaren Belastungen der Mitarbeiter und Mitarbeiterinnen, insbesondere auf der physischen (z.b. körperliche Belastungen bei Pflegetätigkeiten), psychosomatischen (z.B. Belastungen durch Schichtdienste und starre Vorgaben) und psychosozialen Ebene (z.B. Mobbing).

Grundsätzlich stellt sich für die Personalplanung das Problem, ob sie gleichberechtigt und simultan oder eher abgeleitet aus anderen – vermeintlich vorrangigeren – Unternehmenszielen und damit reaktiv vollzogen werden soll.[145]

7.1.2 Personalplanung, insbesondere Personalbedarfsplanung

Wie oben erwähnt, sollte die Personalplanung alle Aufgabenbereiche des Personalmanagements umfassen. Personalbedarfsplanung wird in diesem Zusammenhang lediglich deswegen hervorgehoben, weil sie eine originär planerische Aufgabe darstellt. Darauf hinzuweisen ist deswegen sehr wichtig, weil ansonsten der Eindruck entsteht, unter Personalplanung verstünde man in der Praxis und Theorie einzig und alleine die Personalbedarfsplanung. Moderne Planung sollte mithin folgenden Rahmen umfassen:

Abb. 17: Übersicht über den Gesamtbereich Personalplanung[146]

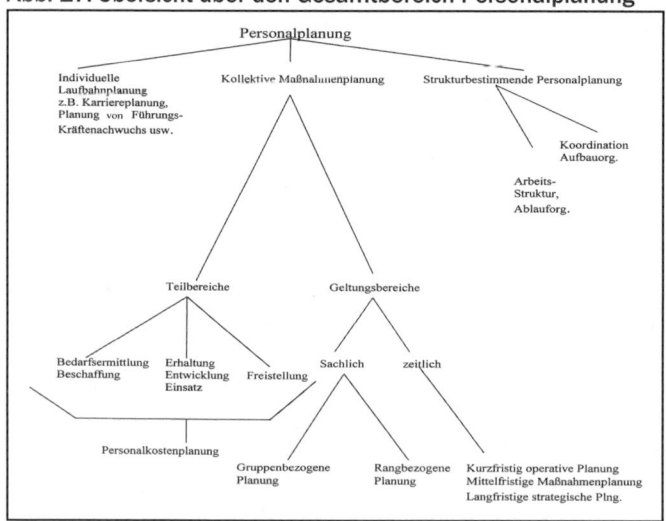

---

145 Hoss, G.: Personalcontrolling – funktionale, instrumentale und institutionale Aspekte, in: Personalwirtschaft, 15. Jg. (1988), Heft 9, S.407
146 In Anlehnung an Bisani, F.: Personalwesen. Grundlagen, Organisation, Planung, 3. Aufl., Wiesbaden 1983, S.98

Aus den oben genannten Gründen wird in diesem Zusammenhang ausschließlich die Personalbedarfsplanung vertieft thematisiert. Es muss jedoch betont werden, dass in der einschlägigen Literatur durchgehend die Personalbedarfsplanung als zentrales Element des Personalmanagements bezeichnet wird.[147]

Im Rahmen der Personalbedarfsplanung gilt es festzulegen
- Wie viele Mitarbeiter
- welcher Qualifikation
- zu welchen Zeitpunkten
- an welchen Orten

zur Realisierung des geplanten Leistungsprogramms erforderlich sind.[148]
Stark vereinfacht kann die Vorgehensweise bei der Bedarfsplanung für einen spezifischen Bereich in Form einer Matrix dargestellt werden:

Abb. 18: Vorgehensweise bei der Personalbedarfsplanung[149]

Bruttopersonalbedarf	%	Personalbestand	=	Nettopersonalbedarf
Reservebedarf wg. Urlaub, Fehlzeiten, Anlernung, etc.				
		Vorauss. Veränderung im Planungszeitraum		**Ersatzbedarf**
Einsatzbedarf (=Arbeitsmenge x Zeitbedarf pro Arbeitsvorgang / Arbeitszeit)		Ist-Bestand		
				(ist der Personalbestand größer als der Bruttopersonalbedarf, ergibt sich ein negativer Netto-Personalbedarf oder ein Freistellungsbedarf)

Aufgrund der Komplexität unterschiedlicher externer und interner Einflussgrößen, kann jedoch diese Matrix so einfach nicht in die Praxis umgesetzt werden.

---

147 vgl. hierzu z.B. Scholz, Ch.: Personalmanagement, 5. Aufl., München 2000, S.251
148 vgl. ebenda
149 In Anlehnung an Oechsler, W.: Personal und Arbeit, 9. Aufl., München, Wien, 2011, S. 162

Abb. 19: Einflussfaktoren bei der Personalplanung[150]

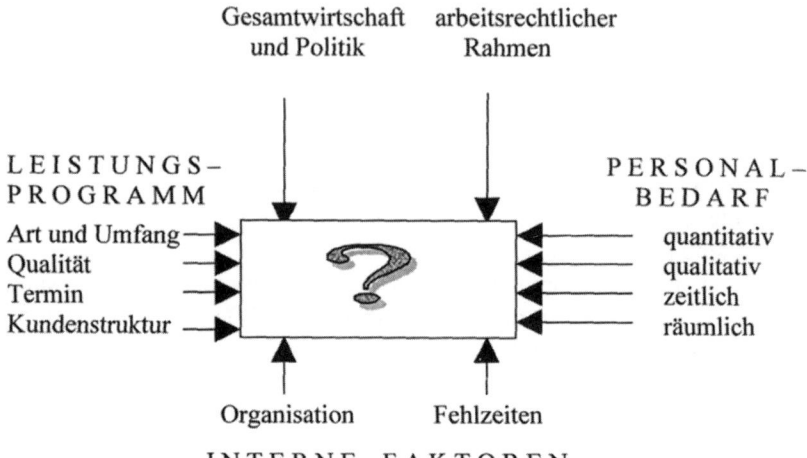

Hier wird deutlich, wie komplex die Zusammenhänge sind, die Einfluss auf den Personalbedarf ausüben. Hinzu kommt, dass die unterschiedlichen Planungszyklen eine zusätzliche besondere Herausforderung bedeuten. Insofern kommt der Matrix nach Abb. 18 eine ausschließlich didaktische Funktion zu.

Dabei spielen vor allem Unsicherheiten bei der Ermittlung des Einsatzbedarfs eine wesentliche Rolle. *Man stelle sich nur vor, dass man zu einem gegenwärtigen Zeitpunkt zukünftige Arbeitsmengen und Zeitbedarfe in Bezug auf spezifische Arbeitsvorgänge bei einer zukünftig noch nicht einmal völlig sicheren Arbeitszeit festlegen muss, um letztlich, siehe oben, den Bruttopersonalbedarf errechnen zu können.* Aus der Literatur sind eine ganz Reihe von Verfahren zu entnehmen, die jedoch in einem ganz unterschiedlichen Ausmaß in der Praxis angewendet werden oder auch praxisrelevant sind. Warum hier zwischen Anwendungshäufigkeit und Praxisrelevanz unterschieden werden muss, wird deutlich, wenn man sich die Versäumnisse der Praxis in der Personalbedarfsplanung in allen Feldern und Branchen vor Augen hält. Dies gilt bei gewerblichen Unternehmen z.B. in Hinblick auf den Mangel an Fachkräften, insbesondere InformatikerInnen und IngenieurInnen, der nicht ausschließlich mit einer „wenig motivierten und fehlgeleiteten Jugend" zu erklären ist. Aber auch der sogenannte Pflegenotstand ist nicht nur auf die mangelnde gesellschaftliche Anerkennung dieses Berufsstandes und die schlechte Honorierung zurückzuführen.

---

150 Entnommen aus Scholz, Ch. a.a.O., S.253

Daher lohnt es sich, einzelne Personalbedarfsplanungskonzepte näher anzusehen. Grundsätzlich unterscheidet man zwischen folgenden Verfahren:
- intuitive Verfahren
- iterative Verfahren
- arbeitswirtschaftliche Verfahren
- mathematisch-statistische Verfahren.

Zu beachten gilt, dass überlagernd dazu die Frage der Fristigkeit und des Zwecks der Unternehmensplanung schlechthin tangiert wird. Je stärker beispielsweise eine strategische Planung in der Praxis von Pflegeeinrichtungen relevant ist, desto eher werden iterative oder mathematisch-statistische Verfahren zum Einsatz kommen. Je kurzfristiger, konkreter und operativer geplant wird, desto stärker kommen traditionelle arbeitswirtschaftlich und intuitiv orientierten Verfahren zum Einsatz.

7.1.2.1 Intuitive Verfahren

Als intuitive Verfahren könnten genannt werden:
- Stellenplan-/Arbeitsplatzmethode
- Funktionendiagramm
- Netzplantechnik.

Grundlage für die Stellenplan- oder Arbeitsplatzmethode bilden „gepflegte" und damit ständig aktualisierte Stellenpläne. Diese werden in die Zukunft fortgeschrieben. Daraus lassen sich dann zukünftige Personalbedarfe ableiten. Diese Methode kann in Organisationen angewendet werden, bei denen von einer relativ hohen Konstanz der Arbeitsabläufe ausgegangen werden kann. Ansonsten bedarf die Ermittlung der zukünftigen Stellenpläne noch weiterer Planungsmethoden. Die Anlehnung der Einrichtungen im Bereich Pflege, Gesundheit und Soziales an den öffentlichen Dienst hatte zur Folge, dass diese Methode besonders häufig in der Praxis zum Einsatz kam.[151]

Das Funktionendiagramm ermittelt für sämtliche Stellen einen Querschnitt, beispielsweise von Aufgabenkomplexen. Das Ergebnis wird in Form einer Matrix dargestellt. Es erlaubt eine Antwort auf die Frage: „An welcher Stelle werden zukünftig welche Aufgaben in welcher Komplexität anfallen?"

Dabei werden die Funktionen nach
- Planung (P)
- Entscheidung (E)

---

[151] vgl. Oechsler, W., a.a.O., S.163f.

- Vorbereitung/Organisation (V)
- Durchführung (D) und
- Kontrolle (K)

unterschieden.[152]

Im Gegensatz zum Stellenplan, bildet das Funktionendiagramm als Planungsgrundlage auch schon qualitative Faktoren ab und erlaubt es, zukünftige Entwicklungen in die Betrachtung mit einzubeziehen.

Die Netzplantechnik als Methode des Projektmanagements findet in den unterschiedlichsten Feldern Anwendung. Kennzeichnend hierfür ist, dass eine komplexe Gesamtaufgabe in mehrere kleine Schritte, wie Tätigkeiten, Aufgaben und Verrichtungen gegliedert wird. Die Logische Struktur dieses Gesamtkomplexes wird durch den sogenannten Netzplan grafisch dargestellt, in dem insbesondere auch die zeitliche Abfolge der einzelnen Aktivitäten hervorgehoben werden kann. Wegen der Abbildung der zeitlichen Struktur der einzelnen Tätigkeiten, kann damit der Personalbedarf im Zeitablauf ermittelt werden. Diese Methode eignet sich ganz besonders bei anstehenden Veränderungen in einem Unternehmen oder auch bei der Planung und Umsetzung von zeitlich befristeten Projekten.

7.1.2.2 Arbeitswirtschaftliche Verfahren

Betriebswirtschaftlich betrachtet, fungiert die menschliche Arbeit als Produktionsfaktor. Der Faktoreinsatz kann demzufolge so geplant werden, dass die Aufgabenkomplexe exakt analysiert werden und daraus die von Menschen zu verrichtenden Tätigkeiten und die dafür erforderlichen Zeiträume abzuleiten sind. Die Hauptanwendungsgebiete liegen bei diesen Verfahren im Bereich manueller Tätigkeiten, traditionell insbesondere in der Industrie. Zunehmend kommen sie jedoch, nicht zuletzt durch die Diktionen des Pflegeversicherungsgesetzes sowie der Reform der Krankenhausfinanzierung, auch bei pflegerischen Aufgaben zum Einsatz. Dabei kann man zwischen synthetisch-statistischen und analytischen Methoden unterscheiden. Bei den synthetisch statistischen werden Arbeitsprozesse zeitlich erfasst und ausgewertet (z.B. mit Hilfe einer Stoppuhr), um unter Anwendung des „Gesetzes der großen Zahl" einen Überblick zu bekommen, für welche Arbeitsaufgaben welche zeitliche Belastung zu veranschlagen ist. Daraus lässt sich dann im Ergebnis die personelle Sollkapazität planen. Unter all diesen Me-

---

152 vgl. Dorfmeister, G.: Pflegemanagement. Personalmanagement im Kontext der Betriebsorganisation von Spitals- und Gesundheitseinrichtungen, Wien u.a., 1999, S.119ff.

thoden ist die Von der REFA entwickelte Multimoment-Studie die am häufigsten angewandte.

Ein anderer Ansatz stellt die analytische Methode dar. Mit ihrer Hilfe können auch Tätigkeiten geplant werden, die noch nie vorher im Unternehmen oder in einer Einrichtung ausgeführt und demzufolge dort noch nie in einer Multimomentstudie erfasst werden konnten. Aus der Industrie kommend, standen hierfür insbesondere Bewegungsstudien, wie z.B. die MTM-Methode (Methods of Time Measurement), Pate. Kennzeichnend hierfür ist, dass für einzelne (minimalisierte) Bewegungsabläufe Zeitvorgaben herangezogen werden, die in einem Katalog aufgelistet sind. Diesen Ansatz findet man z.B. in den sogenannten Faktorenmodellen und den Minuten und Anhaltszahlrechnungen[153] in der Pflege wieder.

Sie fließen dann in komplexere Personalbedarfssysteme ein, wie z.B. System-Erfassung-Pflege (SEP) oder die Minuten- und Anhaltszahlrechnung-Intensivpflege.[154]

7.1.2.3 Iterative Verfahren

Iterative Verfahren eignen sich ganz besonders für den Bereich der strategischen und langfristigen Personalplanung. Ein Bereich, der sehr wichtig ist, bisher aber stark vernachlässigt wurde. Solche Verfahren kommen dann zur Anwendung, wenn ein hohes Maß an Unsicherheit zukünftiger Entwicklungen vorliegt.

Beispielhaft können hier Expertenbefragungen und Szenario-Technik genannt werden.

Bei der Expertenbefragung werden isolierte Meinungen zu veränderten Konstellationen und Diskontinuitäten in der Zukunft erhoben. Die Ergebnisse orientieren sich dann entlang der Häufigkeit von ähnlich gelagerten Nennungen. Eine besondere Variante der Expertenbefragung stellt die sogenannte Delphi-Methode dar. Hier werden die Ergebnisse dieser Befragung einem Gremium, bestehend aus diesen (vormals befragten) Experten zurückgemeldet und anschließend diskutiert. Im Ergebnis können dann selbst Minderheitenvoten „überleben".[155]

Als zweite wesentliche Methode kann die Szenario-Technik herangezogen werden. Dabei werden zukünftige Systembedingungen beschrieben, die jedoch in sich konsistent sein müssen. Geht man beispielsweise davon aus, dass durch pränatale Diagnostik immer mehr verhindert wird, dass Kinder mit Trisomie zur Welt kommen, dann wird es in diesem Szenario ggf. we-

---

153 vgl. ebenda, S. 49ff.
154 vgl. ebenda, S. 69ff.
155 vgl. hierzu Scholz, Ch., a.a.O., S. 264

niger Nachfrage im Bereich der traditionellen Behindertenhilfe geben und der Bedarf an Heilerziehungspfleger rückläufig sein. Wichtig ist aber, dass die Aussagen in sich konsistent sind. D.h., dass die Ableitungen schlüssig sein müssen. Hier wäre erstens zu beachten, dass die Lebenserwartung geistig behinderter Menschen ständig steigt und so eine einfache Wenn-Dann-Kausalität gar nicht aufgebaut werden kann. Zweitens könnten sich moralische Bedenken gegen die gegenwärtig praktizierte Form pränataler Diagnostik in weiten Teilen der Bevölkerung durchsetzen und die Anzahl der Geburten von Kindern mit Trisomie schon alleine deswegen ansteigen, weil, statistisch gesehen, das Alter der Mütter in den letzten Jahren ständig zunimmt. Die Wahrscheinlichkeit von Chromosomenabnormitäten bei Föten steigt mit dem Alter der schwangeren Mütter überproportional an. Wie hier gezeigt, erlauben komplexe Systeme häufig gegenläufige Szenarien, die bei Wahrung des Gebots der inneren Konsistenz auch zu völlig gegenläufigen Konsequenzen führen können. Angebracht wären selbstverständlich an dieser Stelle auch Beispiele im Alten- und Krankenpflegebereich.

7.1.2.4 Mathematische Verfahren[156]

Beispielhaft für die Mathematischen Verfahren sollen hier die Regressions- und Korrelationsrechnung sowie die Modellbildung und Simulation genannt werden. Bei der Regressions- und Korrelationsrechnung werden statistische Zusammenhänge für den Personalbedarf ermittelt. Damit wird es möglich, Variablen zu definieren, die einen Zusammenhang mit dem Personalbedarf aufweisen. Diese können aus den Daten der Vergangenheit mit Hilfe mathematisch-statistischer Methoden ermittelt werden.

Modellbildung und Simulation bauen auf der Regressions- und Korrelationsrechnung auf und versuchen die gesamte komplexe zukünftige Situation in mathematischen Modellen darzustellen. Im Ergebnis sollen dann – gegenüber der Korrelations- und Regressionsrechnung – bereinigte Daten des Personalbestandes zur Verfügung stehen.

7.2 Rekrutierung von Personal

Die Personalbedarfsplanung hat die Aufgabe, den qualitativen und den quantitativen zukünftigen Bedarf an Humanressourcen für ein Unternehmen zu ermitteln. Nun stellt sich jedoch die Frage, auf welche Weise man diesem Bedarf gerecht werden will. Grundsätzlich kann zum einen in erster Linie auf die Bestände des sogenannten Arbeitsmarktes zurückgegriffen

---

156 vgl. hierzu ebenda, S.293ff. sowie Oechsler, W., a.a.O., S.165f.

werden, oder es können, alternativ dazu, die Erfordernisse primär durch die eigenen MitarbeiterInnen abgedeckt werden. Beide Sichtweisen bedürfen der Umsetzung von Methoden der Personalbeschaffung.

Welcher Weg im Einzelnen zu präferieren ist, kann pauschal nicht empfohlen werden.

Die interne Personalbeschaffung weist folgende *Vorteile* auf:
- Kosteneinsparung (geringere Einarbeitungszeiten, entfallene Einstellkosten, geringer Risiken der Fehlbesetzung)
- Geringe Eingliederungsschwierigkeiten
- Aufstiegsperspektiven tragen zur Motivation und Zufriedenheit der Mitarbeiterinnen und Mitarbeiter bei.

Dem stehen folgende *Nachteile* gegenüber:
- Förderung der Betriebsblindheit. Das Unternehmen schottet sich gegen neues Denken und neue Ideen ab
- Es müssen zwei Stellen neu besetzt werden, weil der Mitarbeiter oder die Mitarbeiterin ein „Lücke" hinterlässt
- Es entsteht Neid, weil sich viele Mitarbeiter fragen, warum sie nicht berücksichtigt wurden. Dies führt ggf. auch zu Unzufriedenheit.[157]

Auf die Aspekte der strategischen Ausrichtung auf den externen Arbeitsmarkt und dessen Beeinflussung wird im Folgenden verzichtet. Es kommen jedoch operative Gesichtspunkte der Personalbeschaffung zur Sprache. Auf die Beeinflussung der Qualifikationen der MitarbeiterInnen und damit auf die Gestaltung des „internen Arbeitsmarktes" soll jedoch detaillierter im zweiten Unterkapitel „Personalentwicklung" eingegangen werden.

7.2.1 Personalbeschaffung

Die Personalbeschaffung basiert – wie erwähnt – auf den Ergebnissen der Ermittlung des Personalbedarfs und läuft in folgenden Schritten ab:
1. Personalsuche
   - Extern
   - Intern
2. Personalauswahl, inklusive Durchführung von Testverfahren, Arbeitsproben und Assessmentcenter
3. Einstellung und ggf. Kontrolle des Beschaffungserfolgs.[158]

---

157 vgl. hierzu Thommen, J.P., Achleitner, A.-K., a.a.O., S. 768
158 vgl. hierzu Scholz, Ch., a.a.O. S. 456

Im Folgenden sollen insbesondere die Aspekte Personalsuche und Personalauswahl zur Sprache kommen.

7.2.1.1 Personalsuche

Personalsuche auf dem externen Arbeitsmarkt lässt sich zum einen mit minimalem Aufwand durch die sogenannten passiven Maßnahmen oder eben aufwändiger (ggf. dafür aber auch effizienter) durch aktive Maßnahmen realisieren.

Im Folgenden soll auf einige ausgewählte Maßnahmen noch kurz eingegangen werden. Das klassische Medium für Stellenanzeigen sind Tageszeitungen. Neuerdings spielt aber auch das Internet einen nicht zu vernachlässigende Rolle.

Tab. 10: Maßnahmen externer Personalbeschaffung[159]

Eher passive Maßnahmen der externen Personalbeschaffung	Eher aktive Maßnahmen der externen Personalbeschaffung
• Eigenbewerbung • Bewerberkartei • Arbeitsvermittlung über das Arbeitsamt • Personalleasing	• Personalberater und -vermittler • Stellenanzeigen • Personalbeschaffung via Internet • College Recruiting • Aktivierung von Betriebsangehörigen als „Werbeträger"

Hatte früher das Arbeitsamt eine Monopolstellung bei der Vermittlung von abhängig Beschäftigten inne, so erhalten gegenwärtig auch Personalberater, Executive Searchers und Headhunter auf Antrag eine Vermittlungsgenehmigung. Personalberater bieten, gegenüber den vorgenannten, ausschließlich auf Vermittlung spezialisierten Fachleuten, ein breiteres Spektrum. Sie decken beispielsweise die Unterstützung des Unternehmens bei der Auswahl ab, führen detaillierte Gespräche mit ihren Auftraggebern und Stellenbewerbern und können in der Regel auf einen reichhaltigen Bewerberpool zurückgreifen.

Zu einem in neuerer Zeit immer wichtiger werdenden Instrument zählt auch das College-Recruiting. Dabei geht es um eine Manifestierung von Hochschulkontakten. Dies wird in der Praxis z.B. durch Bewerbertage, Aushänge, Zusammenarbeit bei Diplomarbeiten und Dissertationen, Vergabe von Forschungsprojekten sowie durch die Schaffung von Praktikantenplätzen realisiert. Auch auf diesem Gebiet setzen im Bereich des Sozialen,

---

159 vgl. ebenda, S. 458

der Pflege und der Gesundheit die einschlägigen Unternehmen noch den sanften Schlaf der Gerechten fort.

Stark auf dem Vormarsch ist auch die Personalsuche via Internet. Dabei soll nicht nur die o.g. Stellenanzeige, beispielsweise in einer sogenannten Job-Börse erwähnt werden, sondern auch die unternehmenseigene Homepage sowie spezifische Newsgroups. Die besonderen Vorteile der Nutzung des Internets ergeben sich für die Bewerber durch die Selektionsfunktionen, die eine gezielte Suche unterstützen. Die Unternehmen können ihr Auswahlverfahren weitgehend automatisieren, insbesondere, wenn sie dem Bewerber das Ausfüllen von Online-Bewerber-Formularen ermöglichen.

Zu den eher passiven Maßnahmen der externen Personalbeschaffung gehört auch das Leasen. Hierbei wird ein Beschäftigter unter Einhaltung eines zwischen zwei Parteien abgeschlossener Arbeitsvertrags an einen Dritten „ausgeliehen". Der Leasinggeber bedarf jedoch der Zustimmung des Arbeitsamtes, die widerruflich erteilt wird. Beim Leasinggeber verbleiben sämtliche Pflichten eines Arbeitgebers. Der Leasingnehmer schließt mit dem Leasinggeber einen Vertrag auf Überlassung ab, der in der Regel ein Weisungsrecht des Leasingnehmers gegenüber dem Arbeitnehmer beinhaltet. Wegen des sogenannten Pflegenotstands greifen derzeit immer mehr Krankenhäuser und Pflegeeinrichtungen auf solche Anbieter zurück.

7.2.1.2 Personalauswahl

Bei der Personalauswahl spielen die Bewerbungsunterlagen eine herausragende Rolle. Diese sollen vollständig sein.

Dazu gehört:
- Anschreiben, eventuell mit Bezug zu einer Stellenanzeige,
- der Lebenslauf mit Lichtbild,
- Zeugniskopien,
- Praktikumszeugnisse und Arbeitszeugnisse von früheren Arbeitgebern.

Diese Bewerbungsunterlagen liefern einen ersten Eindruck, der in der Regel zu einer Entscheidung über Einladung oder Nichteinladung zu einem Bewerbungsgespräch führt.

Die Auswahl wird mittels einer Dokumentenanalyse getroffen. Hier können z.B. bei Berufsanfängern mit akademischer Ausbildung als Kriterien angeführt werden:
- Alter des Bewerbers bzw. der Bewerberin,
- Ausbildungsdauer (Studiendauer),
- Noten (die Kontinuität der Noten) und
- sonstige Qualifikation wie etwa:
- Berufserfahrung,

- Auslandsaufenthalte (Studium, Praktikum),
- Sprachkenntnisse,
- außergewöhnliches Engagement (in sozial erwünschter Form).

Die Systematik der Vorauswahl der Bewerber (d.h. für eine Einladung zu einem Bewerbungsgespräch) ist in keiner Weise wissenschaftlich fundiert. Sie erfolgt in aller Regel subjektiv und es spiegeln sich häufig auch individuelle Präferenzen der Bearbeiter wieder. Entsprechend ist auch die prognostische Validität der Bewerbungsunterlagen als recht gering einzustufen. Dies gilt aber nur insofern, als dass die frühere und zukünftige Berufstätigkeit sich nicht sehr ähnlich sind.[160]

Eine weitere Informationsquelle vor der Einladung eines Bewerbers zum Vorstellungsgespräch stellt für viele Unternehmen der Personalfragebogen dar.

Er stellt sicher, dass über alle Auswahlgesichtspunkte, die dem Unternehmen wichtig erscheinen, ausreichende und vergleichbare Informationen vorliegen. In manchen Fällen ist die Auswertung des Personalfragebogens auch das einzige Verfahren, das über die Einladung eines Bewerbers oder gar dessen Einstellung entscheidet. Dies gilt zum Beispiel häufig bei gewerblichen Arbeitnehmern und bei nichtakademischen Fachkräften in der Pflege, in der Erziehung und in der Hauswirtschaft sowie bei Saisonarbeitskräften. Seine Bedeutung bei der Auswahl akademischer Mitarbeiter ist jedoch gering. Wenn er dennoch zum Einsatz kommt, so dient dies in erster Linie der Datenerhebung für Personalverwaltung und -planung, also zur Vervollständigung der Personalstammdaten.

Der Personalfragebogen bildet auch die Basis für den biographischen Fragebogen.

Diesem Fragebogen liegt der Gedanke zugrunde, aus der bisherigen Lebensgeschichte einer Person und ihrem Verhalten in der Vergangenheit das zukünftige Verhalten und damit den Berufserfolg vorherzusagen. Dieses Prinzip wurde im Biographischen Fragebogen systematisiert, indem jedes einzelne Item nach seinem Beitrag zur Prognose des Berufserfolgs gewichtet wird.

Am häufigsten wird in der betrieblichen Praxis nach der Auswertung der Bewerbungsunterlagen das Interview oder Vorstellungsgespräch eingesetzt.[161]

---

160 vgl. Reilly, R.R, Chao, G.T.: Validity and fairness of some alternative employee selection procedures, in: Personal Psychology, 35 (1982), S.1ff.
161 vgl. Schulz, C., Schuler, H., Stehle, W.: Die Verwendung eignungsdiagnostischer Methoden in deutschen Unternehmen, in: Schuler, H., Stehle, W. (Hrsg.): Organisationspsychologie und Unternehmenspraxis, Perspektiven der Kooperation, Stuttgart 1985, S.126ff. sowie Schuler, H.: Psychologische Personalauswahl, Göttingen 1996, S.84ff.

Die Art der Durchführung reicht von vollstrukturierten Gesprächen mit standardisierten Abläufen und Fragen über teilstrukturierte Befragung bis zur völlig freien Gesprächsform. In der Regel (vor allem bei weniger standardisiertem Vorgehen) werden die Antworten des Bewerbers zusammen mit weiteren Eindrücken, z.B. aus dem nonverbalen Verhalten, zu einem klinischen Urteil summiert.

Betrachtet man die (prognostische) Validität dieses Auswahlverfahrens, so erweist sich diese als sehr gering ($r = 0.05$-0.25). Grund dafür ist der Prozess der sozialen Urteilsbildung, der zu subjektiven Einschätzungen der Bewerber und damit zu geringer Objektivität der Bewertung führt. Vor diesem Hintergrund müsste man das Gespräch als Mittel der Personalauslese für eher unbrauchbar halten; das Auswahlgespräch hat jedoch neben der Feststellung der Eignung eine ganze Reihe weiterer wichtiger Funktionen zu erfüllen.[162]

Um die Sicherheit bei der Ermittlung eines geeigneten Bewerbers zu erhöhen, bedient man sich sehr häufig psychodiagnostischer Testverfahren. Diese sollen individuelle psychischer Merkmale erkunden und beschreiben.

Die unterschiedlichen Verfahren lassen sich wie folgt kategorisieren:

Abb. 20: Testverfahren für die Personalauswahl

Testarten	Ausprägungsbeispiele	Beispielhafte Testverfahren
Persönlichkeitstests		
Subjektive Tests	Persönlichkeitsfragebogen Interessen- und Neigungstests	Freiburger Persönlichkeitsinventar
Objektive Tests	Apparative Verfahren, z.B. zur Ermittlung von Lernkurven	Testbatterie nach Cattell
Projektive Tests	Formdeutung Verbalorientierte Verfahren Zeichnerische und gestalterische Verfahren	Rohrschachtest, Baumtest, Lüscher-Farbtest, Thematic Apperception Test (TAT)
Fähigkeitstests		
Leistungstests	Aufmerksamkeitstests, Konzentrationstests, Willenstests, Fertigkeits- und Fähigkeitstests	Aufmerksamkeits-Belastungs-Test, Mechanisch-Technischer-Verständnis-Test, Berufs-Interessen-Test
Intelligenztests	Allgemeine und spezielle Intelligenztests	Intelligenz-Struktur-Test

---

162 vgl. Schuler, H., a.a.O, 1996, S.86

Es ist darauf hinzuweisen, dass der Einsatz solcher Testverfahren unabdingbar unter professioneller Verantwortung (Dipl. Psychologe bzw. Psychologin) in der Praxis durchzuführen ist. Zusätzlich gilt es anzumerken, dass der Einsatz dieser Verfahren aus rechtlichen, ethischen und nicht zuletzt auch aus methodisch-methodologisch wissenschaftlichen Gesichtspunkten nicht unumstritten ist.[163]

Ersatzweise zum Einsatz von Testverfahren oder in Ergänzung dazu bieten sich Arbeitsproben an.

Unter Arbeitsprobe („work sample test") versteht man eine standardisierte Aufgabe, die eine inhaltlich valide Stichprobe des Verhaltens oder eines Ausschnitts davon repräsentiert, welches für einen späteren Berufserfolg als relevant betrachtet wird. Beispiele hierfür sind Unterrichtsproben bei Pflegepädagogen oder das Führen eines Beratungsgespräches bei Sozialarbeitern.

Gut gestaltete Arbeitsproben besitzen eine relativ hohe Validität.

Geht man einen Schritt weiter, so kann man auch das versuchsweise Übertragen einer neuen beruflichen Position als Arbeitsprobe verstehen.

Insbesondere für die interne Auswahl von Mitarbeitern kann dieses Verfahren wegen seines augenscheinlichen Bezugs zum tatsächlich geforderten späteren Verhalten eine Alternative zu anderen Verfahren sein; weiterhin lässt sich dieses Verfahren auch zur Evaluation von Personalentwicklungsmaßnahmen einsetzen.

Schließlich sind Arbeitsproben häufig auch im Rahmen von Assessment Centern zu finden, die im folgenden Abschnitt erläutert werden.

Der Begriff Assessment Center bezeichnet ein Verfahren, das mehrere eignungs-diagnostische Instrumente oder leistungsrelevante Aufgaben beinhaltet. Sein Einsatzbereich ist die Einschätzung aktueller Kompetenzen sowie die Prognose künftiger beruflicher Entwicklung und beruflichen Erfolgs. Assessment Center werden daher zur Auswahl externer Bewerber wie auch als Beurteilungs- und Förderinstrument für Mitarbeiter eingesetzt.

Eine wichtige Bedingung für den erfolgreichen Einsatz des Assessment Centers ist die Kompetenz der Beobachter bzw. Beurteiler. In der Regel setzt sich das Beobachter- bzw. Beurteilungsgremium aus entsprechend geschulten Linienführungskräften und Psychologen zusammen.

Mit jedem Teilnehmer ist ein abschließendes qualifiziertes Feedback-Gespräch durchzuführen.

---

163 vgl. hierzu z.B. Thommen, J.P., Achleitner, A.-K., a.a.O., S. 775

7.2.2 Personalentwicklung

Bestimmte (betriebswirtschaftliche) Ansätze gehen von einer engen Verflechtung zwischen Personalentwicklung und Organisationsentwicklung aus, wobei dem Anliegen der Organisationsentwicklung in der Praxis häufig Präferenz eingeräumt wird.[164] Wenn Personalentwicklung zur Sprache kommt, so wird ihr meist ein Korridor von Karriereplanung und Berufsbildung beigemessen.[165]

Einer Überwindung dieser Sichtwiese leistet die Frage nach den Zielen der Personalentwicklung Vorschub. Man kann hier zwischen
- derivativen und
- originären

Zielen unterscheiden.

Verfolgt man derivative Ziele, so geben die grundsätzlichen Unternehmensstrategien, mithin auch die der Organisationsentwicklung den Rahmen für die Ziele der Personalentwicklung vor.

Verfolgt man jedoch originäre Ziele, so lassen diese sich losgelöst von den Unternehmensstrategien, alleine auf Basis von Belegschaftsanalysen formulieren. Solche grundlegenden Daten werden z.B. aus Klima-, Kultur- und Motivationsanalysen ermittelt. Sie können beispielsweise Defizite im Bereich der Kommunikation aufdecken und damit eine Richtung für die Personalentwicklung vorgeben.[166]

Idealer Weise sollten in der betrieblichen Praxis beide Systeme die Ziele der Personalentwicklung bilden. Dies wird auch in den Funktionen der Personalentwicklung deutlich.

Für die derivativen Ziele übernimmt sie dabei eine
- Einführungsfunktion (z.B. neuer Technologien oder neuer Organisationsprinzipien oder -abläufe)
- Sensibilisierungsfunktion: Mitarbeiter für Entwicklungen sensibilisieren oder auf Neuerungen vorbereiten
- Initiativfunktion: Einleiten der Personalentwicklungsmaßnahmen mit Hilfe der Umsetzung von erprobten Methoden und der Anwendung von spezifisch geeigneten Instrumenten
- Sicherungsfunktion: einen kontinuierlichen Lernprozess einleiten, ihn in Gang halten, sowie die Zielsetzung permanent überprüfen.[167]

---

164 vgl. Oechsler, W., a.a.O., S. 468 f.
165 vgl. hierzu Thommen, J.P., Achleitner, A.-K., a.a.O., S. 827
166 vgl. Scholz, Ch., a.a.O., S. 506
167 vgl. Oechsler, W.: a.a.O., S. 494

Für die originären Ziele hat sie insbesondere die Funktion inne, die generellen Fähigkeiten zu fördern, die zu einer Entwicklung von allgemeiner Handlungskompetenz beitragen. Stichworte hierfür sind „Basisqualifikationen" und „Schlüsselqualifikationen". Eine ganz besondere Bedeutung kommt hierbei auch der Entwicklung von Lernfähigkeit schlechthin zu.[168]

Insgesamt ist diese aktuelle Diskussion auf einem Stand angelangt, wie er schon immer traditionell in der Beruflichen Bildung besteht – und schon seit Kerschensteiner[169] – mit den Begriffen der fachlichen und allgemeinen Lernziele belegt wurde. Die Intention ging hier immer in Richtung auf eine Integration (nicht nur im Sinne eines additiven Nebeneinanders) beider Lernzielarten.[170]

Personalentwicklungsmaßnahmen können im Hinblick auf die Nähe der Aktivitäten zum Arbeitsplatz unterschieden werden.

Dabei unterscheidet man zwischen Learning
- „into the job" = Berufsausbildung, Anlernausbildung und Einarbeitung
- „on the job" = qualifikationsfördernde Arbeitsgestaltung
- „along the job" = Laufbahn- und Karriereplanung
- „off the job" = externe Bildungsveranstaltungen
- „near the job" = arbeitsplatznah, wie z.B. Lernstatt, Quality Circles und
- „out of the job = Ruhestandsvorbereitung, gleitender Ruhestand.[171]

Für die Gestaltung der Maßnahmen im Bereich „off the job" und der Unterrichtseinheiten beim Training „into the job" und out of the job können die allgemeingültigen Erkenntnisse der Didaktik der Erwachsenenbildung konkret umgesetzt werden[172].

Bei der Gestaltung der arbeitsplatznahen Maßnahmen in den Bereichen „into the job", „on the job" und „along the job", kommen insbesondere Projektarbeit und Arbeitsstrukturierungsmaßnahmen in Betracht.

Der Erfolg von Personalentwicklungsmaßnahmen lässt sich auf zwei Ebenen ermitteln. Dies ist zum einen die ergebnisorientierte und zum anderen die prozessorientierte Erfolgskontrollebene. Bei der prozessorientierten Kontrolle geht es um die Frage, ob alle organisatorischen Schritte, von der

---

168 vgl. ebenda, S. 495
169 vgl. Kerschensteiner, G.: Begriff der Arbeitsschule, 15. Aufl. München u.a. 1964, S. 7ff.
170 vgl. hierzu insbesondere Bonz, B.: Berufliche und allgemeine Bildung als didaktisches Problem, in: ders. (Hrsg.): Didaktische Beiträge zur Berufsbildung, 2. Aufl. Stuttgart 1980, S. 128ff.
171 vgl. Scholz, Ch., a.a.O., S. 511
172 vgl. hierzu z. B. die stichwortartige Zusammenfassung in Maier, H.: Personalentwicklung: Konzepte, Leitfaden und Checklisten für Klein- und Mittelbetriebe, Wiesbaden 1991, S. 129ff.

Bildungsbedarfsanalyse bis hin zur Planung, Durchführung und Kontrolle von (geeigneten) Bildungsmaßnahmen auch ausgeführt wurden.

Der andere Aspekt hat den Erfolg der Maßnahme im Fokus, also inwieweit sie einen inhaltlichen Beitrag zur Erreichung der Ziele der Personalentwicklung leisten konnte.[173]

7.3 Beurteilung und Honorierung

Nach der Planung und dem Einsatz des Personals, stellt sich die Frage, ob es seiner Beurteilung bedarf. Wenn dies der Fall sein sollte, so müssen die Ziele umrissen werden, denen eine solche Beurteilung dienen soll. Darauf aufbauend stellt sich die Frage, welche Beurteilungsformen es gibt und wie sie in die betriebliche Praxis integriert werden können. Die nächste Frage stellt sich direkt im Anschluss an die Personalbeurteilung und lautet: „Wie können Menschen im System Arbeit vergütet werden?" Kann und soll dies überhaupt mit der Frage der Beurteilung verknüpft werden? Die gängigen Verfahren der Honorierung sollen im einem der Beurteilung sich anschließenden zweiten Unterkapitel kurz vorgestellt werden.

7.3.1 Personalbeurteilung

Neben dem naheliegenden Ziel einer Entgeltfestlegung, soll die Personalbeurteilung insbesondere folgenden Zwecken dienen:
- Leistungsverbesserung durch Verhaltenssteuerung (Rückmeldung durch das soziale Umfeld)
- Personelle Entscheidungen auf individuellem und kollektivem Niveau (Vertretung, Beförderung, Personal(bedarfs)planung)
- Planung, Auswahl und Gestaltung von Maßnahmen der Personalentwicklung
- Gestaltung von Arbeitsbedingungen (Arbeitsplatz und Arbeitsumgebung), Ansatzpunkte für Organisationsdiagnose und Organisationsentwicklung
- Individuelle Beratung und Förderung von Mitarbeitern
- Verbesserung der Führungskompetenz der Vorgesetzten
- Förderung der Zusammenarbeit durch regelmäßige Kommunikation von Leistungserwartungen und -ergebnissen
- Evaluation von Selektionskonzepten, personellen Entscheidungen, Maßnahmen der Personalentwicklung Programmen der Organisationsentwicklung, Anreiz- und Verstärkungssystemen

---

173 vgl. Scholz, Ch., a.a.O., S.511

- Artikulation von Anforderungen an Arbeitstätigkeit und sozialem Verhalten
- Unterstreichung der Bedeutung leistungsorientierter Personalplanung und -entwicklung im Unternehmen.[174]

Bei der Frage, wer wen beurteilt, unterscheidet man in der Praxis zwischen
- Vorgesetztenbeurteilung
- Kollegenbeurteilung
- Selbstbeurteilung und
- Kundenbeurteilung[175]

Am häufigsten ist die Vorgesetztenbeurteilung anzutreffen, da in der Praxis die Funktion von Leistungsbeurteilung zur Entgeltfindung vorherrscht.[176] Alle bisher für diesen Zweck entwickelten Verfahren beschränken sich ausschließlich auf eine solche Vorgesetztenbeurteilung.[177]

Aussagen über die Qualität der Verfahren können nach den Kriterien der
- Objektivität,
- Reliabilität und
- Validität

getätigt werden.

Objektiv sind Verfahren, wenn durch ihre Anwendung subjektive Einflüsse weitgehend ausgeschaltet werden können.

Reliabel sind Verfahren, wenn sie über einen gewissen Zeitraum bei gleichen Ausgangssituationen auch zu gleichen Ergebnissen führen. D.h. sie sind zeitlich stabil.

Valide sind Verfahren, wenn tatsächlich das gemessen wird, was nach den vorher formulierten Zielen gemessen werden soll.

Die bestehenden Verfahren zur Leistungsbeurteilung können unterschieden werden wie in Tabelle 11 dargestellt.
1. Unterscheidungsebene nach der Strukturierung des Verfahrens: Hier gilt es freie von gebundenen Verfahren zu unterscheiden.
2. Unterscheidungsebene nach der Art des Leistungsmaßstabs: Gebundene Verfahren lassen sich hier unterscheiden, ob sie nach einem Einstu-

---

174 Schuler, H.: Leistungsbeurteilung, in: Roth, E. (Hrsg.): Organisationspsychologie. Enzyklopädie der Psychologie, Themenbereich D, Serie III, Bd. 3, Göttingen u.a. 1989, S. 399f.
175 vgl. Oechsler, W., a.a.O., S. 408
176 vgl. Oechsler, W.: Mitarbeiterbeurteilung als Führungsaufgabe, in: Berthel, J., Groenewald, H. (Hrsg.): Personalmanagement. Zukunftsorientierte Personalarbeit, Landberg a.L. 1996, Teil 2/2.5, S. 11ff. (S. 1-17)
177 vgl. Oechsler, W.: Personal und Arbeit..., a.a.O., 2011, S. 408

fungsverfahren, nach einem Rangordnungsverfahren, nach einem Kennzeichnungsverfahren oder nach einem Zielsetzungsverfahren gegliedert sind.
3. Unterscheidungsebene nach Art der Leistungskriterien: Einstufungsverfahren lassen sich danach unterscheiden, ob sie eigenschaftsorientiert, verhaltensorientiert oder ergebnisorientiert ausgeprägt sind.
4. Unterscheidungsebene nach Skalentypen bzw. Durchführungsregeln bei freien Verfahren, gebundenen verhaltensorientierten Einstufungsverfahren und gebunden Kennzeichnungsverfahren: Freie Verfahren lassen sich danach unterscheiden, ob sie ohne Vorgabe von Merkmalen oder mit Merkmalsvorgabe arbeiten. Verhaltensorientierte Einstufungsverfahren lassen sich danach unterscheiden, ob sie nach einer Verhaltenserwartungsskala (BES) oder nach einer Verhaltensbeobachtungsskala (BOS) gegliedert sind. Kennzeichnungsverfahren lassen sich danach gliedern, ob sie nach einem Verfahren der kritischen Ereignisse, einem Freiwahlverfahren oder einem Wahlzwangverfahren ausgerichtet sind.[178]

Tab. 11: Klassifizierung bestehender Personalbeurteilungsverfahren[179]

Ebenen	Verfahren/Verfahrensmerkmale					
1. Ebene (Verfahrensart)	Freie	Gebundene Verfahren				
2. Ebene (Leistungsmaßstab)		Einstufungsverfahren	Rangordnungsverfahren	Kennzeichnungsverfahren	Zielsetzungsverfahren	
3. Ebene (Leistungskriterien)		• Eigenschaftsorientiert • Verhaltensorientiert • Ergebnisorientiert				
4. Ebene (Skalentypen, Durchführungsregeln)	Mit | Ohne	• Verhaltensorientiert: • kritische Ereignisse • Freiwahl • Wahlzwang				
	Merkmalsvorgabe			BOS	BES	

---

178 vgl. ebenda, S.410
179 vgl. ebenda

Zur ersten Unterscheidungsebene nach der Strukturierung des Verfahrens:
Zu den einfachsten freien Verfahren gehört die freie Eindrucksschilderung, die an ganz bestimmten, manchmal auch sehr subjektiven und von Sympathie versus Antipathie geprägten Gefühlen beeinflusst sein kann. Selbst wenn im Gegensatz dazu merkmalsorientiert gearbeitet wird, so kann es sein, dass Zufälligkeiten eine ausschlaggebende Beurteilung stark beeinflussen und Kleinigkeiten, die im Gedächtnis haften geblieben sind, das Resultat dominieren. Nahezu alle oben genannten Gütekriterien können in keiner Weise erfüllt werden. Daher können freie Verfahren kaum zur Leistungsbeurteilung herangezogen werden.

Gebunde Verfahren sorgen im Gegensatz dazu für eine Vergleichbarkeit der Beurteilung, indem Aspekte arbeitsrelevanten Handelns und Leistungsprofile auf einer Einstufungsskala beurteilt werden, die sich häufig an der Schulnotenskala orientiert.

Zur zweiten Unterscheidungsebene nach der Art des Leistungsmaßstabs:
Bei gebunden Verfahren gilt es grundsätzlich den Leistungsmaßstab festzulegen. Zum einen wird dies durch die sogenannten Einstufungsverfahren erreicht, denen ein vorher festgelegter Maßstab in Form von Einstufungsskalen zugrunde liegt. Eine zweite Möglichkeit besteht darin, die zu beurteilenden Mitarbeiter in eine Rangordnung zu bringen. Diese Methode wirkt der Tendenz entgegen, den Mitarbeitern samt und sonders eine mittlere Bewertung zukommen zu lassen, wie dies beispielsweise bei allen Einstufungsverfahren sehr häufig beobachtet werden kann.[180] Allerdings können Rangordnungsverfahren wenig zur Leistungsverbesserung beitragen, wenn ganze Abteilungen insgesamt über eher leistungsschwache Personalbestände verfügen. Zusätzlich geht die Nähe zur Arbeit beim Beurteilen verloren. Während bei all den vorgenannten Verfahren die Validität zu wünschen übrig lässt und insbesondere beim Einstufungsverfahren mangelnde Differenzierung zu beklagen ist, sollen die Kennzeichnungsverfahren in diesen Bereichen die Qualität verbessern. Hier werden die Beurteiler gezwungen, sich auf ganz spezifische Aspekte der zu beurteilenden Personen zu konzentrieren, die sich wiederum auf ausgewählte, besonders leistungsrelevante Situationsmerkmale beziehen lassen müssen. Das Zielsetzungsverfahren ist in einen Prozess des Management by Objectives[181] integriert. Hier wird beurteilt, inwieweit ein Mitarbeiter einen Beitrag zur Zielerreichung leisten konnte.

---

180 vgl. Derlien, H.-U., Zur Problematik der Leistungskontrolle im öffentlichen Dienst, in: Antrittsvorlesung der Fakultät für Sozial- und Wirtschaftswissenschaften, 1. Teil, Bamberg 1980, S. 67ff.
181 vgl. hierzu Kap. 5.3.3

Zur dritten Unterscheidungsebene nach Art der Leistungskriterien: Die Einstufungsverfahren können weiter unterteilt werden in den eigenschafts-, tätigkeits- und ergebnisorientierten Ansatz.

Beim eigenschaftsorientierten Ansatz steht die Persönlichkeit des Mitarbeiters im Mittelpunkt der Beurteilung mit ihren situationsunabhängigen und zeitlich stabilen Eigenschaften. Zugrunde liegt hierbei die Annahme eines Zusammenhangs zwischen bestimmten Persönlichkeitseigenschaften und Leistung. Beurteilt werden vor allem für relevant erachtete Eigenschaften wie z.B. Loyalität, Dominanz, Intelligenz, Kreativität, Aggressivität.

Beim tätigkeitsorientierten Ansatz wird beurteilt, „was" und „wie" die Person arbeitet (d.h. die Art des Tätigkeitsvollzuges). Ausgehend von den spezifischen Anforderungen einer Tätigkeit werden Leistungsdimensionen konkretisiert. Im eigentlichen Beurteilungsprozess wird dann ermittelt, inwieweit ein anforderungsgerechtes Verhalten gezeigt wurde. Person und Persönlichkeit des Mitarbeiters spielen in diesen Verfahren keine Rolle, sondern lediglich das konkrete beobachtbare Arbeitsverhalten.

Verhaltensorientierte Verfahren bieten damit Möglichkeiten zur Verhaltenssteuerung und zielen auf eine Leistungsverbesserung.

Problematisch ist hier, dass nicht immer wirklich Verhalten, sondern häufig eher Eigenschaften von Personen beurteilt werden. Diese Prozesse laufen bei den Beurteilern jedoch nicht bewusst ab, denn sie glauben weiterhin fest daran, verhaltensbezogene Urteile abzugeben.[182]

Beim ergebnisorientierten Ansatz bildet der Gegenstand der Beurteilung das Ergebnis der Arbeitstätigkeit. Dieses wird anhand von vorher definierten Zielen hinsichtlich des Grades der Zielerreichung eingeschätzt. Im Mittelpunkt der Beurteilung stehen damit die vom Mitarbeiter tatsächlich erzielten Arbeitsergebnisse.

Zur vierten Unterscheidungsebene nach Skalentypen bzw. Durchführungsregeln: Hier handelt es sich um Varianten, die sich insbesondere auf die freien Verfahren, auf verhaltensorientierte Beobachtungsverfahren oder auf Kennzeichnungsverfahren beziehen. Die beiden Ausprägungen – mit und ohne Vorgaben – bei den freien Verfahren, wurden bereits im Rahmen der ersten Unterscheidungsebene erwähnt.

Die verhaltensorientierten Einstufungsverfahren lassen sich in Verhaltenserwartensskalen und Verhaltensbeobachtungsskalen unterscheiden. Die Verhaltenserwartungsskalen (aus dem Englischen: Behavioral Expection Scales [BES]) werden aus der Analyse und Beschreibung von tätigkeitsrelevanten Verhaltensweisen gebildet, die positive, neutrale und negative Wertmaßstäben der Beurteilung enthalten. Dieses Verfahren ist sehr auf-

---

182 vgl. Schuler, H. Funke, U.: Diagnose beruflicher Eignung und Leistung, in: Schuler, H. (Hrsg.): Organisationspsychologie, 4. Auflage, Göttingen 2007, S. 322.

wändig, weil es ganz spezifisch auf jede Tätigkeit zugeschnitten werden muss und einer ganzen Reihe von unterschiedlichen Beurteilern bedarf.[183]

Anders sieht es bei den Verhaltensbeobachtungsskalen (Behavioral Observation Scales [BOS]) aus. Hier liegen adverbiale Maßstäbe von Verhaltensformen vor, die als leistungsrelevant gelten. Das kann z.B. „häufig, selten, nie" oder auch „gründlich, weniger gründlich, oberflächlich" sein. Diese Verhaltensvariante weist bereits hohe Ähnlichkeiten mit den Kennzeichnungsverfahren auf.

Bei Kennzeichnungsverfahren kann eine Einstufung durch Ankreuzen von „Standard"- Aussagen geschehen, die zu einer Person „passen". Aussagen, die nicht zutreffen, werden auch nicht angekreuzt. Beim Auswerten führt dies zu sehr unterschiedlichen Punktwerten, die dem Bewerter im Einzelnen nicht bekannt sein dürfen. Hier ist dann von einem Freiwahlverfahren die Rede. Eine zweite Variante besteht darin, dass der Bewerter eine Auswahl von Aussagen über die Person eines Mitarbeiters treffen muss, die sich nur in Nuancen unterscheiden. Diese unterschiedlichen Nuancensetzungen müssen jedoch auch tatsächlich leistungsrelevant, d.h. für Erfolg oder Misserfolg ausschlaggebend, sein (Wahlzwangverfahren).

Letztlich soll in diesem Rahmen noch die „Critical-Incident-Methode" genannt werden, die sich ausschließlich auf solche Aspekte konzentriert, die innerhalb des Beurteilungszeitraums zu Erfolgen oder Misserfolgen geführt haben. Wenn diese Methode in einer Weise angewendet wird, dass sie Arbeitsinhalte berücksichtigt und damit auf subjektiven und objektiven Merkmalen der Arbeit basiert, kann sie als die – nach methodischen Qualitätsmaßstäben – höchstwertige bezeichnet werden.[184]

Die Personalbeurteilung hat im Sinne der Personalführung aber nur dann ihre vollen Auswirkungen, wenn den Beurteilten das Ergebnis mitgeteilt wird. Das Beurteilungsgespräch ist daher als ein Führungsinstrument anzusehen, das es jedem Mitarbeiter in regelmäßigem Turnus ermöglichen soll, in einen Dialog mit dem direkten Vorgesetzten über die an ihn gestellten Aufgaben, deren bisherige Umsetzung und auch über künftige Zielvorgaben zu treten. In diesem Rahmen soll auch die Zusammenarbeit zwischen Mitarbeiter und Vorgesetztem diskutiert werden.[185]

---

183 vgl. hierzu Domsch, M., Kerpott, T.J.: Verhaltensorientierte Beurteilungsskalen, in: Betriebswirtschaft 6 (1985), S. 674
184 vgl. Oechsler, W.: Personal und Arbeit ..., a.a.O., S. 416f.
185 vgl. Liebel, H.J.: Personalentwicklung durch Verhaltens- und Leistungsbewertung, in: Liebel, H.J., Oechsler, W.A. (Hrsg.): Personalbeurteilung. Neue Wege zur Bewertung von Leistungen, Verhalten und Potential, Wiesbaden 1992, S. 163

Das Beurteilungsgespräch hat folgende Hauptaufgaben zu erfüllen:
- Information des Mitarbeiters über seine bisher gezeigten Leistungen
- Motivation zum Leistungserhalt oder zur Mehrleistung[186]
- Kommunikation der zukünftigen Leistungserwartungen
- Einigung über ganz konkrete Leistungs- und Bewertungsmaßstäbe.

Mit dem Mitarbeitergespräch sollen folgende Ziele erreicht werden[187]:
- Dem nach dem Betriebsverfassungsgesetz über Zulagenvergaben gesetzlich vorgeschriebenen Informationsanspruch des Mitarbeiters zu genügen
- Transparenz bezüglich der Erwartungen
- Entdeckung neuer Lernmöglichkeiten durch Lob und Tadel sowie ggf. Diskussion über alternative Verhaltensweisen
- Sozialen Bedürfnissen der Mitarbeiter genügen, z.B. nach Anerkennung und Kontakt sowie
- Raum schaffen für einen offenen Dialog und Gedankenaustausch zwischen Vorgesetzten und Mitarbeitern
- Verknüpfung von Zielen der Mitarbeiter mit denen des Unternehmens

Um zum Gelingen eines positiven Gesprächsklimas und einem angenehmen Gesprächsverlauf beizutragen, sind folgende Regeln zu beachten:[188]
- Klare Themenabgrenzung in Bewertungs-, Entwicklungs- und Laufbahngespräch
- Einbettung des Gesprächs in eine dazu passende und förderliche partnerschaftliche Unternehmenskultur
- Beeinflussung des Gesprächs durch positive nonverbale Elemente, wie z.B. Gestik, Körperhaltung, Kleidung sowie räumliche, zeitliche und atmosphärische Rahmenbedingungen
- Einsatz adäquater und ggf. zu erlernender Gesprächstechniken.

7.3.2 Personalvergütungssysteme

Traditionell wird in diesem Rahmen zu aller erst auf Fragen der Lohnfindung eingegangen. Im Bereich Sozialer Dienste und der Dienste im Gesundheitsbereich spielt die Lohnfindung – wenn überhaupt – eine sehr untergeordnete Rolle. Im Vordergrund steht hier die Gehaltsfindung. Das Arbeits- oder Dienstrecht ist derzeit noch so starr, dass es spezifische und individuelle Spielräume nur sehr bedingt zur Verfügung stellt. Das ist aber

---

186 vgl. ebenda
187 vgl. Oechsler, W.: Personal und Arbeit..., a.a.O., S. 423
188 vgl. ebenda, S.424f.

auch der Grund, warum z.B. im Bereich Soziales und Gesundheit auch äußerst selten Beurteilungssysteme angewandt werden, denn traditionell war und ist die Gehaltsfindung das Hauptanwendungsgebiet von Beurteilungssystemen. Da im Tarifsystem eine Flexibilisierung zu erwarten ist, haben zumindest die grundlegenden Formen der Gehaltsfindung, die Bestandteile von Anreizsystemen enthalten sollten, auch hier ihre aktuelle Relevanz.

Grundsätzlich kann man bei der Personalvergütung zwischen folgenden Einflussgrößen unterscheiden:[189]
- Anforderungsabhängigkeit
- Leistungsabhängigkeit
- Sozialstatusabhängigkeit und
- Hierarchieabhängigkeit.

Bei der *Anforderungsabhängigkeit* werden die Merkmale der Aufgabe herangezogen. Dabei wird ein Arbeitswert ermittelt, der wiederum die Grundlage für die Entgeltdifferenzierung bildet. Hier unterscheidet man zwischen analytischen und summarischen Verfahren. Bei den analytischen Verfahren werden die Aufgaben nach bestimmten Merkmalen beurteilt. Entsprechend des sogenannten „Genfer Schemas" sind dies beispielsweise die Kriterien:
- Fachkönnen
- geistige Beanspruchung
- Umgebungseinflüsse
- Verantwortung

In der konkreten Umsetzung dieses Verfahrens gilt es noch weitere Detaillierungen zu beachten.[190]

Beim summarischen Verfahren werden bestimmte Arbeitsaufgaben als Ganzes einer vorher schon beschriebenen Kategorie zugeordnet. Dieses Verfahren liegt beispielsweise der Einstufung nach tariflichen Lohn- und Gehaltsgruppen zugrunde. Zum Teil ist die Anwendung dieses Verfahrens in bestimmten Tarifgebieten und Branchen vorgeschrieben.

Eine weitere Ebene der Entgeltfindung stellt die *Leistung* dar. Traditionell werden hier quantitative Größen herangezogen, wie z.B. Mengen und Zeiten. Dies kommt in unterschiedlichen Formen der sogenannten Akkordlöhne zum Ausdruck. Aber – und da ergeben sich mehr Verknüpfungsansätze zum Bereich Soziales und Gesundheit – in der Form des sogenannten Prämienlohns werden z.B.
- Qualitätsprämien
- Nutzungsprämien

---

189 vgl. Scholz, Ch., a.a.O., S.734
190 vgl. hiezu ebenda, S.735ff.

- Zeitersparnisprämien
- Kostenersparnisprämien und
- Innovationsprämien

entrichtet. Zudem wird hier differenziert zwischen Einzel- und Gruppenprämien, die ebenfalls interessante Perspektiven bei der anwendungsspezifischen Übertragung eröffnen könnten.

Nach § 82 II Betriebsverfassungsgesetz ist das Beurteilungsgespräch zwingender Bestandteil der Leistungsbewertung.

Neben den der Höhe nach im Voraus garantierten Bestandteilen der Gehälter, die durch Leistung beeinflusst werden können, sind in der Praxis auch noch eine ganze Reihe von Beteiligungsmodellen und -formen üblich. Allerdings sind hier nicht alle auf gemeinnützige und mildtätige Unternehmen übertragbar. Dies gilt vor allem für Formen der Gewinnbeteiligung oder der Beteiligung am Eigenkapital. Ein wichtiges Ziel solcher Formen der Leistungsbeteiligung ist bei Tendenzbetrieben ohnehin kaum relevant: Die Miteigentümerschaft von Arbeitnehmern an den Produktionsmitteln.[191] Allerdings könnte man sich auch bei mildtätigen und gemeinnützigen Unternehmen die Frage stellen, warum beispielsweise eine Verschuldung bei der Bank selbstverständlich sein kann, nicht aber bei den eigenen Mitarbeitern und Mitarbeiterinnen.

Ein enorm wichtiges, wenn auch nur in sehr fortschrittlichen und modernen Unternehmen praktiziertes Instrument bei der Leistungshonorierung stellt das Cafeteria-System dar. Dieses geht davon aus, dass der Mitarbeiter zwischen unterschiedlichen Formen der Leistungsvergütung wählen kann. Dies ist insbesondere ein aus motivationspsychologischer Sicht sehr empfehlenswertes Verfahren.

Ein weiteres Kriterium der Entlohnung bildet die Sozialstatusabhängigkeit. Differenziert wird hier z.B. nach Familienstand und Betriebszugehörigkeit. Im Allgemeinen spielen diese Bestandteile eine nur sehr geringe Rolle. Beim Tarifsystem der Öffentlichen Hand, an das auch die gemeinnützigen und mildtätigen Unternehmen sich anlehnen müssen, sind dies jedoch dominierende Faktoren. Letztlich ist die Gehaltshöhe von der Hierarchieebene abhängig.

Ausschlaggebend für die Entlohnung von Führungskräften sind dabei insbesondere drei Faktoren:[192]
- Bei der Entlohnung des Top-Managements spielt nicht immer die Leistung eine ausschlaggebende Rolle. Andere Kriterien, die indirekt oder

---

191 vgl. zu diesem Ziel beispielsweise ebenda, S.754
192 vgl. Barkema, H., Gomez-Mejia, L.R.: Managerial Compensation and Firm Performance: A General Research Frame, in: AMJ 41 (1998), S.140

direkt eine Aussage über die Person der Führungskraft erlauben, beeinflussen – zusammen mit Unternehmensgröße und Branche – die Höhe des Gehalts in mindestens in gleicher Weise.
- Die Entlohnung hängt von der Eigentümerstruktur des Betriebes ab. Des Weiteren spielen folgende Faktoren eine wichtig Rolle:
  - Unternehmensverfassung
  - Regelungen und Gesetze zur Mitbestimmung
  - Zusammensetzung der „innerbetrieblichen Konkurrenz" um Führungspositionen
  - Entlohnungskomitees, Kontrollinstanzen und -instrumentarien
  - Einfluss der allgemeinen Öffentlichkeit.
  - Weitere Einflussfaktoren der Vergütung des Top-Managements ergeben sich aus der Unternehmensstrategie, aber auch aus dem Niveau aus Forschung und Entwicklung, der Marktbedeutung und des Marktwachstums, der nationalen Gepflogenheiten sowie dem Steuersystem und den Kapitalmarktbedingungen.

Um einer zu einseitigen, z.B. an kurzfristigen Erfolgsfaktoren, orientierten Entlohnung von Führungskräften entgegen zu wirken, wurden eher strategisch orientierte Anreizsysteme entwickelt. Dabei gilt es, zwischen dem Management Accounting-Ansatz und den strategisch orientierten Anreizsystemen im engeren Sinne zu unterscheiden:[193]

Beim Management Accounting-Ansatz werden „harte Fakten" zugrunde gelegt, die darin bestehen, die Bilanzierungsgrundsätze der externen Rechnungslegung so abzuändern, dass sie für die Kontrolle der Erreichung vorher definierter interner Zielsetzungen dienen können. Die Bewertung und Belohnung wird dann durch einen Soll-Ist-Vergleich ermittelt. Das können dann sogar den kurzfristigen Erfolg reduzierende Mehraufwendungen, beispielsweise im Bereich Forschung und Entwicklung, sein. Die strategisch orientierten Anreizsysteme beinhalten eine ganze Reihe von unterschiedlichen Verfahren, von denen hier nur beispielhaft der Ansatz der strategischen Meilensteine genannt werden soll. Hier geht es um die Erreichung von vorher aus strategischen Zielen abgeleiteten Erfolgsfaktoren. Diese sollen ihrerseits aber jeweils kurzfristig erreichbar sein.

Dabei werden drei Arten von Meilensteinen definiert:
- Operative und monetäre
- Strategische Erfolgsfaktoren, wie z.B. Marktanteil und Kostensituation
- Projektbezogene Ziele, wie z.B. Erweiterungen, Einführung neuer Dienste, etc.

---

193 vgl. Oechsler, W.: Personal und Arbeit..., a.a.O., S.455f.

Wie später noch ausgeführt wird, übt die Frage der Vergütung Vordergründig eine wesentliche Rolle auf die Motivation von Mitarbeitern und Mitarbeiterinnen aus. Detaillierte Untersuchungen zeigen jedoch, dass es langfristig eher darauf ankommt, dass die Gehaltsstruktur als solche die Mitarbeiter nicht unzufrieden macht. Kurzfristig eintretende „Motivationsspitzen" durch Gehaltserhöhungen flachen ebenso schnell wieder ab, wie sie aufgetreten sind. Unzufrieden machen Gehaltsstrukturen immer dann, wenn sie nicht gerecht sind. Konsequenzen einer Nichtbeachtung des Gerechtigkeitsgebotes sind nachlassende Arbeitsleistungen und -qualitäten, bis hin zu erhöhten Fluktuationsraten.[194]

Legt man einen sozialwissenschaftlichen Gerechtigkeitsbegriff zugrunde, so kann man zwischen
- Verteilungsgerechtigkeit (wahrgenommene Fairness der Verteilung von Ergebnissen auf Individuen)
- Prozedurale Gerechtigkeit (Bewertung des Prozesses bei Allokationsentscheidungen. Sind die „Spielregeln" in Ordnung?)
- Interaktionale Gerechtigkeit (Qualität der personalen Behandlung. Herrscht Standesdünkel und Vetternwirtschaft vor?)[195]

unterscheiden.

Alle Angestellten des Öffentlichen Dienstes wurden von 1961 bis September 2005 nach den Tätigkeitsmerkmalen der Vergütungsordnung des Bundesangestelltentarifs (BAT) (Anlage 1a und 1b) eingestuft und vergütet. Aus mehreren Gründen wurde dieses System dann ab Oktober 2005 durch ein neues System ersetzt, das in einem sehr hohen Maße auch leistungsorientierte Elemente enthält. Damit wurde das seither charakteristische System, das sich vor allem an Lebens- und Dienstaltersstufen orientierte, abgelöst[196].

7.4 Personalführung

Unter dem Begriff der Personalführung soll die unternehmensweite Aufgabe verstanden werden, alle zielorientierten Maßnahmen und Verhaltensweisen zusammen zu fassen, die auf die Menschen in Organisationen ausgerichtet sind. Dabei kann man unterscheiden zwischen struktureller Führung und interaktioneller Führung. Die strukturelle Komponente zielt auf eine

---

194 vgl. Scholz, Ch. a.a.O., S.765
195 vgl. ebenda
196 vgl. Oechsler, W.. Personal und Arbeit, a.a.O. S. 459f.

mittelbare und indirekte Verhaltenssteuerung, während die interaktionelle Führung unmittelbar und direkt das Verhalten der Menschen steuern soll.

7.4.1 Grundlagen interaktioneller Personalführung

Während bei einer prozessorientierten Betrachtungsweise Planen, Organisieren und Steuern als wesentliche Managementfunktionen verstanden werden, ergeben sich beim interaktionellen Managementansatz folgende Führungsaufgaben:

- Willensbildung: Bestimmung von Handlungszielen
- Willensdurchsetzung: Veranlassung von Verhaltensakten
- Willenssicherung: Prüfung von Verhaltensergebnisse, korrigierendes Einwirken

Aspekte der Personalführung gehören neben Umwelteinflüssen und spezifischen Organisations- und Mitarbeitermerkmalen zu den Haupteinflussfaktoren auf die Effizienz einer Organisation. Dabei kommt der interaktionellen Personalführung sprichwörtlich die Rolle eines „Transmissionsriemens" bei der Übertragung strategischer Ziele auf die operative Ebene zu. In einer Vielzahl empirischer Studien konnte gezeigt werden, dass das Führungsverhalten Auswirkungen auf

- die Arbeitsleistung,
- die Arbeitszufriedenheit,
- die Motivation,
- die Einstellungen zur Arbeit,
- das Fernbleiben vom Arbeitsplatz,
- die Kündigungshäufigkeit sowie
- das Verantwortungs- und Verbundenheitsgefühl mit der Organisation

hat.[197]

Neben weiteren Einflussgrößen gilt es in diesem Zusammenhang zu beachten, dass insbesondere zwischen dem Verhalten des Führers und dem der Geführten eine wechselseitige Beeinflussung besteht. Es entsteht ein Kreislaufprozess, bei dem Reaktionen auf ein spezifisches Vorgesetztenverhalten beim Mitarbeiter wiederum maßgebliche Situationsbedingungen für den Vorgesetzten schaffen.

Der Begriff der interaktionellen Personalführung beinhaltet folgende wesentliche Grundannahmen:

---

[197] vgl. hierzu Weinert, A.B.: Organisationspsychologie – Ein Lehrbuch, 5. Aufl., Weinheim 2004, S.458ff.

- Führung ist ein Gruppenphänomen, d.h. es handelt sich immer um Interaktionen zwischen zwei oder mehreren Personen,
- Führung bedeutet intentionale soziale Einflussnahme,
- Führung beabsichtigt, durch Kommunikationsprozesse Ziele zu erreichen.[198]

7.4.2 Führungsleitlinien sowie Führungsansätze

Die Formulierung von Führungsgrundsätzen oder -leitlinien, mit denen vor allem allgemeine Verhaltensempfehlungen für den Umgang zwischen Vorgesetzten und Mitarbeitern ausgesprochen werden, findet bei großen Unternehmen der gewerblichen Wirtschaft breite Anwendung. Einrichtungen im Sozialbereich oder im Bereich des Gesundheitswesens machen derzeit im Rahmen der Leitbildentwicklungsprozesse sich ebenfalls Gedanken über solche Grundsätze. Beispielhaft seien hier die Führungsgrundsätze der Werkstatt für Behinderte in Heiningen der Lebenshilfe Göppingen genannt:

- **Fach- und Führungskompetenz.** Wir Führungskräfte bevorzugen einen partnerschaftlichen Führungsstil. Neben einer weitgehenden Information des Personals gehört hierzu insbesondere, dass bei Entscheidungen fachlicher Kompetenz der Vorrang vor Machtpositionen einzuräumen ist. Bei der Gestaltung der Arbeitssysteme sollen die Bedürfnisse des Personals weitgehend berücksichtigt werden. Unser Führungsstil soll ferner von Transparenz gekennzeichnet sein. Dies schließt auch eine offene Rückmeldung gegenüber unserem Personal ein.

- **Entscheidung und Verantwortung.** Wir Führungskräfte wollen dem Personal weitgehende Entscheidungsspielräume gewähren. Durch die Förderung seiner Eigenständigkeit und seiner Bereitschaft zur Verantwortungsübernahme, soll es dem Personal in hohem Maße ermöglicht werden, in der Arbeit auch eigene Ideen zu verwirklichen.

- **Soziale Kompetenzen.** Wir Führungskräfte wollen unser Personal als jeweils eigenständige Persönlichkeiten tolerieren und akzeptieren. Wir wollen uns ihm gegenüber offen verhalten sowie ihm ggf. Lob und Anerkennung zukommen lassen. Das Personal soll vor allem unser Vertrauen genießen sowie von uns Unterstützung und Rückendeckung erfahren.

---

[198] vgl. ebenda

- **Zusammenarbeit.** In unseren jeweiligen Verantwortungsbereichen soll die Teamarbeit gefördert und ausgebaut werden. Möglichst viel Personal soll dabei insbesondere an der Lösung bestehender Probleme gleichberechtigt mitwirken können. Daneben sollen die Teams ein Forum für das Personal zur kritischen Reflexion seiner Arbeit bilden.

- **Organisationsrahmen.** Eine klare und übersichtliche Organisationsstruktur mit eindeutigen Positionen und geklärten Kompetenzen bildet den wesentlichen Rahmen für die Umsetzung unserer Führungsleitlinien.

- **Zielvereinbarung.** Wir bekennen uns zu einer Führung durch Zielvereinbarung. Dies trägt unter anderem dazu bei, dass innerhalb der unterschiedlichen Verantwortungsbereiche auch entsprechend geeignete Konzepte erstellt, kommuniziert und in breiter Form mitgetragen werden. Innerhalb dieses Führungssystems legen wir besonderen Wert auf die Rückmeldefunktion.

- **Personalentwicklung.** Wir wollen innerhalb unserer Einrichtung dem Personal berufliche Perspektiven, z.B. auch durch Aufstiegsmöglichkeiten, bieten. Um Trägheits- und Beharrungstendenzen vorzubeugen, sollen bedarfsgerecht dem Personal Abwechslungsmöglichkeiten in seiner Arbeit angeboten werden. Dies geschieht auch vor dem Hintergrund der Flexibilisierungserfordernisse, die sich durch den technologischen, sozialen und ökonomischen Wandel ableiten lassen. Dabei kommt einschlägigen Weiterbildungsmaßnahmen eine ganz besondere Bedeutung zu.

- **Schutzfunktion.** Die Verantwortung gegenüber dem Personal gebietet es uns, es vor gesundheitsschädigenden Belastungen in seiner Arbeitssphäre zu schützen. Wir wollen dabei jedoch nicht auf der Ebene der psychischen und physischen Belastungsfaktoren beharren. Insbesondere sehen wir darüber hinaus Gefahren im psychosozialen Bereich, wie z.B. Mobbing, denen präventiv begegnet werden muss.

Moderne Führungsgrundsätze werden vor dem Hintergrund aktueller Organisationstheorien und fortschrittlicher Annahmen über die Natur des arbeitenden Menschen formuliert. Sie bilden entscheidende Randbedingungen für die Praktizierung unterschiedlicher Führungsstile.

Für die Unternehmensleitung ergibt sich daraus, dass bereits durch Selektionsprozesse eine größtmögliche Übereinstimmung zwischen Bedürfnissen und Fähigkeiten der Mitarbeiter sowie Anforderungen und Angeboten des Arbeitsplatzes herzustellen ist. Darüber hinaus ist ein Paket unterschiedlicher Motivatoren und Anreizfaktoren bereit zu stellen.

Innerhalb der unterschiedlichen Führungstheorien, die als Versuch zu verstehen sind, mit empirisch-experimentellen Methoden den komplexen

Führungsprozess zu erfassen, lassen sich vier grundlegende Ansätze voneinander unterscheiden.
- Führungstheorien, die sich auf (angeborene) im Individuum vorhandene Charaktereigenschaften stützen (Eigenschaftstheorien),
- verhaltenstheoretische Ansätze, die auf beobachtbarem Führungsverhalten und dem Führungsstil basieren,
- situative bzw. „Kontingenz-Ansätze", die sowohl Merkmale des Führungsverhaltens als auch der Situation berücksichtigen,
- interaktionstheoretische Ansätze, bei denen die gegenseitige Beeinflussung von Merkmalen der am Führungsprozess beteiligten Personen sowie Merkmalen der Situation Berücksichtigung finden.

7.4.2.1 Eigenschaftstheoretische Führungsansätze

Eigenschaftstheoretische Führungsansätze weisen als Gemeinsamkeit den Versuch auf, solche Charaktereigenschaften oder Fähigkeiten zu identifizieren, die Führer von „Nicht-Führern" bzw. effektive von nichteffektiven Führern unterscheiden.

Dabei liegt die Auffassung zugrunde, dass die Fähigkeit zum erfolgreichen Führen als relativ stabiles und zeitlich überdauerndes Persönlichkeitsmerkmal angesehen wird. Führung kann man damit nur in einem sehr eingeschränkten Maße lernen.

Die Ergebnisse dieser Forschungsbemühungen sind in einem umfangreichen Katalog erfolgskritischer Persönlichkeitsmerkmale aufgeführt.

Solche erfolgskritischen Persönlichkeitsmerkmale sind beispielsweise:
- Kognitive Fähigkeiten
- Soziale Fertigkeiten
- Anpassungsfähigkeit
- Aggressivität
- Selbstsicherheit
- Dominanz
- Emotionale Stabilität
- Originalität
- Kreativität
- Persönliche Integrität
- Selbstvertrauen
- Intelligenz
- Urteils- und Entwicklungsfähigkeit
- Wissen
- Sprachvermögen
- Teamfähigkeit
- Soziale Kompetenz.[199]

Kritisiert wurde am eigenschaftstheoretischen Ansatz jedoch einerseits das methodische Vorgehen zum Nachweis dieser Merkmale und andererseits der universelle Gültigkeitsanspruch.

---

199 vgl. Stogdill, R.M.: Handbook of leadership: A survey of theory and research, 1974

Die Kritik am methodischen Vorgehen bezieht sich vor allem auf den Punkt, dass Unterschiede in den Ausprägungen interessierender Persönlichkeitsmerkmale zumeist als Ursache für den Führungserfolg bzw. -misserfolg interpretiert wurden. Dabei kann beispielsweise ein höheres Ausmaß an Selbstvertrauen bei erfolgreichen Führern ebenso gut eine Folge der positiven Erfahrungen bei der Bewältigung von Führungsaufgaben sein als auch eine ursächliche Bedingung für den Führungserfolg.

Der universelle Gültigkeitsanspruch soll einzig über die Ausprägung spezifischer Persönlichkeitsmerkmale den Führungserfolg bzw. -misserfolg vorhersagen bzw. erschöpfend erklären können.

Dies konnte durch einschlägige Forschungsergebnisse jedoch nicht bestätigt werden.[200]

Da der Umkehrschluss, Führungserfolg hänge nicht von Personen, sondern ausschließlich von Situationen ab, ebenfalls nicht zutrifft, erscheint eine differenzierte Betrachtungsweise der Komplexität des Führungsprozesses angemessen.

Demnach erhöhen bestimmte Persönlichkeitsmerkmale die Wahrscheinlichkeit des Führungserfolges, garantieren ihn aber nicht. Der Führungserfolg ist damit abhängig von einer Kombination von spezifischen Eigenschaften der Person und Gelegenheiten, die es erlauben diese Qualitäten erst zur Entfaltung bringen zu können.[201]

7.4.2.2 Verhaltenstheoretische Ansätze

Verhaltenstheoretische Ansätze versuchen eine Antwort auf folgende Frage zu finden: „Durch welches Verhalten fördern erfolgreiche Führer Effizienz und Zufriedenheit ihrer Mitarbeiter?"

Als zentrale Führungsaufgaben gelten dabei folgende Aktivitäten:[202]
- Zusammenarbeit unter den Gruppenmitgliedern fördern,
- Konflikte schlichten,
- Initiative wecken, motivieren,
- Ziele setzen,
- Entscheidungen fällen,
- Abläufe organisieren und koordinieren,
- Gruppenmitglieder informieren,
- Arbeitsergebnisse kontrollieren,

---

200 vgl. Korman, A.K.: The prediction of managerial performance: A review, Personnel Psychology, 1968, S.295ff.
201 vgl. Weinert, A.B., a.a.O., S.469
202 vgl. Neuberger, O.: Führungsverhalten und Führungserfolg, Berlin 1994, S.130ff.

- sich um das Wohl des einzelnen kümmern,
- die Gruppe repräsentieren.

Auf faktorenanalytischem Weg konnte dabei die Vielzahl einzelner Führungs-Verhaltensweisen auf zwei maßgebliche Dimensionen zu reduziert waren:[203]
- **Erste Dimension:** Arbeits- oder aufgabenzentrierte Führungsverhaltensweisen, in Zusammenhang mit Organisation, Planung, Koordination und Lösung von Sachproblemen.
- **Zweite Dimension:** Personen- oder mitarbeiterzentrierte Verhaltensweisen. Im Zentrum stehen hier vor allem persönliche Bedürfnisse und Erwartungen der Mitarbeiter.

Während eine ausgeprägte Aufgabenorientierung tendenziell einen positiven Einfluss auf die Arbeitsleistung ausübt, trägt die Mitarbeiterorientierung eher zu einer größeren Arbeitszufriedenheit bei.[204]

Abb. 22: Grid-System nach Blake und Mouton[205]

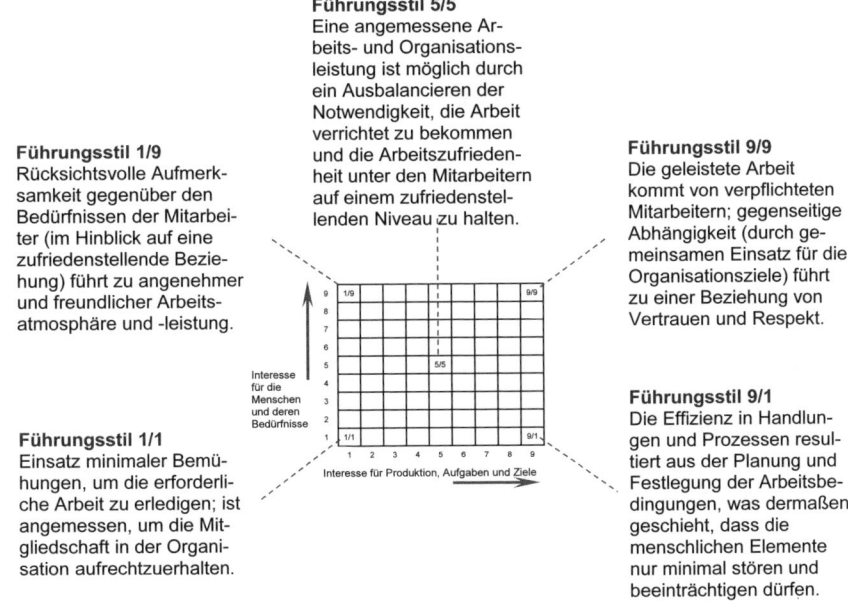

Führungsstil 5/5
Eine angemessene Arbeits- und Organisationsleistung ist möglich durch ein Ausbalancieren der Notwendigkeit, die Arbeit verrichtet zu bekommen und die Arbeitszufriedenheit unter den Mitarbeitern auf einem zufriedenstellenden Niveau zu halten.

Führungsstil 1/9
Rücksichtsvolle Aufmerksamkeit gegenüber den Bedürfnissen der Mitarbeiter (im Hinblick auf eine zufriedenstellende Beziehung) führt zu angenehmer und freundlicher Arbeitsatmosphäre und -leistung.

Führungsstil 9/9
Die geleistete Arbeit kommt von verpflichteten Mitarbeitern; gegenseitige Abhängigkeit (durch gemeinsamen Einsatz für die Organisationsziele) führt zu einer Beziehung von Vertrauen und Respekt.

Führungsstil 1/1
Einsatz minimaler Bemühungen, um die erforderliche Arbeit zu erledigen; ist angemessen, um die Mitgliedschaft in der Organisation aufrechtzuerhalten.

Führungsstil 9/1
Die Effizienz in Handlungen und Prozessen resultiert aus der Planung und Festlegung der Arbeitsbedingungen, was dermaßen geschieht, dass die menschlichen Elemente nur minimal stören und beeinträchtigen dürfen.

---

203 vgl. hierzu Fleishman, E.A.: The description of supervisory behavior, in: Journal of applied Psychology, 37 (1953), S. 1 ff.
204 vgl. Wunderer, R.; Grunwald, W.: Führungslehre, Band I Grundlagen der Führung, Berlin New York 1980, S. 247
205 vgl. Weinert, A.B., a.a.O., S. 476

- Führungsstil 1/1 (reflektiert minimales Interesse sowohl für die Mitarbeiter als auch für die Produktion);
- Führungsstil 9/1 (reflektiert primäres Interesse für Produktion und Aufgaben, wenig Interesse für die Mitarbeiter);
- Führungsstil 1/9 (reflektiert minimales Interesse für Produktion und Aufgaben und maximales Interesse für die Mitarbeiter);
- Führungsstil 5/5 (reflektiert mittelmäßiges Interesse für beide Führungsdimensionen);
- Führungsstil 9/9 (stellt den „idealen" Führungsstil dar, bei dem das Interesse für beide Variablen maximiert wird).

Das Grid-System von Blake und Mouton liefert ein Beispiel für ein differenziertes zweidimensionales Führungsstilkonzept mit diesen beiden, oben genannten, voneinander unabhängigen Dimensionen Mitarbeiter- und Aufgabenorientierung.

Neben diesem zweidimensionalen Modell finden sich auch eindimensionale Führungsstilkonzepte, die sich nur mit einem zentralen Aspekt des Führungsprozesses beschäftigen. Hier ist vor allem die Variation in der Willensbildung mit den Extrempolen autoritär vs. demokratisch bekannt geworden.

Auch diese Führungsansätze berücksichtigen jedoch ebenso wenig wie die eigenschaftstheoretischen Ansätze wie
- Aufgabenmerkmale,
- Führer-Geführten-Beziehung sowie
- Erfahrung und Kompetenz der Geführten.

7.4.2.3 Situative Ansätze

Situative Ansätze heben Umweltvariablen und spezifische Situationen hervor, die bei der Analyse und Gestaltung von Führungsprozessen eine wesentliche Rolle spielen.

Daraus ableitend werden dann Führungsprinzipien in Abhängigkeit von spezifischen Kontextkonstellationen empfohlen.

Kontingenzmodelle als spezifische Ausprägung solcher situativen Ansätze tragen der Beobachtung eher Rechnung, dass der Führungserfolg sowohl von situativen Bedingungen als auch von der Person des Führers abhängig ist. Die zentrale Frage lautet hier daher: „Welches Verhalten und welche Eigenschaften eines Führers sind in einer spezifischen Situation erforderlich?"

Damit wird zugleich deutlich, dass es den einen besten, allen Situationen gerecht werden, Führungsstil nicht gibt. Wichtig ist es vielmehr, in Abhängigkeit von relevanten Situationsmerkmalen, das passende Führungsverhalten zu definieren und letztlich umzusetzen.

Im Folgenden soll hier der kontingenztheoretische Ansatz Fiedlers kurz beschrieben werden. Dabei wird postuliert, dass die Gruppenleistung abhängt von
- dem geeigneten Zusammenpassen von Führungsstil und
- dem Grad der „Günstigkeit" der aktuellen Situation für den Führer.

Die Einschätzung der „Günstigkeit" lässt sich anhand folgender Merkmale beschreiben:
- persönlichen Beziehungen eines Führers zu seinen Gruppenmitgliedern,
- Grad der Strukturiertheit der Aufgabe, die von der Gruppe erledigt werden muss,
- Macht und Autorität, die mit der Führungsposition verbunden sind.

Von den drei o.g. Situationsmerkmalen kommt der Qualität der Beziehung zwischen Führer und Geführten der höchste Stellenwert zu.

Für die Beurteilung der Aufgabenstrukturiertheit fließen folgende Aspekte ein:
- Spezifiziertheit der Lösung,
- Verifizierbarkeit der Korrektheit der Lösungen,
- Klarheit der Zielvorstellungen und
- Anzahl der Wege, die zur Zielerreichung möglich sind.

Mit der „Positionsmacht" des Führers soll die Möglichkeit, zu belohnen oder zu bestrafen, verstanden werden.

Fiedler postuliert nun, dass günstige und ungünstige Situationen die Effizienz verhaltenstheoretischer Konzepte der Führung, also eher aufgaben- oder leistungsorientiert zu führen, wesentlich beeinflussen. Günstige Situationen sind mit den o.e. Dimensionen, wie persönliche Beziehungen zum Führer, Grad der Strukturiertheit der Aufgabe und Positionsmacht zu beschreiben. Eine Situation mittlerer Günstigkeit erfordert in erster Linie eine gute Beziehung zwischen Führer und Geführtem[206].

Führungskräfte müssen gemäß aller situativen Ansätze genügend Sensibilität, spezifisches Führungswissen und Flexibilität besitzen, um in Abhängigkeit der Situation und der zu führenden Personen das jeweils passende Führungsverhalten zu zeigen.

---

206 in Anlehnung an Weinert, A.B., a.a.O. S.485

7.4.2.4 Interaktionstheoretische Ansätze

Interaktionstheoretische Ansätze ergeben sich als Funktion der Interaktion von Vorgesetztem und Mitarbeiter und damit zunächst als eine Funktion der Individualeigenschaften aller Gruppenmitglieder und der Gruppenmerkmale. Folgende Variablen sind dabei insbesondere (Interaktion im engeren Sinne) zu berücksichtigen:

- Struktur der interindividuellen Beziehungen
  - Führungsverhalten
  - Führungsstil:
  - direktiv
  - unterstützend
  - partizipativ
  - leistungsorientiert
  - Motivation der Geführten
  - Wahrnehmung (z.B. Erwartung u. Valenz)

- Situationsmoderator 1 (Kontingenzvariablen)
  - Charakteristika der Geführten:
  - Bedürfnisse (z.B. Autonomie)
  - Fähigkeiten
  - Erfahrungen
  - Selbstwertgefühl

- Situationsmoderator 2 (Kontingenzvariablen)
  - Charakteristika der Aufgabe und der Arbeitsumwelt:
  - Aufgabenstruktur
  - Grad der Formalisiertheit
  - Arbeitsgruppe
  - Ergebnis
  - Leistung
  - Zufriedenheit

- Merkmale der Gruppe (z.B. Homogenität versus Heterogenität der Gruppenmitglieder
  - Größe der Gruppe, Kommunikationsmuster usw.),
  - Merkmale der (sozio-kulturellen) Umgebung, in der die Gruppe existiert,
  - Aufgabe der Gruppe sowie physische Bedingungen.

7.4.3 Führungstechniken bzw. -prinzipien

Häufig werden solche Techniken auch als „Management by-Prinzipien" bezeichnet.

Im Folgenden sollen die Prinzipien Management by Delegation Management by Exception und Management by Objectives näher dargestellt werden.

7.4.3.1 Management by Delegation [207]

Betriebliche Entscheidungen sollen auf die Ebene verlagert werden, wo sie mit größter Sachkenntnis bearbeitet und verantwortet werden können.

Positive Auswirkungen der Delegation ergeben sich bei günstigen Bedingungen im Hinblick auf
- Qualifikation für den Delegationsbereich,
- Deckungsgleichheit von Kompetenz und Verantwortung,
- Vollständigkeit der Delegation sowie
- ausreichende Instruktionen und Informationen.

Trotz Aufgabendelegation bleibt in der Praxis die Verantwortung beim Vorgesetzten. Dies führt im Ergebnis zu einem beiderseitigen Absicherungsstreben, damit letztlich zu einer Rückdelegation durch den Mitarbeiter bzw. einer Rücknahme der Delegation von Aufgaben durch den Vorgesetzten.

7.4.3.2 Management by Exception [208]

Dieses Führungskonzepts beruht auf zwei grundsätzlichen Erkenntnissen:
- In hoch arbeitsteiligen Organisationen ist es für eine Führungskraft weder möglich noch erforderlich, alles selbst zu wissen und zu entscheiden.
- Die verschiedenen betrieblichen Vorgänge sind von unterschiedlicher Bedeutung und bedürfen deshalb auch nicht alle der gleichen Behandlung.

Daraus ergibt sich die Schlussfolgerung, dass sich Führungskräfte auf die Erledigung von solchen Fällen beschränken sollen, die einen außergewöhnlichen Charakter haben. Diese lassen sich wie folgt beschreiben:

---

207 vgl. z.B. Bisani, F., a.a.O., S. 91f.
208 vgl. ebenda, S. 92

- Wichtigkeit eines Vorgangs für das Unternehmen und
- Abweichung von einer vorgegebenen Norm.

Das Hauptproblem liegt in der genauen Abgrenzung und Definition dieser Ausnahmefälle.

Anwendbar ist dieses System überall dort, wo Weisungsbefugnis und Verantwortlichkeit definiert und delegiert werden können, und wo eine Messung dessen, was als normal anzusehen ist, auch durchgeführt werden kann.

7.4.3.3 Management by Objectives (MbO)

Der Begriff Management by Objectives (MbO) wird erstmals von Drucker verwendet[209]

Diesem Führungsmodell liegt eine konsequente Ausrichtung des Führungsprozesses auf Basis möglichst konkreter Arbeitsziele zugrunde. Indem auch die Leistungsbeurteilung (siehe z.B. Kap. 4.1) sich auf die Frage des Zielerreichungsgrades bezieht, wird von einer starken Verbindlichkeit der mit den Mitarbeitern und Mitarbeiterinnen vereinbarten Ziel ausgegangen. Diese jeweiligen Stellenziele sind eingebunden in ein in sich stimmiges Gefüge von Gruppenzielen und Abteilungszielen. Diese, wiederum, sind Teil des unternehmensweiten Zielsystems.

Abb. 22: Zielsystem des Management by Objectives

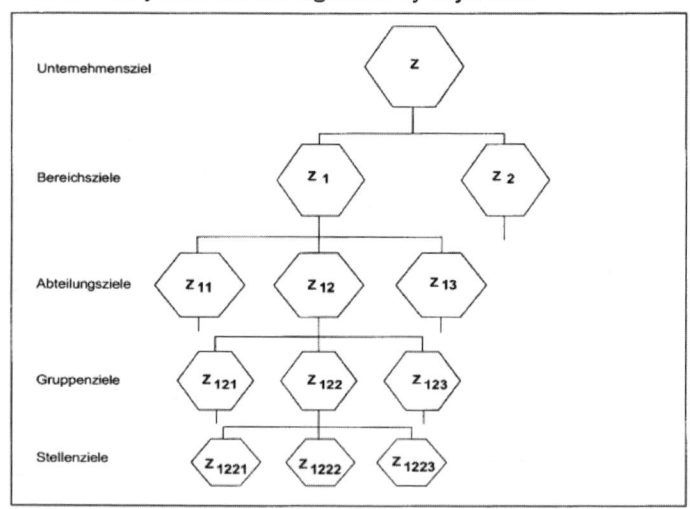

---

[209] vgl. Drucker, P.: The Practice of Management, New York 1954, S.62

Dabei ist folgendes zu beachten:
- Die Organisationsleitung legt die Gesamtziele der Organisation fest und gibt sie den Mitgliedern bekannt.
- Die jeweils untergeordneten Ebenen leiten aus den ihnen vorgegebenen Oberzielen ihre Zielsetzungen ab, die dann wiederum Oberziele für die nachgeordneten Ebenen sind.

Als Vorteile des Management by Objectives werden genannt:
- Entlastung der Führungskräfte,
- Verbesserung der Identifikation mit den Unternehmenszielen,
- Objektivierung der Leistungsbeurteilung.

7.5 Personalmotivation und Arbeitszufriedenheit

Motive gehen aus mehr oder minder bewusst gewordenen Antrieben (z.B. Bedürfnissen, Interessen) hervor. Ein Antrieb wird zum Motiv durch die Ausrichtung der Aktivität auf das Ziel bzw. das angestrebte Objekt.[210]

Motivation ist die Bezeichnung für Prozesse, die einem Verhalten Nachdruck und Richtung verleihen.[211]

Im Folgenden sollen zwei Gruppen von Theorien herangezogen werden, die die Frage der Arbeitsmotivation zu erklären vermögen:
- Inhaltstheorien und
- Prozesstheorien.

Inhaltstheorien machen Aussagen über die Bedürfnisarten oder die Klassen der Ziele, die angestrebt werden.

Prozesstheorien versuchen eine spezifische Motivierung, die durch ein beobachtbares Verhalten zum Ausdruck kommt, zu erklären. Hierbei gilt es, die dafür ausschlaggebenden Variablen zu isolieren und ihr Zusammenwirken zu deuten.[212]

---

210 vgl. Hacker, W., a.a.O., S. 307ff.
211 vgl. Stückmann, G.: Der Berufserfolg als Motivationsphänomen, Berlin 1968, S. 15; Fröhlich, W.D.: dtv-Wörterbuch zur Psychologie, München, 1987, S. 238f.
212 vgl. Hoyos, C. Graf: Arbeitspsychologie, Stuttgart 1974, S. 183

7.5.1 Inhaltstheoretische Ansätze

In einer ersten Phase soll der Ansatz von Maslow herausgegriffen werden, der die Vielzahl von Bedürfnissen in früheren Ansätzen zu fünf Bedürfnisgruppen zusammenfasst und diese entsprechend ihrer relativen Stärke wie folgt hierarchisch gliedert:[213]

1. **Physiologische Bedürfnisse.** Physiologische Bedürfnisse sind primär auf die Erhaltung des Lebens ausgerichtet und beinhalten z.B. das Verlangen nach Nahrung, Schlaf, Schutz usw.

2. **Sicherheitsbedürfnisse.** Die Bedürfnisse nach Sicherheit bringen die Sorge zum Ausdruck, diese physiologischen Bedürfnisse auch noch in der Zukunft befriedigen zu können.

3. **Soziale Bedürfnisse.** Soziale Bedürfnisse kennzeichnen den Wunsch nach sozialer Eingliederung des Individuums.

4. **Bedürfnisse nach Achtung.** Die Bedürfnisse nach Achtung lassen sich in zwei Gruppen aufteilen:
   - Achtung in Form einer Selbstbestätigung (oder Selbstachtung),
   - Achtung in Form von Fremdbestätigung, d.h. Achtung und Anerkennung durch andere Menschen.

5. **Bedürfnis nach Selbstverwirklichung.** Selbstverwirklichung wird verstanden als Realisierung der eigenen Möglichkeiten, als ständige Selbstentwicklung und als Kreativität im weitesten Sinne.[214]

Maslow schreibt diesen Bedürfnissen eine hierarchische Beziehung zu.

Diese hierarchische Anordnung kann zusätzlich in Defizit- und Wachstumsmotive unterschieden werden.

Das Wachstumsmotiv besteht hier ausschließlich aus dem Bedürfnis nach Selbstverwirklichung. Dieses ist nie ganz zu befriedigen und erweist sich in Richtung und Stärke individuell als außerordentlich unterschiedlich.[215]

Dagegen sind Defizitmotive dadurch charakterisiert dass sie bei Abweichung vom „normalen" (notwendigen, gewohnten, erwarteten) Niveau der Befriedigung erst entstehen und danach wieder an Bedeutung verlieren.[216]

---

213 vgl. Maslow, A.H.: Motivation and Personality, N.Y. 1954 (2. Aufl. 1970)
214 vgl. McGregor, D.: The Human Side of Enterprise, N.Y. Toronto London 1960, S. 39
215 vgl. Walter-Busch, E.: Arbeitszufriedenheit in der Wohlstandsgesellschaft, Bern 1977, S. 28
216 vgl. Neuberger, O.: Theorien der Arbeitszufriedenheit, Stuttgart 1974, S. 104

Die vier unteren Bedürfnisklassen werden den Defizitmotiven zugeordnet. Zusammenfassend kann Maslows Theorie wie folgt charakterisiert werden:

- Menschliche Bedürfnisse lassen sich fünf (nicht empirisch ermittelten) Kategorien zuordnen.
- Das Modell besitzt umfassende Gültigkeit für alle Individuen.
- Die Bedürfnisse bauen stufenartig aufeinander auf.
- Unbefriedigende Bedürfnisse sind immer motivierend.
- Ein Bedürfnis wird erst dann verhaltenswirksam, wenn die Bedürfnisse auf der darunter liegenden Stufe befriedigt sind.
- Befriedigte Defizitbedürfnisse sind nicht mehr verhaltenswirksam.
- Das Bedürfnis nach Selbstverwirklichung bleibt immer motivierend, kann also nie abschließend erfüllt werden.

Da diese Annahmen empirisch nicht belegt werden konnten, soll im Folgenden eine Auswahl der wichtigsten Kritikpunkte erfolgen:[217]

Es gibt Belege dafür, dass nicht bei allen Menschen ein hierarchisch niedrigeres Bedürfnis erfüllt sein muss, bevor ein höherwertiges erst verhaltenswirksam auftreten kann. Bei manchen Menschen stehen im Lebensbereich Arbeit z.B. die Bedürfnisse nach Selbstverwirklichung über denen nach sozialer Anerkennung.

Bestimmte Arten von Bedürfnisbefriedigung (z.B. Bezahlung) lassen sich in mehr als nur einer Kategorie identifizieren.

Weiterhin beeinflussen die Chancen, ein Bedürfnis überhaupt erfüllen zu können, inwiefern es dann auch verhaltenswirksam auftritt. Eine generelle und intersubjektive Wirksamkeit unterschiedlicher Bedürfnisse ist daher eine unzulässige Vereinfachung.

Ein weiterer sehr bedeutsamer inhaltstheoretischer Ansatz ist auf Herzberg zurück zu führen.[218]

Wie Maslow, geht auch Herzberg von festen Grundbedürfnissen aller Individuen aus. Mittels empirischer Studien findet er zwei Klassen von Bedürfnissen arbeitender Menschen:
- Motivatoren (intrinsische Faktoren)
- Hygienefaktoren (extrinsische Faktoren).

Hygienefaktoren sind dabei solche Bedingungen in der Arbeitssphäre, die Unzufriedenheit erzeugen, wenn sie nicht vorhanden sind, deren Vorhandensein aber nicht zu Arbeitszufriedenheit führt. Diese Faktoren beziehen sich nicht auf die Arbeit selbst, sondern auf Randbedingungen.

---

217 vgl. Weinert, A.B., a.a.O. S. 191f.
218 vgl. Herzberg, F. u.a.: The Motivation to Work, New York u.a. 1959, Sixth Printing 1967, S. 73

Faktoren, die sich auf die Arbeit als solche beziehen (Anerkennung, Beförderung, etc.), bauen im arbeitenden Menschen Motivation auf und führen in der Folge zu einer guten Arbeitsausführung. Dabei handelt es sich um Motivatoren. Die folgende Abbildung stellt berufliche Erlebnissituationen dar, die eine besonders positive oder negative Einstellung zur Arbeit hervorgerufen haben.[219]

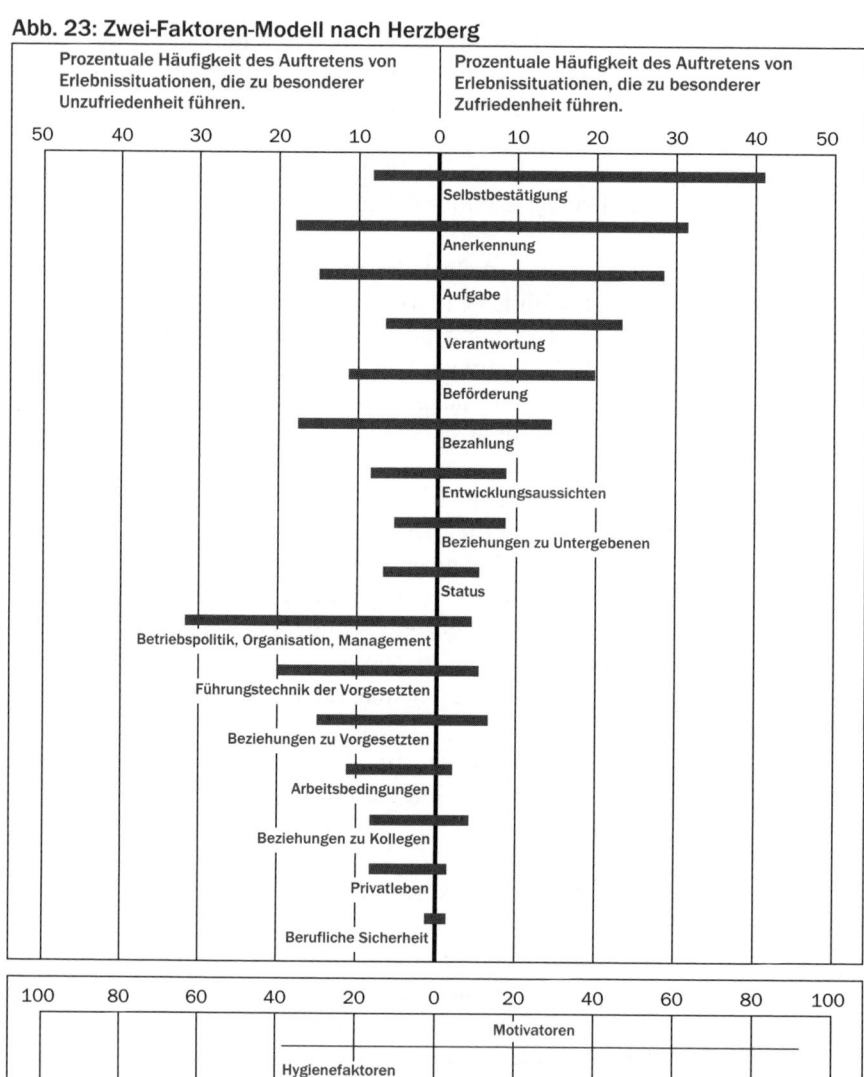

Abb. 23: Zwei-Faktoren-Modell nach Herzberg

---

219 vgl. ebenda

Beide hier diskutierten Inhaltstheorien versuchen motiviertes Arbeitsverhalten zu erklären. Ihnen liegen jeweils unterschiedliche Annahmen zugrunde. Darüber hinaus weisen diese Theorien, insbesondere jedoch der Ansatz von Maslow, enorme Defizite auf was ihre wissenschaftliche Fundierung anbetrifft. Ihre Gemeinsamkeiten liegen darin,
- dass sie die Ursachen des motivierten Verhalten in der Arbeitssphäre erklären wollen,
- dass alle Individuen angeborene und/oder erlernte Bedürfnisse besitzen,
- dass sie nichts darüber sagen, auf welche Weise das motivierte Verhalten schließlich zustande kommt.[220]

Gerade dieser Punkt kann ausschlaggebend dafür sein, dass es an Erklärungsmodellen fehlt, warum die empirische Absicherung der Inhaltstheorien derart dürftig ausfällt. Vielleicht ist der Weg von einem potentiellen Bedürfnis oder Motiv bis zu einem beobachtbaren Verhalten viel weiter und komplexer als es diese oben dargestellten Theorien zu zeigen vermögen. Über diese Vorgänge können und wollen dann eher prozesstheoretisch orientierte Verfahren Auskunft geben.

Bevor ausgewählte prozessorientierte Verfahren in Reinkultur dargestellt und diskutiert werden, soll im Folgenden noch ein Ansatz zur Sprache kommen, der zwar prozessorientierte Elemente enthält, jedoch akzentuiert abgrenzend noch den inhaltstheoretischen Verfahren zuzurechnen ist. Dabei handelt es sich um den Ansatz der motivierenden Aufgabengestaltung von Hackman.[221]

Hackman betont in seinem Modell den Arbeitsinhalt, den er in fünf Dimensionen gliedert. Diese wirken sich auf bestimmte psychische Zustände des arbeitenden Individuums aus. Die positiven Folgen sind in erster Linie hohe intrinsische Arbeitsmotivation, aber auch hohe Qualität der Arbeitsleistung sowie niedrige Fehlzeiten und Fluktuation.

Zwar konnten Zusammenhänge der Aufgabendimensionen mit Motivation und Zufriedenheit sowie mit Absentismus und Fluktuation gezeigt werden. Bisher ist es aber nicht gelungen, auch einen entsprechenden Zusammenhang mit der Leistung nachweisen zu können.[222]

---

220 vgl. Weinert, A.B. a.a.O., S.27
221 vgl. Hackman, J.R.: The Design of Self-Managing Groups, Technical Report No. 6, School of Organization and Management, Yale University, Dec. 1976, S.5
222 vgl. Semmer, N., Udris, I.: Bedeutung und Wirkung von Arbeit, in: Schuler, H. (Hrsg.): Organisationspsychologie, 4. Aufl., Bern u.a. 2007, S. 164

Abb. 24: Modell der motivierenden Arbeitsgestaltung[223]

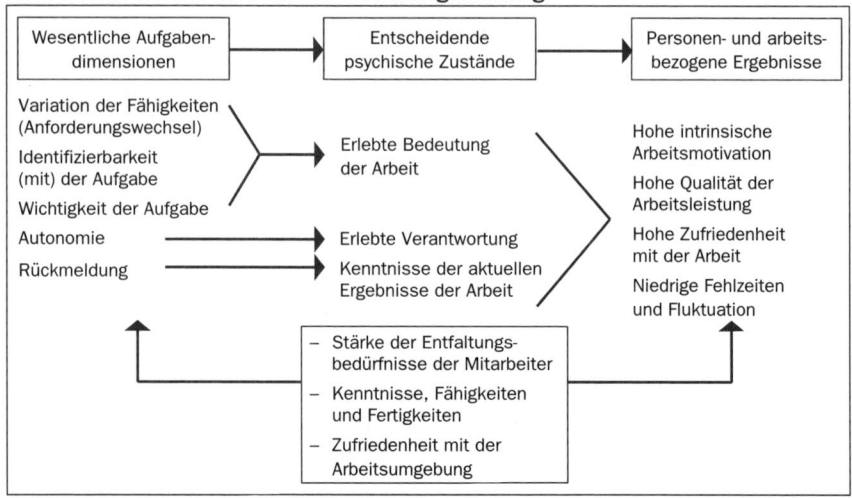

7.5.2 Prozesstheorien

Bei den Prozesstheorien geht es nicht darum, welche konkreten Inhalte zu einem bestimmten motivierten Verhalten führen, sondern wie menschliches Verhalten motiviert wird. Es sollen hier ein paar wenige ausgewählte Modelle angesprochen werden.

Sie unterscheiden sich von den vorne erläuterten Bedürfnistheorien vor allem dadurch, dass sie die kognitiven Aspekte im menschlichen Handeln in den Vordergrund stellen. Relevant in diesem Zusammenhang ist das Erwartungs-Wert-Modell von Vroom[224]. Hier wird unterstellt, dass Menschen Erwartungen bezüglich des zu erreichenden Ziels haben. Entsprechend dieser Annahmen handeln Individuen nur dann, wenn damit etwas erreicht wird, was für sie einen Wert besitzt.[225] Vrooms Modell geht von der Annahme aus, dass menschliches Verhalten aus bestimmten Erwartungen oder Vorstellungen von zukünftigen Ereignissen resultiert, die individuell verschiedene Wertigkeiten besitzen. Vroom hat versucht, die Funktion seines Modells in mathematische Gleichungssysteme zu fassen. Im Folgenden sollen die Zusammenhänge hier eher verbal rezitiert werden: Die Wertigkeit eines Ereignisses für ein Individuum ergibt sich
- aus den Wertigkeiten aller anderen Ereignisse und
- der Einschätzung, mit welcher Wahrscheinlichkeit dieses Ereignis einen Beitrag zum Eintreffen anderer Ereignisse zu leisten vermag.

---

223 vgl. Hackman, J.R., a.a.O., S. 5
224 vgl. Vroom, V.H.: Work and Motivation, London 1967, S. 14ff.
225 vgl. Weinert, A.B., a.a.O., S. 272

Damit wird das Resultat einer einzelnen Handlung instrumentalisiert im Hinblick auf seinen Beitrag für andere gewünschte Resultate.

Die *Motivation* zur Durchführung einer Aktivität ist das Resultat aus den Faktoren
- Wertigkeit des erstrebten Ereignisses und
- der Erwartung, dass dieses Ereignis sich nach der Aktivität einstellt (Concept of Force).

Die Faktoren *Erwartung* und *Wertigkeit* sind multiplikativ verknüpft, sind somit beide notwendige Bedingungen.

Die für das Modell entscheidenden Fragen lauten:
- Wie wahrscheinlich ist es, ein bestimmtes komplexes Ergebnis durch eine spezifische Handlung beeinflussen zu können (z.B. hohe Qualität)?
- Wie wird dieses Ergebnis bewertet?

Auf die Pflege bezogen könnte sich daraus die Frage ableiten lassen, ob eine professionell handelnde Person überhaupt die Dimension Ergebnisqualität beeinflussen kann, wenn diese sich als Resultat der eigenen Anstrengungen und der des Co-Produzenten „Pflegeperson" ergibt. Die Motivation für eine solche, im Dienste der Qualität stehende, Pflegehandlung ist ferner beeinflusst aus der Bewertung durch Dritte. Hier stellt sich beispielsweise die Frage, ob Vorgesetzte die Bedeutung dieses Themas auch zum Ausdruck bringen können, oder ob sie quantitative Leistungen wahrnehmbar höher honorieren. Allerdings gibt es auch Handlungsmotive, die weder durch Beitragsabwägungen noch durch Erwartungen zu erklären sind. Hier handelt es sich z.B. um (berufs-)ethische oder auch moralische Kategorien. Sie sind dem Wesen nach unabhängig von solchen Nützlichkeitskalkülen.

Die Vorhersagen des Erwartens-Wert-Modells beziehen sich nicht auf die Arbeitsleistung, sondern auf motiviertes Verhalten (welches Verhalten wird ausgeführt?) und auf Anstrengung (mit welchem Einsatz und mit welcher Sorgfalt wird das Verhalten ausgeführt?). Im Hinblick darauf konnte das Modell empirisch recht gut bestätigt werden. Dagegen sind Zusammenhänge zur Leistung wesentlich geringer, da hier weitere Variablen berücksichtigt werden müssen. Um zukünftiges Verhalten mit diesem Modell steuern zu können, müssen günstige organisatorische Rahmenbedingungen gestaltet werden. Dazu gehört, dass Handlungsergebnisse und deren Folgen für Individuen transparent bzw. vorhersehbar gemacht werden müssen.

Die Erweiterung des Vroomschen Ansatzes führte zum Motivationsmodell von Porter und Lawler.[226]

---

226 vgl. Porter, L.W., Lawler, E.E.: Managerial Attitudes and Performance, Homewood 1968

Ergänzend werden dabei weitere Aspekte wie z.B. Fähigkeiten der handelnden Person sowie Feedback-Schleifen berücksichtigt. Ganz ähnlich des Erwarten-Wert-Modells, ergibt sich zunächst das Ausmaß der Anstrengung aus der Wertigkeit des Erfolges für das Individuum und der von ihm angenommenen Wahrscheinlichkeit, dass die Anstrengung auch tatsächlich zum Erfolg führt. Die objektiv Feststellbare Leistung ist von dieser Anstrengung zwar abhängig, aber es fließen noch andere Faktoren ein: Fertigkeiten, Persönlichkeitseigenschaften und Rollenverständnis.

Die Schlüsselrolle in diesem Motivationskonstrukt spielt jedoch die mit der Leistung verknüpfte Belohnung. Die erbrachte Leistung ist mit einer vom Ausmaß der Belohnung abhängigen Zufriedenheit verknüpft.

Während die Erwartens-Wert-Ansätze die Frage der Leistung in ein Abhängigkeitsverhältnis zu Wert- und Erwartenskategorien des Ergebnisses stellen, geht es bei der Attribuierungstheorie um die individuelle Zuschreibung des Erfolgs oder Misserfolgs zu den eigenen Fähigkeiten bzw. des Versagens und den daraus resultierenden Folgen auf des „Selbstkonzept der eigenen Fähigkeiten".

Für die Ursachenerklärung von Erfolg und Misserfolg werden vier Hauptfaktoren herangezogen:
- Fähigkeit,
- Anstrengung,
- Aufgabenschwierigkeit und
- Zufall.

Die Frage der Attribuierung erlaubt keine objektiv richtige Antwort, so dass sich, gestützt auf empirische Studien, folgende Tendenzen nachweisen lassen:[227]

Tab. 12: Ursachenerklärung von Erfolg und Misserfolg[228]

	Ursache für	
	Erfolg	Misserfolg
Erfolgsorientiert	Begabung, Anstrengung	Fehlende Anstrengung, Zufall
Misserfolgsorientiert	Zufall, Leichtigkeit der Aufgabe	Fehlende Begabung, Aufgabenschwierigkeit

---

[227] vgl. Meyer, W.-U.: Leistungsmotiv und Ursachenerklärung von Erfolg und Misserfolg, Stuttgart 1973, S.146
[228] vgl. ebenda, S.146

Aus dieser Darstellung geht hervor, dass erfolgs- und misserfolgsorientierte Personen aus ihren jeweils unterschiedlichen Selbstkonzepten heraus typische Erklärungsmodelle für den Erfolg beziehungsweise Misserfolg heranziehen.

7.5.3 Zusammenfassende Diskussion beider Ansätze

Prozesstheorien postulieren nicht, dass alle Menschen von denselben Motiven geleitet werden, sondern individuelle Motivkonstellationen besitzen können. Diese Modelle können erklären, warum ein hoch bewertetes Verhalten manchmal nicht ausgeführt wird (weil ein anderes noch höher bewertet wird oder die Erfolgserwartung zu gering ist).

Die große Stärke der Prozesstheorien, keine Inhalte zu postulieren, ist aber auch ihre größte Schwäche. Insofern ist auch eine Auseinandersetzung mit Inhaltstheorien notwendig und sinnvoll. Herzbergs Faktoren sind z.B. im Hinblick auf das Zustandekommen von Motivation bedeutsam, auch wenn sie nicht in genau der Art und Weise wirken wie Herzberg vermutete. Maslows Bedürfnishierarchie ließ sich in der Folgezeit empirisch nicht bestätigen, besitzt aber, trotz allem, einen zumindest heuristischen Wert.

Beide Ansätze haben unterschiedliche Perspektiven. Der Zusammenhang zwischen zugrunde liegenden Motiven und tatsächlichem Verhalten ist hoch komplex und niemals direkt, sondern von vielen Variablen beeinflusst (z.B. Erwartungen, Fertigkeiten, situative Rahmenbedingungen), so dass eine enge und direkte Beziehung nicht auftreten kann. Für die Praxis ist es daher wichtig, die theoretisch wirksamen Inhalte zu berücksichtigen, ohne davon auszugehen, dass diese für jeden einzelnen gleich bedeutsam sind. Dies führt in der Folge zu einem differentiellen Ansatz in der Gestaltung von Anreiz- und Belohnungssystemen. Jedoch darf dabei nicht davon ausgegangen werden, dass die unterschiedlichen Motivstrukturen und Motive, die in die Arbeitssphäre mitgebracht und in dieser aktiviert werden, quasi von vornherein gegeben und unveränderbar sind.

7.6 Personalkostenrechnung und -verwaltung

Die Personalverwaltung umfasst *sämtliche administrativen Tätigkeiten, die sich auf die Mitarbeiter beziehen*, von deren Einstellung bis zum Ausscheiden. Diese Aufgaben bildeten lange Zeit (und in vielen Einrichtungen der Altenhilfe und in Krankenhäusern bis dato immer noch) den Kern der Personalarbeit schlechthin.

In einer inhaltlich orientierten Gliederung lassen sich folgende Aufgabenfelder der Personalverwaltung abgrenzen:

- Bearbeiten von Personalinformationen
- Warten von Personalinformationssystemen
- Durchführen des personalwirtschaftlichen Rechnungswesens
- Vorbereitung und Abwicklung von Personalbewegungen.

7.6.1 Personalkostenmanagement

Als Personalkosten gelten alle Kosten, die der betriebswirtschaftliche Produktionsfaktor „Arbeit" verursacht. Darunter fallen alle Kosten, die für die Bereitstellung und den Einsatz der menschlichen Arbeitskraft entstehen.[229].

Dabei lassen sich die Personalkosten in Entgelte für geleistete Arbeit und in Personalnebenkosten aufteilen wie in Tabelle 13 dargestellt.

Das Personalkostenmanagement hat vor allem *drei Funktionen* zu erfüllen:
- Dokumentation
- Kontrolle
- Dispositionsgrundlage.

In der betrieblichen Praxis stehen vor allem die Budgetierung der Personalkosten und die Budgetkontrolle im Vordergrund.[230]

Wesentlich ist es dabei, den gesamten Block der Personalkosten in folgende Personalkostengruppen zu gliedern:
- Bestandskosten des Personals
- Aktionskosten für die Beschaffung, Entwicklung, den Einsatz und ggf. die Freisetzung von Personal
- Reaktionskosten als Folge von Umweltentwicklungen.

Für die Darstellung der Bestandskosten wird z.B. im Bereich der allgemeinen Kostenstruktur wir eine Basis in Form von Kennzahlen gelegt. Diese kann den Anteil der Personalkosten an den Gesamtkosten oder aber auch am Umsatz zum Ausdruck bringen.

Eine weitere Differenzierung erfolgt dann in der Personalkostenstruktur, wenn es darum geht, die Personalkostenentwicklungen absolut, unternehmensbereichsspezifisch oder auch bezogen auf deren Bestandteile transparent zu machen. Während eine Vertiefung im Bereich der Aktionskosten in diesem Zusammenhang nicht erfolgen soll, wird im Folgenden noch detaillierter auf die Reaktionskosten eingegangen.

---

229 vgl. Scholz, Ch., a.a.O., S.690
230 vgl. ebenda, S.689

Tab. 13: Systematik der Personalkosten[231]

Personalkosten		
Entgelt für geleistete Arbeit	Personalnebenkosten	
	Aufgrund von Tarif und Gesetz	Aufgrund freiwilliger Leistungen
• Lohn • Gehalt (tariflich) • Gehalt (außertariflich) • Sonstiges Entgelt	• Arbeitgeberbeiträge zur gesetzlichen Sozial- und Unfallversicherung • Tarifurlaub • bezahlte Ausfallzeiten • Schwerbehinderte • werksärztlicher Dienst • Arbeitssicherheit • Kosten für Betriebsverfassung und Mitbestimmung • sonstige Kosten (Abfindungen etc.) • Vermögenswirksame Leistungen	• Küchen und Kantinen • Wohnungshilfen • Fahrt- und Transportkosten • Soziale Fürsorge • Betriebskrankenkasse • Arbeitskleidung • betriebliche Altersversorgung • Versicherungen und Zuschüsse • Bezahlung von Ausfallzeiten • Aus- und Weiterbildung • Sonstige Leistungen

Ein wesentlicher Faktor ist in diesem Zusammenhang die Fluktuation. Dabei werden unter dem Begriff der Fluktuation nur solche Fälle zusammengefasst, bei denen die Initiative vom Arbeitnehmer ausgeht.

Die dadurch entstehenden Kosten setzen sich wie folgt zusammen:
- Separations- und Entlassungskosten (für administrative Abwicklungen)
- Minderleistungsnebenkosten (Vor und nach dem Ausscheiden eines Arbeitnehmers.
- Stellenbesetzungskosten (Anwerbung, Auswahl und Einstellung, aber auch ggf. Trennungsentschädigung, Anlern- und Einarbeitungskosten).

Weiterhin werden immer häufiger die enormen Fehlzeiten arbeitgeberseitig beklagt. Generell lassen sich vier Ursachen von Fehlzeiten ausmachen:
- unfallbedingte Fehlzeiten
- gesetzliche oder vertragliche Fehlzeiten, wie Kuren, Mutterschutz, Zivil- und Wehrdienst
- medizinisch-biologische Fehlzeiten, die sowohl vom Mitarbeiter aber auch vom Unternehmen verursacht sein können

---

231 vgl. ebenda

- motivational bedingte Fehlzeiten, die auf Arbeitsunzufriedenheit der Mitarbeiter zurückzuführen sind.

7.6.2 Personalverwaltung

Die Personalverwaltung hat sämtliche administrativen Aufgaben zu erfüllen, die mit den Mitarbeitern zusammenhängen.

Diese Aufgabenfelder lassen sich wie folgt beschreiben:
- Bearbeiten von Personalinformationen, Personalinformationssysteme,
- Personalwirtschaftliches Rechnungswesen,
- Vorbereitung und Abwicklung von Personalbewegungen.

Als beispielhafte Aufgaben beim Bearbeiten von Personalinformationen, Personalinformationssysteme sind hierbei zunächst zu nennen:[232]
- Einrichtung und Führung von Personalakten/Personaldaten (Anlage und Fortführung einer Personalakte für jeden Mitarbeiter mit Bewerbungsunterlagen, Belege über Beförderungen, Versetzungen, Zeichnungsberechtigung, etc.; regelmäßige Beurteilungen, Schriftverkehr; ggf. besondere Vorkommnisse).
- Bearbeitung laufender Mitarbeiteranträge (Urlaubs- und Reiseanträge, Anträge auf vermögenswirksame Leistungen, Fahrtkostenzuschüsse, Umzugskostenübernahme, Vertretung, Um-/Höhergruppierung, Personalentwicklung, insbesondere Bildungsmaßnahmen; aber auch Beschwerden und Vorschläge).
- Einrichtung und Führung einer Personalstatistik (Aufbereitung von Daten zur Dokumentation und Erfolgsmessung der Personalarbeit sowie zur Information von unterschiedlichen Zielgruppen innerhalb und außerhalb des Unternehmens).

Im Zeitalter der Datenverarbeitung werden diese Tätigkeiten heute mit Hilfe sogenannter Personalinformationssysteme ausgeführt. Diese bestehen in der Regel aus folgenden Komponenten:[233]
- Die *Personaldatenbank* beinhaltet quantitativ und qualitativ differenzierte Aussagen über den Personalbestand im Unternehmen. Dazu gehören die Fähigkeitsmerkmale der Mitarbeiter, Abrechnungs- und Verwaltungsdaten.

---

[232] vgl. Freund, F. u.a.: Praxisorientierte Personalwirtschaftslehre, 5. überarb. und erw. Aufl., Stuttgart 1993, S. 161
[233] vgl. Domsch, M.: Systemgestützte Personalarbeit, Wiesbaden 1980, S. 24-30

- Analog dazu finden sich in der *Arbeitsplatzdatenbank* Informationen über Arbeitsplätze und Tätigkeitsbereiche, wobei ebenfalls eine quantitative und qualitative Differenzierung stattfindet. In dieser Datenbank stehen unter anderem die Anforderungen, die aufgrund der zu erledigenden Sachaufgabe an den Mitarbeiter zu stellen sind.
- Die *Methoden- und Modellbank* erlaubt eine problemspezifische Transformation der gespeicherten Daten in Abhängigkeit von unterschiedlichen Verwendungszwecken. Hierzu gehören diverse statistische Methoden und Planungsansätze.

Weitere Einsatzfelder der EDV liegen in der Auswertung der Personalbeurteilung und in der Ausbildungsplanung.

Ein nicht zu unterschätzendes Problem personalwirtschaftlicher Datenbanken ergibt sich aus der Notwendigkeit der Quantifizierung von qualitativen Daten. Der „Bann der Zahlen" könnte einer kurzschlüssigen und schematischen Verwendung der so dargestellten Ergebnisse Vorschub leisten.

Daneben sind auch Aspekte des Datenschutzes zu berücksichtigen. Zusätzlich entsteht ein enorm hoher Aufwand für die ständige Aktualisierung der Datenbestände. Ein günstiges Kosten- Nutzen-Verhältnis ergibt sich im Allgemeinen erst bei großen Datenmengen, d.h. für größere Unternehmen.

Kapitel 8
Schlusswort

„Das Werk ist vollbracht, die Sache ist vollständig." So könnte ein schönes und gelungenes Schlusswort heißen. Doch beim Schreiben hätte noch so vieles angefügt werden sollen, ja fast müssen. Alleine die Vorstellung des Verfassers, dass ein gewisser Umfang nicht überschritten werden sollte, konnte (und musste) hier Einhalt gebieten.

Zudem lassen sich noch viele Projekte im Anschluss an dieses Buch ableiten. Eine ganz besonders wichtige Frage besteht beispielsweise darin, ob an betriebswirtschaftlichen Maximen ausgerichtete Soziale Dienstleistungsunternehmen auch fachlich und inhaltlich profitieren können. Ferner wäre es wichtig zu eruieren, welche Auswirkungen an betriebswirtschaftlichen Ansätzen orientierte Unternehmen für die Berufe des Sozialen und der Gesundheit haben können.

Eine eher theoretische Aufgabe könnte in der Gestaltung des Verhältnisses der neu aufkommenden Sozialarbeitswissenschaft, aber auch der Pflegewissenschaft, zu der Betriebswirtschaftslehre liegen. Wo kann sie gegenüber anderen (eher tradierten, z.B. verwaltungswissenschaftlichen und/oder haushaltsökonomischen) Ansätzen neue Aspekte in diese Wissenschaftsdisziplinen, aber auch in deren Praxis, einbringen? Oder belässt man es besser bei der Metapher, dass ebenso wie der Fuchs der Gans, die hinterlistig schlaue BWL der „guten" und wehrlosen Sozialarbeit an den Kragen will? Das Verhältnis zwischen Ökonomie, insbesondere aber der BWL zu Sozialem, Gesundheit und zur Pflege ist ein bisher nur sehr schwach erforschtes Feld, was schleunigst einer breiten Aufarbeitung bedarf.

Beispielhaft sei in diesem Zusammenhang das Land Rheinland-Pfalz zu nennen, dessen Landesamt für Jugend und Soziales seit Jahren auf diesem Gebiet wegweisende Forschungsförderung in Kooperation mit den Universitäten Trier und Kaiserslautern betreibt.

Literatur

Ansoff, H.I., McDonall, E.J.: Implanting Strategic Management, New York 1990

Arnold, U., Maelicke, B. (Hrsg.): Lehrbuch der Sozialwirtschaft,3. Auflage, Baden-Baden 2009

Baitsch, C.: Was bewegt Organisationen – Selbstorganisation aus psychologischer Perspektive, Frankfurt/M. 1993

Balzereit, B.: Personalwirtschaft, Probleme – Bezugsrahmen – Gestaltungsinstrumente, 2. Aufl., München 1988

Barkema, H., Gomez-Mejia, L.R.: Managerial Compensation and Firm Performance: A General Research Frame, in AMJ 41 (1998), S. 135-145

Beer, M.: Auf dem Weg zu einer Neudefinition der Organisationsentwicklung: eine Kritik des Forschungsansatzes und der Methode, in: Zeitschrift für Organisationsentwicklung, 8 (1989) 3, S. 11-13

Berekoven, L.: Der Dienstleistungsmarkt in der Bundesrepublik Deutschland. Göttingen 1983

Berthel, J., Groenewald, H. (Hrsg.): Personalmanagement. Zukunftsorientierte Personalarbeit, Landsberg a.L. 1996

Bisani, F.: Personalwesen. Grundlagen, Organisation, Planung, 3. Auflage, Wiesbaden 1983

Bisani, F.: Personalwesen und Personalführung, 4. Aufl. 1995

Bonz, B.: Berufliche und allgemeine Bildung als didaktisches Problem, in: ders. (Hrsg.): Didaktische Beiträge zur Berufsbildung, 2. Aufl. Stuttgart 1980, S. 125-133

Bonz, B. (Hrsg.): Didaktische Beiträge zur Berufsbildung, 2. Aufl., Stuttgart 1980

Carell, E.: Wirtschaftswissenschaft als Kulturwissenschaft, Tübingen 1931

Coch, L., French, J.R.P.: Overcoming resistance to chance, in Human Relations (1948) 1, S. 512-532

Corsten, H.: Dienstleistungsmanagement, 4. Auflage, München, Wien, 2001

Derlien, H.-U., Zur Problematik der Leistungskontrolle im öffentlichen Dienst, in: Antrittsvorlesung der Fakultät für Sozial- und Wirtschaftswissenschaften, 1. Teil, Bamberg 1980, S. 67-83

Dewey, J.: How we think, New York 1933

Deyle, A.: Geleitwort, in: Mayer, E. (Hrsg.): Controlling-Konzepte. Perspektiven für die 90er Jahre, Wiesbaden 1986, S. VII-VIII

Donnabedian, A.: An Exploration of Structure, Process and Outcome as Approaches to Quality Assessment of Medical Care, Gerlingen 1982

Donelly J.H., George, W.R. (Hrsg.): Marketing of Services, Chicago 1981

Domsch, M.: Systemgestützte Personalarbeit, Wiesbaden 1980

Domsch, M., Kerpott, T.J.: Verhaltensorientierte Beurteilungsskalen, in: Betriebswirtschaft 6 (1985), S. 666-680

Dorfmeister, G.: Pflegemanagement. Personalmanagement im Kontext der Betriebsorganisation von Spitals- und Gesundheitseinrichtungen, Wien u.a., 1999

Drucker, P.: The Practice of Management, New York 1954

Duell, W., Frei, F.: Leitfaden für qualifizierende Arbeitsgestaltung, Köln 1986

Dworak: Die Funktion und Arbeitsweise des Controlling und der Controller-Organisation, in: Jacob, H. (Hrsg.): Unternehmenskontrolle, Wiesbaden 1973, S. (9-21)

Eichhorn, P.: Das Prinzip Wirtschaftlichkeit. Basis der Betriebswirtschaftslehre, 3. Auflage, Wiesbaden 2005

Eucken, W.: Die Grundlagen der Nationalökonomie, 9. Unveränderte Auflage, Berlin u.a. 1989, S. 24ff.

European Foundation for Quality Management (Hrsg.): Der European Quality Award 1997, Informationsbroschüre, Brüssel 1996
Fayol, H.: Allgemeine und industrielle Verwaltung, Berlin 1929
Fleishman, E.A.: The description of supervisory behavior, in: Journal of applied Psychology, 37 (1953), S. 1-6
Franz, H-J.: Selbsthilfe zwischen sozialer Bewegung und spezifischer Organisationsform sozialpolitischer Leistungserbringung, in: Kaufmann, F.X. (Hrsg.): Staat, Intermediäre Instanzen und Selbsthilfe, München 1987, S. 307-342
Frei, F., Udris, I. (Hrsg.): Das Bild der Arbeit, Bern 1990
Freund, F. u.a.: Praxisorientierte Personalwirtschaftslehre, 5., überarb. und erw. Aufl., Stuttgart 1993
Friedag, H.R., Schmidt, W.: Balanced Scorecard – mehr als ein Kennzahlensystem, 4. Aufl., Freiburg u.a. 2002
Friedlander, F., Brown, L.D.: Organization Development, in: Annual Review of Psycholoy, 25 (1974), S. 313-341
Fröhlich, W.D.: dtv-Wörterbuch zur Psychologie, München, 1987
Gehrmann, G., Müller, K.D.: Management in sozialen Organisationen. Berlin u.a., 1993
Gehrmann, G., Müller, K.D.: Management in sozialen Organisationen, 4., neu bearbeitete und ergänzte Auflage, Berlin u.a., 2006
Gleich, R.: Performance Measurement, DBW 38 (1997) 1, S. 114-117
Grochla, E.: Unternehmungsorganisation, 9. Auflage, Opladen 1983
Grochla, E., Wittmann W. (Hrsg.): Handwörterbuch der Betriebswirtschaft, 4., überarbeitete Aufl., Bd. I, Stuttgart 1974
Gutenberg, E.: Grundlagen der Betriebswirtschaftslehre, Band I, Produktion, 23. Auflage, Berlin u.a. 1984
Hacker, W.: Allgemeine Arbeitspsychologie. Psychische Regulation von Wissens-, Denk- und körperlicher Arbeit, 2. Auflage, Bern 2005
Hackman, J.R.: The Design of Self-Managing Groups, Technical Report No. 6, School of Organization and Management, Yale University, Dec. 1976
Hahn, D.: Strategische Unternehmensführung – Grundkonzept, in: Hahn, D., Taylor, B. (Hrsg.): Strategische Unternehmensführung, Heidelberg 1990, S. 31-52
Hahn, D., Taylor, B. (Hrsg.): Strategische Unternehmensführung, Heidelberg 1990
Hammer, M., Champy, J.: Business Reengineering, 7. Auflage Frankfurt/M., New York 2003
Halves, E.: u.a.: Handlungsfelder und Entwicklungen von Selbsthilfegruppen: Vergleichende Analyse des „Elternkreises Drogenabhängiger" und der „Grauen Panther – Hamburg" in: Kaufmann, F.X. (Hrsg.): Staat, Intermediäre Instanzen und Selbsthilfe, München 1987, S.177-199
Heinen, E.: Einführung in die BWL, 9.verb. Auflage, Wiesbaden 1985, S. 30
Hentschel, B.: Dienstleistungsqualität aus Kundensicht. Vom merkmals- zum ereignisorientierten Ansatz. Wiesbaden 1992
Herzberg, F. u.a.: The Motivation of Work, Second Edition, New York 1959 (Sixth Printing 1967)
Hilb, M.: Integriertes Personalmanagement: Ziele Strategien, Instrumente. 16. Aufl. Neuwied 2007
Hofstätter, P.R.: Differentielle Psychologie, Stuttgart 1971
Horváth, P.: Controlling, 10. vollständig überarbeitete Auflage, München 2006
Horváth, P.: Controlling, 12. vollständig überarbeitete Aufl., München 2011
Hoss, G.: Personalcontrolling – funktionale, instrumentale und institutionale Aspekte, in: Personalwirtschaft, 15 (1988)9, S. 409-417
Hoyos, Graf C.: Arbeitspsychologie, Stuttgart 1974
Jacob, H. (Hrsg.): Unternehmenskontrolle, Wiesbaden 1973

Jensen, E.E.: Reengineering – ein für die Nutzung des Mitarbeiterpotentials bedeutsames Konzept, in: Organisationsentwicklung 13 (1994) 2, S. 48-57
Kaplan, R.S., Norton, D.P.: Balanced Scorecard, Strategien erfolgreich umsetzen. Stuttgart 1997
Kaufmann F.X. (Hrsg.): Staat, Intermediäre Instanzen und Selbsthilfe, München 1987
Kaufmann, F.X.: Zur Einführung: Ein sozialpolitisches Schwerpunktprogramm der DFG – und was daraus wurde, in: ders. (Hrsg.): Staat, Intermediäre Instanzen und Selbsthilfe, München 1987, S. 9-40
Kerschensteiner, G.: Begriff der Arbeitsschule, 15. Aufl. München u.a. 1964
Kieser, A., Walgenbach, P.: Organisation, 6. Auflage, Stuttgart 2011
Kirsch, W.: Grundzüge des Strategischen Managements, in: ders. (Hrsg.): Beiträge zum Strategischen Management, Herrsching 1991, S. 3-39
Kirsch, W.: Beiträge zum Strategischen Management, Herrsching 1991
Korman, A.K.: The prediction of managerial performance: A review, Personnel Psychology, 1968, S. 295-322
Kosiol, E.: Organisation der Unternehmung, 2. Auflage, Wiesbaden 1976
Kossbiel, H.: Personalbereitstellung und Personalführung, Wiesbaden 1976
Kraus, H.: Operatives Controlling, in: Mayer, E., Weber, J. (Hrsg.): Handbuch Controlling, Stuttgart 1990, S. 117-172
Krüger, K., Rühl, G., Zink, K.J. (Hrsg.): Industrial Engineering und Organisationsentwicklung im kommenden Dezennium, München 1979
Krüger, W.: Controlling: Gegenstandsbereich, Wirkungsweise und Funktionen im Rahmen der Unternehmenspolitik, in: BFuP, 31 (1979), S. 158-169
Lachnitt, L.: Systemorientierte Jahresabschlussanalyse, Wiesbaden 1990
Lewin, K.: Die Sozialisierung des Taylorsystems, in: Praktischer Sozialismus (1920) S. 1-36
Lewin, K.: Experiments in Social Space, in: Harvard Educational Review (1939) 9, S. 212-232
Liebel, H.J.: Personalentwicklung durch Verhaltens- und Leistungsbewertung, in: Liebel, H.J., Oechsler, W.A. (Hrsg.): Personalbeurteilung. Neue Wege zur Bewertung von Leistungen, Verhalten und Potential, Wiesbaden 1992, S. 103-191
Liebel, H.J., Oechsler, W.A. (Hrsg.): Personalbeurteilung. Neue Wege zur Bewertung von Leistungen, Verhalten und Potential, Wiesbaden 1992
Likert, R.: Die integrierte Führungs- und Organisationsstruktur, Frankfurt, New York 1975
Likert, R.: New Patterns of Management, New York u.a. 1961
Mann, R.: Strategisches Controlling, in: Mayer, E., Weber, J. (Hrsg.): Handbuch Controlling, Stuttgart 1990 S. 91-116
Maier, H.: Personalentwicklung: Konzepte, Leitfaden und Checklisten für Klein- und Mittelbetriebe, Wiesbaden 1991
Marrow, A.J.: Kurt Lewin – Leben und Werk, Stuttgart 1977
Maslow, A.H.: Motivation and Personality, New York. 1954 (2. Aufl. 1970)
Mayer, E.: Controlling als Führungskonzept – vom Reagieren zum Agieren -, in: Mayer, E., Weber, J. (Hrsg.): Handbuch Controlling, Stuttgart 1990, S. 39-89
Mayer, E., Weber, J. (Hrsg.): Handbuch Controlling, Stuttgart 1990
McGregor, D.: The Human Side of Enterprise, New York u.a. 1960
Meyer, A.: Marketing für Dienstleistungsanbieter. Vergleichende Analyse verschiedener Dienstleistungsarten, in: Hermanns, A., Meyer, A.: Zukunftsorientiertes Marketing für Theorie und Praxis, Berlin 1984, S. 197-213
Meyer, W.-U.: Leistungsmotiv und Ursachenerklärung von Erfolg und Misserfolg, Stuttgart 1973
Münsterberg, H.: Psychologie und Wirtschaftsleben, Leipzig 1912

Neuberger, O.: Führungsverhalten und Führungserfolg, Berlin 1994
Neumann, J.E.: Kurt Lewin und das Tavistock Institut, in Gruppendynamik, 29 (1998)1, S. 19-35
Oechsler, W.: Mitarbeiterbeurteilung als Führungsaufgabe, in: Berthel, J., Groenewald, H. (Hrsg.): Personalmanagement. Zukunftsorientierte Personalarbeit, Landberg a.L. 1996, Teil 2/2.5, S. 1-17
Oechsler, W. A.: Personal und Arbeit – Einführung in die Personalwirtschaft, 4. überarb. und erweiterte Auflage, München Wien 1992
Oechsler, W.: Personal und Arbeit – Einführung in die Personalwirtschaft, 9. Auflage, München, Wien, 2011
Pedler, M. u.a.: Das lernende Unternehmen, Frankfurt/M., New York 1994
Pepels, W.: Qualitätscontrolling bei Dienstleistungen, München 1996
Porter, L.W., Lawler, E.E.: Managerial Attitudes and Performance, Homewood 1968
Pracht, A.: Sozialwirtschaft I: Keine unheilige Allianz, in: Socialmanagement 8 (1998) 5, S. 13-16
Pracht, A.: Unübersichtlichkeit managen: Das „Cafeteria-Prinzip" – Diversity Management, in: Wöhrle, A. (Hrsg): Auf der Suche nach Sozialmanagementkonzepten und Managementkonzepten für und in der Sozialwirtschaft, Band 3: Entwürfe mit mittlerer Reichweite und Arbeiten an den Nahtstellen, Augsburg 2012, S. 37-52
Pracht, A., Bachert, R.: Strategisches Controlling, Weinheim, München 2005
Pracht, A., Wolke, R.: Finanzierung und Finanzmanagement, in: Arnold, U., Maelicke, B. (Hrsg.): Lehrbuch der Sozialwirtschaft, 3. Auflage, Baden-Baden 2009, S. 497-527
Priller, E. u.a.: Der Dritte Sektor in Deutschland – Entwicklungen, Potentiale Erwartungen, in: Aus Politik und Zeitgeschichte (Beilage zur Wochenzeitung Das Parlament) B 9/99 vom 26.2.1999, S. 12-21
Putschert, R.: Das Freiburger Management-Modell für Non-Profit-Organisationen, in: Hauser, A. u.a. (Hrsg.), a.a.O., S.135-151
Rathe, A.W.: Management controls in business, in: Melcom, D.G., Rowe, A. J. (Hrsg.): Management Control Systems, New York, London 1963, S. 28-62
Reilly, R.R, Chao, G.T.: Validity and fairness of some alternative employee selection procedures, in: Personal Psychology, 35. Jg. (1982), S. 1-62
Rice, A.K.: Productivity and social organization: The Ahamedabad experiment, London 1958
Roethlisberger, F.J., Dickson, W.J.: Management and the Worker, 10. Auflage, Harvard University Press 1950
Roth, E. (Hrsg.): Organisationspsychologie – Enzyklopädie der Psychologie, Göttingen, 1989
Schallberger, U.: Menschenbilder und das Bild menschengerechter Arbeit, in: Frei, F., Udris, I. (Hrsg.): Das Bild der Arbeit, Bern 1990, S. 56-70
Schein, E.H.: Organizational Psychologie, Engelwood Cliffs, N.J., 1965
Schein E.H.: Organisationsentwicklung: Wissenschaft, Technologie oder Philosophie?, in: Zeitschrift für Organisationsentwicklung, 8 (1989) 3, S. 1-10
Schein, E. H.: Wie können Organisationen schneller lernen? Die Herausforderung den grünen Raum zu betreten, in: Organisationsentwicklung 14 (1995) 3, S. 5-13
Schierenbeck, H.: Grundzüge der Betriebswirtschaftslehre, 16. überarbeitete Auflage, München 2003
Schmalenbach, E.: Dynamische Bilanz, 5.Auflage, Leipzig 1931
Schnelle, W.: Entscheidungen im Management. Wege zur Lösung komplexer Aufgaben in der Organisation, Quickborn 1966
Scholz, Ch.: Personalmanagement, 5. Auflage, München 2000
Schröder, E.F.: Modernes Unternehmenscontrolling, 7. Aufl., Ludwigshafen 2006

Schubert, H.-J.: Planung und Steuerung von Veränderungen in Organisationen, Frankfurt/M. 1998
Schuler, H. (Hrsg.): Organisationspsychologie, Göttingen 1993
Schuler, H. (Hrsg.): Organisationspsychologie, 4., korrig. Aufl., Bern u.a. 2007
Schuler, H.: Psychologische Personalauswahl, Göttingen 1996
Schuler, H.: Leistungsbeurteilung, in: Roth, E. (Hrsg.): Organisationspsychologie. Enzyklopädie der Psychologie, Themenbereich D, Serie III, Bd. 3, Göttingen u.a. 1989, S. 399-430
Schuler, H., Funke, U.: Diagnose beruflicher Eignung und Leistung, in: Schuler, H. (Hrsg.): Organisationspsychologie, 4. Auflage, Göttingen 2007, S. 235-283
Schulz, C., Schuler, H., Stehle, W.: Die Verwendung eignungsdiagnostischer Methoden in deutschen Unternehmen, in: Schuler, H., Stehle, W. (Hrsg.): Organisationspsychologie und Unternehmenspraxis, Perspektiven der Kooperation, Stuttgart 1985, S. 126-132
Seibel, W.: Dritter Sektor, in: Bauer, R. (Hrsg.).: Lexikon des Sozial- und Gesundheitswesens, München 1992
Semmer, N., Udris, I.: Bedeutung und Wirkung von Arbeit, in: Schuler, H. (Hrsg.): Organisationspsychologie, 2., korrig. Aufl., Bern u.a. 1995, S. 138-139
Statistisches Bundesamt (Hrsg.): Statistisches Jahrbuch der Bundesrepublik Deutschland, Wiesbaden 2011
Stogdill, R.M.: Handbook of leadership: A survey of theory and research, 1974
Strebel, H.: Umwelt und Betriebswirtschaft. Die natürliche Umwelt als Gegenstand der Unternehmenspolitik, Berlin 1980
Stückmann, G.: Der Berufserfolg als Motivationsphänomen, Berlin 1968
Graf Strachwitz, R.: Aktuelle Strukturfragen von Non-Profit-Organisationen, in: Hauser, A. u.a. (Hrsg.) Sozialmanagement: Praxishandbuch soziale Dienstleistungen, 2. erweiterte Auflage, Neuwied, Kriftel, 2000, S. 19-41
Taylor, F.W.: Grundsätze wissenschaftlicher Betriebsführung, München, Berlin 1913
Taylor, F.W.: Die Grundsätze wissenschaftlicher Betriebsführung, neue Ausgabe, in: Volpert, W., Vahrenkamp, R. (Hrsg.), Weinheim, Basel 1977
Thommen, J.P., Achleitner, A.-K.: Allgemeine Betriebswirtschaftslehre, 6. Auflage Wiesbaden 2009
Töpfer, A.: Umwelt- und Benutzerfreundlichkeit von Produkten als strategische Unternehmensziele, in: Marketing – ZfP, 7.Jg. (1985) 4, S. 241-251
Trist, E.L.: Soziotechnische Systeme: Ursprünge und Konzepte, in: Organisationsentwicklung, 8 (1990) 4, S. 10-25
Trist, E.L., Higgin, L. W., Murray, H., Pollock, A.B.: Organizational Choice: Capabilities of groups at the coal face under changing technologies, London 1963
Ulich, E.: Arbeitspsychologie, 6. neu überarbeitete und erw. Auflage, Stuttgart 2005
Ulich, E., Baitsch, Ch.: Arbeitsstrukturierung, in: Roth, E. (Hrsg.): Organisationspsychologie – Enzyklopädie der Psychologie, Göttingen, 1989
Ulich, E. u.a.: Technologie und Organisation, in: Roth, E. (Hrsg.): Organisationspsychologie – Enzyklopädie der Psychologie, Göttingen, 1989
Ulrich, H.: Die Unternehmung als produktiv soziales System. Grundlagen der allgemeinen Unternehmenslehre. Stuttgart, Bern 1970
Vroom, V.H.: Work and Motivation, London 1967
Walter-Busch, E.: Arbeitszufriedenheit in der Wohlstandsgesellschaft, Bern 1977
Weber, J.: Einführung in das Controlling, Teil 1:Konzeptionelle Grundlagen, 3. Auflage, Stuttgart 1991
Weber, J.: Einführung in das Controlling, Teil 2: Instrumente, 3. Auflage, Stuttgart 1991
Weber, J., Schäfer, U.: Einführung in das Controlling, 11. Auflage Stuttgart 2006
Weber, J., Schäfer, U.: Einführung in das Controlling, 13. Aufl. Stuttgart 2011

Weber, M.: Wirtschaft und Gesellschaft, Tübingen 1922
Weinert, A.B.: Organisationspsychologie – Ein Lehrbuch, 5. Aufl., Weinheim 2004
Wöhe, G.: Einführung in die Allgemeine Betriebswirtschaftslehre, 11. Auflage, München 1973
Wöhe, Döring, U.: Einführung in die allgemeine Betriebswirtschaftslehre, 24. Aufl., München 2010
Wöhrle, A. (Hrsg.): Auf der Suche nach Sozialmanagementkonzepten und Managementkonzepten für und in der Sozialwirtschaft, Band 3: Entwürfe mit mittlerer Reichweite und Arbeiten an den Nahtstellen, Augsburg 2012
Wunderer, R.: Personalwesen als Wissenschaft, in: Personal, 27 (1975) 8, S. 33-36
Wunderer, R.; Grunwald, W.: Führungslehre, Band I: Grundlagen der Führung, Berlin, New York 1980
Zeithaml, V.A.: How Consumer Evaluation Processes Differ between Goods and Services, in: Donelly J.H., George, W.R. (Hrsg.): Marketing of Services, Chicago 1981, S. 186-190
Zink, K.J.: Begründung einer zielgruppenspezifischen Organisationsentwicklung auf Basis der Untersuchung zur Arbeitszufriedenheit und Arbeitsmotivation, in: Dokumentation Arbeitswissenschaft Bd. 1 Köln 1979 (Anhang)
Zink, K.J.: Mitarbeiterbeteiligung bei Verbesserungs- und Veränderungsprozessen, München 2007
Zink, K.J.: Traditionelle und neuere Ansätze der Organisationsentwicklung, in: Krüger, K., Rühl, G., Zink, K.J. (Hrsg.): Industrial Engineering und Organisationsentwicklung im kommenden Dezennium, München 1979, S. 61-75
Zink, K.J., Pracht, A.: Arbeitswissenschaftliche Technikfolgenabschätzung – Innovations- und Risikopotentiale neuer Technologien für die Humanisierung der Arbeit, in: Zwierlein, E. (Hrsg.): Arbeit und Humanität – Wege in eine humane Arbeitswelt, Idstein 1992, S. 73-107
Zink, K.J., Schick, G.: Quality Circles 1 – Grundlagen, 2. überarbeitete Auflage, München, Wien 1987
Zwierlein, E. (Hrsg.): Arbeit und Humanität – Wege in eine humane Arbeitswelt, Idstein 1992